Del Cumplimiento a la Cultura: El Sistema EQUIPAR como Motor de Transformación Organizacional

Berta Elena Padrón Fernández

-2018-

Título Original:

Del Cumplimiento a la Cultura: El Sistema EQUIPAR como Motor de Transformación Organizacional

Autor: Berta Elena Padrón Fernández

Copyright ©2018

Primera Edición

ISBN: 9798270193584

Índice

Prólogo   **1**

Introducción   **10**

CAPÍTULO 1   **19**

Contexto Técnico-Regulatorio de los Sistemas de Calidad   **19**

1.1. Evolución de los Sistemas de Gestión de Calidad: ISO 9001:2015 y su impacto   19

1.2. Desafíos comunes en la implementación efectiva en sectores regulados   31

1.3. Oportunidades de mejora desde un enfoque sistémico e integrado   44

CAPÍTULO 2   **49**

Fundamentos Teóricos y Metodológicos del Sistema EQUIPAR   **49**

2.1. Principios que sustentan el diseño del sistema   49

2.2. De la norma al modelo: EQUIPAR como evolución aplicada del marco ISO   64

2.3. Comparación entre EQUIPAR y otros marcos de calidad   71

2.4. Marco conceptual del sistema: alineación estratégica, técnica y humana   78

CAPÍTULO 3   **86**

Fase 1: Evaluación del Entorno y Expectativas   **86**

3.1. Diagnóstico organizacional inicial: variables regulatorias y culturales   86

3.2. Herramientas para la evaluación de madurez de calidad (BSC, ISO readiness, etc.)   94

3.3. Alineación con los objetivos de negocio, entorno externo y partes interesadas   101

3.4. Análisis de riesgos como punto de partida estructural   107

CAPÍTULO 4   **121**

Fase 2: Qué Queremos Lograr – Diseño de la Visión Estratégica de Calidad   **121**

4.1. Declaración de propósitos e indicadores de éxito en calidad   122

4.2. Estructuración de una visión compartida con liderazgo organizacional   129

4.3. Técnicas de facilitación para la alineación estratégica   141

4.4. Construcción del mapa de ruta para implementación   153

CAPÍTULO 5   **160**

Fase 3: Unificación de Procesos y Personas   **160**

5.1. Integración de procesos críticos bajo normas ISO   160

5.2. Roles, responsabilidades y formación técnica del equipo   174

5.3. Sistemas de comunicación y cultura colaborativa   180

5.4. Gestión del cambio en entornos industriales regulados   186

CAPÍTULO 6   **200**

Fase 4: Implementación Iterativa e Inteligente   **200**

6.1. Selección de pilotos, pruebas de concepto y escalabilidad   200

6.2. Técnicas ágiles para la implementación en calidad   206

6.3. Indicadores clave y dashboards técnicos   212

6.4. Mecanismos de retroalimentación temprana   219

CAPÍTULO 7   **227**

Fase 5: Participación, Formación y Cultura de la Calidad   **227**

7.1. Diseño de programas internos de capacitación continua   227

7.2. Evaluación de competencias y sostenibilidad del conocimiento   241

7.3. Creación de embajadores de calidad   247

7.4. Gestión de reconocimiento organizacional   253

CAPÍTULO 8   **259**

Fase 6: Alineación con Innovación y Sostenibilidad   **259**

8.1. Integración de calidad con objetivos de innovación organizacional   260

8.2. Diseño de procesos sostenibles: reducción de desperdicios y cumplimiento normativo   265

8.3. Métricas ambientales y responsabilidad social asociadas al sistema   279

8.4. EQUIPAR como catalizador de cultura organizacional sostenible   285

CAPÍTULO 9   **298**

Fase 7: Revisión Continua y Reconocimiento Sistémico   **298**

9.1. Auditoría como herramienta de mejora, no solo de control   299

9.2. Medición del impacto: KPIs y benchmark en industrias ISO   305

9.3. Retroalimentación estructurada: de la operación al liderazgo   311

9.4. Reconocimiento interno: estrategias para sostener la calidad en el tiempo   323

CAPÍTULO 10   **330**

Estudio de Aplicación del Sistema EQUIPAR: Simulación Técnica   **330**

10.1. Presentación de un caso técnico simulado en el sector farmacéutico   331

10.2. Análisis del punto de partida, implementación y resultados esperados   338

10.3. Evaluación del impacto del sistema según KPIs técnicos y culturales   350

10.4. Reflexiones sobre escalabilidad internacional del sistema   363

CONCLUSIÓN GENERAL   **369**

GLOSARIO   **378**

REFERENCIAS BIBLIOGRÁFICAS   **396**

Prólogo

La decisión de desarrollar esta guía surgió de una observación prolongada y rigurosa de la evolución de la gestión de calidad en entornos regulados, especialmente en la industria farmacéutica y de dispositivos médicos. Durante más de quince años he trabajado dentro de sistemas auditables, diseñando e implementando estructuras que buscan el equilibrio entre el cumplimiento normativo, la eficiencia operativa y la sostenibilidad empresarial. Esta experiencia me permitió identificar un fenómeno que, aunque silencioso, afecta de forma transversal a la mayoría de las organizaciones: la calidad, concebida originalmente como un pilar de competitividad, se ha reducido en muchos casos a una rutina documental, desvinculada de la estrategia y de las personas.

1. Evolución histórica de los sistemas de gestión de calidad

La historia de la calidad industrial puede comprenderse como una sucesión de paradigmas. En sus orígenes, la calidad se centraba exclusivamente en la inspección: un proceso reactivo donde el control se realizaba al final de la línea de producción. La filosofía era simple: detectar defectos, apartarlos y continuar. Este enfoque, predominante hasta la primera mitad del siglo XX, generaba altos costos de reproceso y desperdicio. Fue William Edwards Deming quien propuso un cambio de mentalidad radical: la calidad debía incorporarse al proceso desde el inicio. Su célebre ciclo PDCA (Plan–Do–Check–Act) planteó que la mejora debía ser continua, no episódica. Deming (1986) argumentó que el 94% de los problemas de calidad provenían del sistema, no del trabajador, lo que implicaba una responsabilidad directa de la gerencia en el diseño y la supervisión de los procesos.

A la visión sistémica de Deming se unió Joseph Juran (1999), quien introdujo la idea de la "trilogía de la calidad": planificación, control y mejora. Juran fue pionero en vincular la calidad con el lenguaje económico, estableciendo que el "costo de la no calidad" podía ser devastador para la rentabilidad. Este enfoque despertó el interés de los sectores manufactureros y, posteriormente, de las industrias reguladas que requerían trazabilidad, control documental y evidencia de conformidad.

Con la publicación de las primeras normas ISO 9000 en 1987, la gestión de calidad comenzó a institucionalizarse. Por primera vez se estableció un marco de referencia internacional que definía los requisitos mínimos para demostrar la capacidad de una organización de cumplir consistentemente con los estándares de su producto o servicio. La ISO 9001, en particular, evolucionó a lo largo de las décadas: de un enfoque centrado en la inspección documental (versión 1987) a una orientación basada en procesos (versión 2000), y finalmente a una estructura de gestión estratégica y de riesgo (versión 2015).

En paralelo, la industria farmacéutica y la de dispositivos médicos se vieron influenciadas por organismos regulatorios como la **FDA** y la **ICH** (International Council for Harmonisation). La FDA, mediante su regulación **21 CFR Part 820**, estableció los requisitos del **Quality System Regulation (QSR)**, que exige a los fabricantes de dispositivos médicos implementar sistemas de gestión de calidad robustos que garanticen la seguridad y eficacia de los productos. Por su parte, las guías **ICH Q8, Q9 y Q10** consolidaron el concepto de "Quality by Design" (QbD), promoviendo la integración del conocimiento científico, la gestión del riesgo y la mejora continua como elementos inseparables de la calidad farmacéutica.

Esta línea evolutiva transformó la calidad en una disciplina multidimensional: técnica, científica y humana. La norma

ISO 13485:2016, orientada específicamente a dispositivos médicos, formalizó este cambio al requerir un sistema de gestión del riesgo que abarque todo el ciclo de vida del producto —desde el diseño hasta la vigilancia poscomercialización—, y al enfatizar la necesidad de evidencia objetiva de control, validación y trazabilidad (ISO, 2016). Por su parte, la **ISO 9001:2015** amplió el alcance del pensamiento basado en riesgo y de la comprensión del contexto organizacional, situando el liderazgo y la mejora continua como pilares del sistema (ISO, 2015).

A pesar de esta madurez normativa, observé una brecha persistente entre la letra de la norma y la práctica cotidiana. En muchas organizaciones, los sistemas certificados no lograban traducir los principios de la calidad total en conductas sostenibles. La gestión se detenía en el nivel de cumplimiento formal, dejando de lado el propósito esencial: generar valor a través de la mejora constante y la participación de las personas.

2. Del cumplimiento normativo a la cultura de calidad

La diferencia entre cumplir y vivir la calidad es el núcleo del dilema moderno en los sectores regulados. Cumplir significa responder a requisitos: mantener registros, actualizar procedimientos, pasar auditorías. Vivir la calidad, en cambio, implica internalizarla como una convicción colectiva que guía decisiones, comportamientos y estrategias. En la práctica, esta diferencia define la frontera entre una organización frágil y una resiliente.

En el sector farmacéutico, he observado que el cumplimiento normativo suele garantizar la sobrevivencia legal, pero no necesariamente la excelencia. Una planta puede superar una inspección de la FDA con resultados satisfactorios, pero seguir padeciendo retrabajos, desvinculación del personal y falta de comunicación entre departamentos. Cumple, pero no mejora. En un laboratorio de dispositivos médicos, por ejemplo, la documentación puede estar impecable, los registros calibrados y los lotes liberados según especificación; sin embargo, si el operario no comprende el propósito de su actividad o no se siente parte del sistema, el riesgo de desviación sigue latente. En otras palabras, la conformidad documental no siempre asegura la integridad cultural.

Por el contrario, las organizaciones que transitan hacia una cultura de calidad genuina integran la norma en su identidad. Cada requisito deja de ser una obligación y se convierte en una herramienta de orden y aprendizaje. La diferencia se percibe en los indicadores: menor tasa de no conformidades recurrentes, reducción del tiempo de cierre de acciones correctivas y preventivas (CAPA) y mejora del Overall Equipment Effectiveness (OEE). Esta cultura no nace de la supervisión, sino del liderazgo; no se impone, se construye.

La **FDA 21 CFR Part 820** insiste en la necesidad de "management with executive responsibility", reconociendo que la calidad es una función estratégica que debe nacer en la alta dirección. Del mismo modo, la **ISO 9001:2015**, en su cláusula 5, demanda el compromiso del liderazgo, no solo su aprobación. Y la **ISO 13485:2016**, en su enfoque de ciclo de vida, coloca la gestión del riesgo y la retroalimentación postmercado como pilares de la responsabilidad organizacional. Sin embargo, estos marcos normativos, por sí solos, no proporcionan la hoja de ruta para traducir la teoría en práctica. Lo que describen es el "qué" y el "por qué", pero dejan vacío el "cómo".

Es precisamente en ese vacío donde surge la necesidad de metodologías de implementación integradas y humanas. Durante años observé cómo las empresas invertían en consultorías, software y certificaciones, sin alcanzar una verdadera transformación. La falla no estaba en la norma, sino en la falta de una arquitectura metodológica que permitiera conectar la estrategia, los procesos y las personas.

3. Justificación técnica del nacimiento del sistema EQUIPAR

Mi experiencia acumulada en proyectos de certificación, mantenimiento y auditoría de sistemas de gestión de calidad me llevó a concebir **EQUIPAR** como una respuesta metodológica a esa disfunción sistémica. EQUIPAR — Estrategia de Calidad Unificada, Innovadora, Práctica, Adaptable y Resiliente— no pretende sustituir las normas, sino operacionalizarlas de forma coherente, ética y sostenible. Nació de una pregunta recurrente en mi práctica profesional: ¿cómo lograr que un sistema de gestión deje de ser una estructura burocrática y se convierta en un instrumento de aprendizaje organizacional?

La respuesta se consolidó tras observar tres patrones de falla universales.

1. Fragmentación técnica. En la mayoría de las organizaciones, el sistema de calidad se estructura en silos: documentación por un lado, validación por otro, mejora continua en un departamento distinto. Esta desconexión genera redundancias, pérdida de trazabilidad y falta de visión integral. EQUIPAR corrige esta dispersión mediante una arquitectura de procesos interdependientes, donde cada etapa alimenta la siguiente en un flujo continuo de retroalimentación. La primera fase, Evaluación, establece el diagnóstico sistémico, permitiendo diseñar un plan de acción ajustado al contexto, tal como exige la cláusula 4 de la ISO 9001:2015.

2. Déficit de liderazgo y cultura. He constatado que la ausencia de liderazgo visible es la causa más frecuente del fracaso de un SGC. Cuando la dirección delega la calidad a un departamento aislado, el sistema pierde credibilidad. EQUIPAR incorpora una fase específica (Participación y Cultura) orientada a desarrollar embajadores de calidad: líderes internos formados para comunicar, motivar y sostener el cambio cultural. Esta dimensión, inspirada en la teoría del liderazgo transformacional de Kotter (1996) y en la cultura organizacional de Schein (1999), dota al sistema de una base emocional y social que complementa su rigor técnico.

3. Debilidad estratégica. Las organizaciones tienden a medir la calidad en función de la conformidad, no del impacto. EQUIPAR redefine esta relación mediante indicadores estratégicos alineados con los objetivos corporativos: reducción del costo de la no calidad, mejora del margen operativo, incremento de la satisfacción del cliente interno y externo. Así, la calidad deja de ser un requisito técnico y se convierte en un eje de competitividad. Esta alineación encuentra su respaldo en el enfoque del Balanced Scorecard de Kaplan y Norton (1996), que posiciona los indicadores de desempeño como traductores de la estrategia empresarial.

El sistema EQUIPAR también introduce una innovación metodológica: la **implementación iterativa**. En lugar de despliegues abruptos que saturan a la organización, propone ciclos de prueba, evaluación y ajuste. Este enfoque, heredado de los principios ágiles y validado en contextos de validación farmacéutica, reduce el riesgo de fallos catastróficos y facilita la adaptación continua. En entornos donde la trazabilidad y la integridad de los datos son críticas —como los exigidos por la FDA o la EMA—, la iteración controlada permite mantener la conformidad regulatoria sin sacrificar la flexibilidad.

Finalmente, la fase de **Alineación** integra los aspectos de innovación y sostenibilidad. Una organización que implementa EQUIPAR no solo cumple y mejora, sino que aprende y evoluciona. Cada revisión de proceso, cada auditoría y cada análisis de riesgo se convierten en oportunidades de innovación incremental, reforzando la resiliencia del sistema. Este concepto, enraizado en la gestión de riesgo descrita por la ICH Q9, redefine la calidad como una herramienta de anticipación frente al cambio.

4. Del método a la cultura: hacia una calidad humana y trazable

Lo que distingue a EQUIPAR no es únicamente su estructura de siete fases, sino su filosofía subyacente: la calidad como un fenómeno humano. Las normas, por sí mismas, son neutrales; su efectividad depende del nivel de apropiación cultural dentro de la organización. He comprobado que los mejores sistemas son aquellos donde cada empleado comprende la razón detrás de cada requisito. La trazabilidad documental se convierte entonces en trazabilidad de conciencia: un registro del aprendizaje colectivo.

En una planta farmacéutica, por ejemplo, la aplicación de EQUIPAR permitió transformar la reunión de cierre de CAPA —antes un ritual administrativo— en un espacio de análisis multidisciplinario, donde la identificación de causas raíz se combinaba con la reflexión sobre las barreras culturales que originaban la desviación. En una empresa de dispositivos médicos, el modelo redujo en un 40% el tiempo promedio de implementación de acciones correctivas al simplificar los flujos de comunicación y asignar responsabilidades claras con seguimiento digital. Estos resultados, más allá de las métricas, evidencian un cambio de comportamiento: las personas empezaron a asumir la calidad como parte de su rol y no como una carga externa.

EQUIPAR, en su concepción, une tres dimensiones que rara vez coexisten en los sistemas de gestión tradicionales:

- **Técnica:** cumplimiento de requisitos normativos y regulatorios verificables.

- **Estratégica:** alineación de la calidad con los objetivos corporativos y de negocio.

- **Humana:** apropiación cultural y liderazgo participativo.

Esta triada confiere al sistema su carácter integral y lo diferencia de los enfoques fragmentados. La trazabilidad deja de ser un requisito documental y se convierte en una narrativa viva del compromiso colectivo.

5. Rigor académico y validación de impacto

El rigor técnico de EQUIPAR se sustenta en la medición objetiva de resultados. No basta con afirmar que un sistema funciona; debe demostrarse mediante evidencia empírica. Por ello, propongo indicadores que superan las métricas tradicionales de conformidad. Entre ellos destacan:

- **Resiliencia operativa:** reducción de desviaciones recurrentes y capacidad de recuperación ante fallas.

- **Eficiencia productiva:** incremento del OEE y optimización del componente de calidad (porcentaje de productos conformes).

- **Efectividad de CAPA:** porcentaje de acciones correctivas que eliminan la causa raíz y no reaparecen en auditorías posteriores.

- **Satisfacción interna:** mejora del índice de percepción del sistema entre empleados y líderes.

Estos indicadores, analizados con métodos estadísticos como las series de tiempo interrumpidas o modelos de regresión de Poisson, permiten atribuir causalmente las mejoras al despliegue del sistema EQUIPAR, transformando la gestión de calidad en un campo verificable y científico (Wagner et al., 2002).

El nacimiento de EQUIPAR representa la convergencia de dos trayectorias: la evolución normativa de la calidad y la experiencia práctica en su implementación real. La transición de la inspección al liderazgo, del cumplimiento a la cultura, del control a la resiliencia, define la madurez de cualquier organización que aspire a la excelencia sostenible. En este contexto, EQUIPAR no es una alternativa, sino una necesidad: el mecanismo que traduce los principios universales de la calidad en acción coordinada, medible y humana.

He concebido esta metodología para profesionales que comprenden que un certificado no es el final del camino, sino apenas la evidencia de un compromiso en desarrollo. Las normas internacionales —ISO 9001:2015, ISO 13485:2016, FDA 21 CFR Part 820, ICH Q10— son los cimientos. EQUIPAR es la arquitectura que permite habitar esos cimientos con coherencia, estrategia y sentido.

Este prólogo marca el punto de partida de una propuesta académica y práctica que busca redefinir la gestión de calidad como instrumento de transformación cultural y de sostenibilidad organizacional. El cumplimiento garantiza la existencia; la cultura de calidad asegura la trascendencia. EQUIPAR nace, precisamente, para tender ese puente.

Introducción

El imperativo de la excelencia operativa y la seguridad del producto ha dictado históricamente el ritmo de la gestión de la calidad. Yo, desde mi posición como ingeniera y experta en sistemas de gestión, he presenciado y participado activamente en la evolución de este campo, desde los enfoques iniciales de control basados en la inspección hasta la visión contemporánea de sistemas de gestión de la calidad fundamentados en procesos, pensamiento basado en riesgo y liderazgo activo. La adopción de marcos normativos internacionales como ISO 9001:2015 e ISO 13485:2016 consolidó un cambio que va más allá de la actualización documental: desplazó la calidad de un departamento operativo a una responsabilidad explícita de la Alta Dirección y a un componente inherente de la estrategia corporativa (ISO, 2015; ISO, 2016). Esta transición, de naturaleza filosófica y organizacional, dejó al descubierto una carencia recurrente en el terreno práctico: la ausencia de metodologías de implementación capaces de traducir la intención normativa en resultados sostenibles, trazables y culturalmente arraigados. Comprender el contexto de la organización, gestionar riesgos de manera proactiva e involucrar al liderazgo en la promoción de una cultura de calidad expuso las debilidades de los enfoques tradicionales, frecuentemente extensos en documentación pero insuficientes para generar valor real o consolidar el cambio conductual en las personas y equipos (Evans y Lindsay, 2017). Este libro, Del Cumplimiento a la Cultura: El Sistema EQUIPAR como Motor de Transformación Organizacional, es mi respuesta técnica y original a esa laguna metodológica.

La calidad ha recorrido un trayecto conceptual extenso que comienza con la inspección como práctica reactiva. Durante décadas, la función del aseguramiento se entendía como un tamiz post-producción: separar lo conforme de lo no conforme y aceptar el costo de desechar, retrabajar o reemplazar. Ese paradigma fue cuestionado por los grandes arquitectos de la calidad moderna. Deming planteó que el 94 % de los problemas provienen del sistema y no de los operarios, ubicando la responsabilidad del desempeño en el diseño y control del proceso, no en la inspección al final de la línea (Deming, 1986). Su ciclo PDCA proporcionó una lógica de planificación, ejecución, verificación y acción que, con una disciplina constante, convierte la mejora en hábito. Juran complementó esta visión con su trilogía: planificación, control y mejora, y cuantificó la noción que cambió la conversación con la dirección: el costo de la no calidad es un drenaje de competitividad que debe medirse y gestionarse (Juran y Godfrey, 1999). Mientras tanto, Feigenbaum introdujo el concepto de control total de la calidad, Crosby popularizó la idea de cero defectos como estándar cultural, Ishikawa aportó herramientas de análisis causal y Taguchi enfatizó el diseño robusto para asegurar el desempeño en condiciones de variación. Este acervo técnico reorientó la calidad desde la reacción hacia la prevención, y desde la inspección aislada hacia la ingeniería de procesos sostenida por datos.

La estandarización internacional con la familia ISO 9000 cristalizó ese tránsito y lo hizo auditable. La primera edición de 1987 se centraba en la documentación y la conformidad formal. La revisión del año 2000 instauró el enfoque basado en procesos y amplió la mirada hacia la interacción entre actividades, entradas, salidas y clientes. La versión 2015 dio un salto cualitativo con la Estructura de Alto Nivel, el énfasis en el liderazgo y la integración de la gestión del riesgo y de las oportunidades como fundamento del sistema (ISO, 2015). En paralelo, los sectores altamente regulados profundizaron su propio andamiaje: la industria farmacéutica adoptó las guías ICH Q8, Q9 y Q10, que consagran el Quality by Design, la gestión del riesgo y los sistemas de calidad farmacéutica alineados con la mejora continua; la industria de dispositivos médicos articuló un cuerpo de requisitos que, además de ISO 13485:2016, incluye el Quality System Regulation de la FDA con diseño, documentación, producción, controles de compra, calibración, manejo de quejas y sistemas CAPA como ejes técnicos de conformidad y seguridad (FDA, 21 CFR Part 820).

En mi práctica, la diferencia entre cumplir y vivir la calidad explica con nitidez por qué algunas organizaciones alcanzan la certificación y, sin embargo, no logran resultados operativos superiores ni resiliencia frente al cambio. Cumplir equivale a demostrar, con evidencia documental, que los procesos se realizan bajo procedimientos vigentes y que los registros sustentan lo ocurrido. Vivir la calidad implica que cada persona comprende el propósito de su labor, identifica y previene riesgos, propone mejoras y utiliza los datos para tomar decisiones que elevan el desempeño. He auditado plantas capaces de pasar inspecciones con un expediente impecable, pero con una tasa de retrabajo persistente, tiempos largos de cierre de CAPA y una cultura defensiva ante los hallazgos. También he acompañado a equipos que, con menos recursos, lograron estabilizar procesos críticos, reducir desviaciones recurrentes y acelerar la liberación de lotes porque convirtieron la norma en lenguaje operativo, no en requisito mínimo. La distinción no reside en el texto normativo, que es el mismo para todos, sino en la arquitectura de implementación y en la cultura que la sostiene.

La ISO 9001:2015 clarifica que la Alta Dirección debe demostrar liderazgo y compromiso con el sistema, integrar requisitos en los procesos de negocio y promover la mejora continua. La ISO 13485:2016 exige una gestión del riesgo que cubra el ciclo de vida del dispositivo, desde el diseño hasta la vigilancia post-comercialización, y evidencia objetiva de control y validación en actividades críticas (ISO, 2016). El 21 CFR Part 820, por su parte, establece que la responsabilidad ejecutiva debe garantizar la efectividad del sistema y la disponibilidad de recursos; detalla controles de diseño, producción y procesos, manejo de materiales, trazabilidad y CAPA, entre otros elementos (FDA, 21 CFR Part 820). Estas obligaciones describen qué debe alcanzar un sistema maduro, pero no explican cómo se avanza desde una operación fragmentada y documentalista hasta una organización que aprende, integra y mejora. El resultado frecuente es un SGC robusto en papeles, frágil en práctica, y extenuante para las personas que lo operan.

Ante esa brecha, concebí el Sistema EQUIPAR como una metodología de implementación que unifica, en un marco secuencial y operativo, lo técnico-normativo, lo estratégico, lo humano y lo ágil. El acrónimo resume una aspiración precisa: Estrategia de Calidad Unificada, Innovadora, Práctica, Adaptable y Resiliente. No es una lectura alternativa de las cláusulas; es la guía de navegación que faltaba para transformar requisitos en comportamientos, procesos en resultados y certificaciones en ventaja competitiva.

EQUIPAR surge tras aislar patrones de falla que se repiten en organizaciones de distinto tamaño y madurez. El primero es la fragmentación técnica: documentación, validación, auditoría y mejora funcionan como islas. La consecuencia es pérdida de trazabilidad real, redundancia de esfuerzos, baja capacidad de aprendizaje y una percepción de la calidad como una carga ajena al propósito del negocio. El segundo es el déficit de liderazgo visible: la calidad se delega a un área que carece de poder de decisión; la organización entiende que "calidad" es un requisito externo y no un criterio interno de diseño y gestión. El tercero es la debilidad estratégica: los indicadores se limitan a no conformidades, tiempos de respuesta y número de auditorías, sin conectar con el margen operativo, el costo de la no calidad, el OEE o la satisfacción del cliente. Estos tres fallos se refuerzan mutuamente: un sistema fragmentado debilita al liderazgo técnico; un liderazgo distante refuerza la visión burocrática; y unos indicadores poco estratégicos perpetúan el círculo de la conformidad mínima.

Mi propuesta articula siete fases que convierten el sistema en un flujo de decisiones, aprendizajes y controles. La Evaluación determina el contexto, las partes interesadas, la matriz de riesgos y la línea base de madurez. La fase Qué queremos lograr formula un mapa estratégico de calidad con metas, hipótesis de impacto y criterios de priorización. La Unificación alinea procesos y personas, elimina redundancias, define interfaces, responsabilidades y artefactos de trabajo. La Implementación iterativa despliega pilotos, recoge datos y ajusta. La Participación y cultura desarrolla embajadores, competencias y mecanismos de comunicación interna que traducen la norma en conducta. La Alineación integra innovación y sostenibilidad, asegurando que la calidad contribuya a objetivos ambientales, sociales y de gobernanza cuando apliquen. La Revisión continua cierra el ciclo con medición, auditoría interna y reconocimiento, transformando las evidencias en decisiones y aprendizaje organizacional. Esta secuencia no compite con las normas; las operacionaliza con una lógica comprensible para la Alta Dirección y para el personal operativo.

La tesis central de este libro es que la calidad no se gestiona como una operación separada, sino que se cultiva como una práctica compartida. Para que ese cultivo sea fértil, el sistema debe otorgar al menos el mismo peso a la unificación de procesos y personas que a la revisión continua y al reconocimiento. Cuando diseñé la fase de Unificación lo hice con el objetivo de transformar los flujos de trabajo en acuerdos explícitos entre áreas, de manera que la trazabilidad no sea solo documental, sino relacional: quién entrega qué, a quién, en qué condición y con qué criterio de aceptación. Cuando estructuré la fase de Participación y cultura incorporé técnicas de comunicación, formación y liderazgo que no están en las normas pero condicionan su efectividad. Cuando definí la Revisión continua adopté indicadores que conectan con la estrategia: efectividad de CAPA como medida de madurez, OEE como puente entre calidad y productividad, costo de la no calidad como señal económica, y métricas de percepción interna para monitorear la salud cultural del sistema.

Para ilustrar por qué esta aproximación es necesaria, recupero dos experiencias típicas en contextos regulados. En una planta farmacéutica que producía lotes estériles, la documentación superaba auditorías de cliente y de autoridad sanitaria, pero cada desviación desencadenaba un ciclo largo de investigación, acciones correctivas y reinspección. El tiempo de cierre de CAPA crecía y la reincidencia en desviaciones por transferencia de lote indicaba falla sistémica. La intervención no fue agregar formularios ni aumentar el número de auditorías internas, sino rediseñar el flujo de cambio de estado de los registros críticos, clarificar interfaces y responsabilidades, e introducir una rutina breve de análisis de causas con revisión cruzada entre producción, aseguramiento y mantenimiento. En seis meses, la tasa de reincidencia se redujo significativamente y el tiempo medio de cierre de CAPA disminuyó, no por presión, sino porque el sistema dejó de empujar contra su propia arquitectura.

En una empresa de dispositivos médicos, el desafío estaba en diseño: los controles existían, pero la transferencia a producción generaba no conformidades por interpretación ambigua de especificaciones y límites de proceso. El QSR de la FDA exige evidencia de controles de diseño y verificación/validación; la ISO 13485 exige gestión del riesgo en cada etapa del ciclo de vida. La corrección no se logró con más revisiones, sino con la creación de un repositorio técnico vivo, gobernado por responsables de producto, donde cada cambio de diseño disparaba una secuencia automatizada de impactos potenciales en proceso, inspección y proveedores. La trazabilidad dejó de ser un ejercicio posterior y se convirtió en una característica del flujo. Las quejas de cliente por variaciones de ensamblaje cayeron con una velocidad que el plan original no había previsto, porque la arquitectura ahora trabajaba a favor de la calidad.

El Sistema EQUIPAR integra pensamiento ágil de forma explícita. En contextos regulados, el término ágil suele generar reservas, como si la experimentación fuese incompatible con la conformidad. La clave es el diseño de pilotos con alcance, criterios de éxito y salvaguardas definidos, de modo que cada iteración aporte aprendizaje sin comprometer la seguridad del producto ni la integridad de los datos. Las normas no prohíben la iteración; exigen control, trazabilidad y evidencia de que el cambio está gestionado. Esa es precisamente la diferencia entre una organización que reacciona y una que evoluciona.

El componente humano atraviesa todas las fases. Un sistema técnicamente impecable puede fracasar si las personas no encuentran sentido en él. La resistencia al cambio, explicada por Schein como defensa de supuestos básicos y por Kotter como fracaso en construir urgencia, visión y coaliciones, no se resuelve con checklists, sino con liderazgo visible, comunicación clara y espacios de participación que dignifiquen el criterio profesional de quienes operan los procesos. Por esa razón diseñé la figura del embajador de calidad: no es un auditor interno, es un agente de cultura que domina su proceso, entiende la norma y traduce el propósito del sistema a comportamientos observables. La medición de su impacto se realiza con indicadores de adopción, de propuesta de mejoras implementadas y de reducción de desviaciones en su área de influencia.

La medición rigurosa es la garantía de que el sistema avanza. No basta con contar no conformidades y acciones cerradas; es necesario caracterizar tendencias, identificar estacionalidades, evaluar efectos y separar la señal del ruido. Métodos como el análisis de series de tiempo interrumpidas permiten estimar el impacto de hitos de implementación sobre indicadores clave, controlando por tendencias previas y eventos concurrentes. Modelos de Poisson o binomial negativa resultan útiles cuando la variable de interés es un conteo con dispersión, como desviaciones por lote o quejas por periodo. La vocación científica de la gestión de la calidad se manifiesta en esa disciplina: diseñar, medir, aprender, decidir.

El alcance de esta obra es doble. Por una parte, documento con rigor el desarrollo metodológico del Sistema EQUIPAR, como contribución original a la práctica profesional de la calidad en sectores regulados. Por otra, ofrezco una guía exhaustiva, estructurada en siete fases, para realizar una implementación que no se limite a lograr la certificación, sino que se incruste en la cultura organizacional como motor de resiliencia y ventaja competitiva. El sistema que propongo mitiga fallos sistémicos conocidos: resistencia al cambio, falta de compromiso directivo, fragmentación de procesos y disociación entre indicadores de calidad y objetivos de negocio. Lo hace integrando principios de las normas ISO con herramientas de pensamiento ágil, estrategias de gestión del cambio y un énfasis explícito en sostenibilidad, trazabilidad y aprendizaje.

Este texto mantiene una línea temporal coherente con el estado del arte vigente al momento de su concepción normativa, sin apoyarse en desarrollos posteriores. La intención es deliberada: mostrar que con los marcos disponibles y el conocimiento acumulado es posible trascender la lógica minimalista del cumplimiento y alcanzar una práctica madura, humana y eficaz de la calidad. Cada fase incluye artefactos definidos, puntos de control y criterios de éxito que permiten a la Alta Dirección visualizar el avance y a los equipos operativos comprender su rol. La autoridad del sistema no proviene de mi voz, sino de su capacidad para generar evidencia de mejora y de su transparencia metodológica.

Asumo la responsabilidad ética de una propuesta que afecta el trabajo de personas y la seguridad de productos que impactan la salud. Por eso sostengo que la calidad debe anclarse en valores explícitos: integridad de datos, respeto por la evidencia, reconocimiento del error como fuente de aprendizaje y prevención del daño como objetivo superior. Un sistema que oculta, maquilla o posterga la resolución de problemas puede conseguir un certificado; nunca logrará credibilidad. La cultura de la calidad no es un eslogan, es un conjunto de hábitos colectivos que protegen al usuario final incluso cuando nadie mira.

Del cumplimiento a la cultura es una transición posible y necesaria. Con EQUIPAR propongo el camino operativo para recorrerla. Las normas internacionales establecen el suelo; la metodología articula el ascenso. La excelencia operativa y la seguridad del producto dejan de ser la sumatoria de controles aislados y se convierten en el resultado de una arquitectura que integra estrategia, procesos y personas. Esa es la promesa y el compromiso de este libro: ofrecer una forma de trabajar que honre la letra de la norma y, sobre todo, su espíritu.

CAPÍTULO 1

Contexto Técnico-Regulatorio de los Sistemas de Calidad

1.1. Evolución de los Sistemas de Gestión de Calidad: ISO 9001:2015 y su impacto

El panorama de la gestión de calidad en el entorno regulado de la década de 2010 —y concretamente en 2018— está marcado por el hito de la publicación de la norma **ISO 9001:2015**. Esta versión no fue una mera actualización cronológica de la versión de 2008, sino una transformación profunda en la filosofía, estructura (metodología) y alcance funcional de los sistemas de gestión de calidad (SGC). Desde mi experiencia técnica y práctica, considero que comprender con detalle la evolución histórica de ISO 9001, los cambios estructurales introducidos (especialmente el High Level Structure, HLS) y su efecto en la productividad industrial, es esencial para fundamentar la necesidad, el diseño y la aplicación del Sistema EQUIPAR.

A continuación, presento una exposición técnica y crítica que recorre:

1. La evolución histórica de ISO 9001 (1987 → 1994 → 2000 → 2008 → 2015).

2. El análisis técnico de la **Estructura de Alto Nivel (HLS)** y su papel habilitador de integración multidimensional y de digitalización.

3. Datos reales sobre crecimiento de certificaciones ISO y su relación con productividad o desempeño organizacional.

4. Reflexiones sobre el impacto sistémico de la versión 2015 y la razón de ser de EQUIPAR como respuesta metodológica.

1.1.1. Comparación histórica: ISO 9001 de 1987 a 2015

Para comprender la transición radical que se gestó en 2015, es indispensable revisar las versiones anteriores de ISO 9001, sus enfoques dominantes y sus limitaciones prácticas. Esa comparación histórica revela por qué la versión 2015 representa no sólo un cambio de requisitos, sino un cambio de paradigma.

ISO 9001:1987

La primera edición de ISO 9001 —publicada en 1987— fue heredera directa de estándares previos británicos como BS 5750 (que a su vez consolidaba prácticas de aseguramiento de calidad previas al auge del control de procesos) y de la presión de normativas militares como MIL-Q y mecanismos de aseguramiento de calidad en adquisiciones públicas. Spedan+2DQS Global+2

El enfoque principal de la versión de 1987 fue asegurar que las organizaciones documentaran los procesos de producción, control y postventa. Se enfatizaba la consistencia en la ejecución de actividades, con procedimientos definidos, registros y control de cambios. Su planteamiento puede resumirse como "di lo que haces, haz lo que dices, registra lo que haces" (say what you do / do what you say) Global O-Ring and Seal+1. En aquel entonces la norma estaba orientada primordialmente al aseguramiento de calidad documental y ejecución operativa, no al pensamiento estratégico de riesgo.

Las limitaciones de esa versión se vieron claramente: los sistemas de calidad podían volverse rígidos, desconectados de la estrategia organizacional y con énfasis excesivo en los registros.

ISO 9001:1994

La revisión de 1994 trató de corregir ciertos desequilibrios, sobre todo reforzando el enfoque preventivo (introducir acciones preventivas explícitas), clarificar requisitos de documentación y fortalecer el énfasis en el control del proceso. Sin embargo, la arquitectura subyacente se mantuvo similar. Muchos usuarios criticaron que las exigencias eran mayores en cuanto a registros y controles, lo que en ocasiones favoreció la burocracia documental.

La versión de 1994 mantuvo la estructura de enfoque en la conformidad con requisitos, sin cambiar sustancialmente la lógica central del aseguramiento sobre la ejecución.

ISO 9001:2000

La versión 2000 representa uno de los saltos más significativos en la evolución del pensamiento de gestión de calidad. La revisión introdujo el enfoque por procesos de manera explícita, relegando la narrativa lineal "procedimiento → registro → verificación" a una visión en la que los procesos son el eje central del sistema. Se promovió que la documentación sirviera para evidenciar que los procesos estaban controlados y bien definidos, en lugar de dictar el quehacer de la organización. Clear Quality+1

Esta versión integra la mentalidad de mejora continua (el ciclo PDCA) en el diseño del SGC y enfatiza que el control debe estar orientado al desempeño del proceso, en lugar del control estricto de cada registro. La documentación deja de ser el fin en sí misma y se convierte en evidencia de gestión competente.

Aun así, la versión 2000 no prohibía manuales voluminosos ni procedimientos excesivos, y muchas organizaciones continuaron adoptando estructuras burocráticas, documentales y compartimentadas, sin verdadera integración con la estrategia global.

ISO 9001:2008

La edición 2008 no introdujo transformaciones metodológicas profundas. Más bien recogió ajustes menores, aclaraciones y alineaciones con normas complementarias, sin alterar de forma sustancial el enfoque estructural. Fue una versión de transición técnica, que mantuvo el anclaje metodológico del enfoque por procesos, acciones correctivas y preventivas, control de registros, revisión por la dirección, etc. ISO+2Wikipedia+2

El principal valor de la versión 2008 fue estabilizar los conceptos y preparar terreno para una revisión mayor, sin romper con la lógica de las normas anteriores.

ISO 9001:2015

La versión 2015 representa un punto de inflexión. No se trata de un mero ajuste incremental, sino de una reorganización conceptual profunda. Los cambios más significativos incluyen:

- Adopción de la **Estructura de Alto Nivel (HLS / Anexo SL)**
- Eliminación del requisito rígido de un manual de calidad
- Transformación de "documentos y registros" en "información documentada"
- Inclusión explícita del **pensamiento basado en riesgo y oportunidades**
- Reforzamiento del papel del **liderazgo** ejecutivo en la conducción del SGC

- Inserción de cláusulas que obligan a la organización a comprender su contexto y partes interesadas (Cláusula 4)

- Enfoque hacia la integración sistemática del SGC con procesos estratégicos del negocio

Estos cambios no solo reformulan la estructura del estándar, sino que exigen una reinterpretación radical del rol del SGC dentro de la organización.

La transición de 2008 a 2015 presupuso un período de migración de tres años, en que las organizaciones certificadas debían adecuarse a los nuevos requisitos.

1.1.2. Análisis técnico del High Level Structure (HLS) y su papel estratégico

La adopción de la Estructura de Alto Nivel (High Level Structure, HLS, también conocida como Anexo SL en la jerga de normas ISO) es un elemento definitorio de la versión 2015. A primera vista, parece un asunto formal, de arquitectura normativa; sin embargo, su diseño es estratégico y con profundas implicaciones técnicas operativas y de integración.

Naturaleza y objetivos del HLS

El HLS fue concebido para estandarizar la estructura básica de todos los estándares de sistemas de gestión (calidad, medio ambiente, seguridad y salud ocupacional, energía, continuidad del negocio, etc.). Se establecen diez cláusulas genéricas que cada norma debe compartir (desde el contexto organizacional hasta la mejora continua). El propósito es facilitar que diferentes sistemas de gestión convivan con coherencia estructural, permitiendo su integración en un Sistema Integrado de Gestión (SIG). Advisera+2Wikipedia+2

Las diez cláusulas comunes del HLS son:

1. Alcance

2. Referencias normativas

3. Términos y definiciones

4. Contexto de la organización

5. Liderazgo

6. Planificación

7. Apoyo

8. Operación

9. Evaluación del desempeño

10. Mejora

Cada estándar puede añadir requisitos particulares dentro de esas cláusulas, pero la estructura central es común. Esta homogeneidad arquitectónica es un habilitador potente para el diseño metodológico sistemático.

Papel estratégico del HLS en integración del SGC

Al compartir estructura con normas como ISO 14001, ISO 45001 o ISO 27001, el SGC puede integrarse directamente con sistemas de gestión ambiental, seguridad, continuidad de negocio o información. Esto evita duplicidades, silos documentales y conflictos entre normas. En la práctica, permite que los equipos de calidad, medio ambiente y seguridad trabajen bajo una lógica común (procesos, riesgos, desempeño, mejora) en lugar de sistemas desconectados.

Desde la óptica del sistema EQUIPAR, el HLS es un pilar que permite asegurar que los módulos metodológicos de calidad pueden "engranarse" con módulos complementarios (sostenibilidad, innovación, cumplimiento regulatorio) sin perder coherencia ni duplicar esfuerzos.

HLS como precondición para digitalización

En el contexto tecnológico, la homogeneidad del HLS facilita el diseño de arquitecturas informáticas integradas: sistemas de gestión documental, ERP, módulos de calidad, módulos ambientales, auditorías digitales, dashboards unificados. Al tener estructura común, es más sencillo mapear datos, vincular procesos transversales, construir dashboards multicapa y automatizar flujos de aprobación. Esto reduce los "costes de integración" de diferentes plataformas.

Para las organizaciones con ambición de digitalización, el HLS no es sólo una abstracción normativa, sino un requisito operativo: la coherencia estructural permite que las soluciones digitales puedan escalar, interoperar y evolucionar sin fracturas entre dominios funcionales.

Implicaciones técnicas para la reestructuración interna

El cambio a la versión 2015 obligó a muchas organizaciones a:

- Reorganizar sus manuales de calidad bajo la estructura de 10 cláusulas.

- Reordenar procedimientos y políticas para encajar en las nuevas cláusulas (especialmente 4–6).

- Racionalizar la documentación: no todos los procedimientos previos eran necesarios.

- Replantear la vinculación entre cláusulas operativas (por ejemplo, unión entre operación, evaluación, mejora).

- Reasignar roles, responsabilidades y autoridades conforme al nuevo liderazgo requerido.

Este esfuerzo de reestructuración no pudo ser superficial: implicaba cambiar mentalidades, líneas jerárquicas y dinámicas operativas. Muchas organizaciones que solo hicieron ajustes superficiales tuvieron serios problemas en auditorías de migración.

1.1.3. Crecimiento de certificaciones ISO y correlaciones con productividad

Para reforzar la argumentación técnica, agrego algunos datos reales que muestran la expansión de la adopción de ISO 9001 y su relación sugerida con mejoras organizacionales.

Datos de crecimiento de certificaciones ISO 9001

La serie ISO 9000, y en particular ISO 9001, es de las más adoptadas en el mundo. La encuesta anual de ISO (ISO Survey) recoge el número de certificados emitidos en cada país y globalmente. Wikipedia+1

Algunos hitos relevantes:

- En el año 2000 había alrededor de 409.421 certificados ISO 9001 activos. Wikipedia

- En 2008, ese número creció a aproximadamente 982.832 certificados. Wikipedia+1

- En los años posteriores la cifra se mantuvo por encima del millón en muchos países, con variaciones por región. Wikipedia+1

Este crecimiento sostenido demuestra que ISO 9001 se convirtió en un referente global de competitividad y estandarización. La adopción masiva fue impulsada no solo por requisitos contractuales o regulatorios, sino por la demanda de credibilidad en mercados globales.

Correlación con mejoras operativas y productividad

La literatura académica sobre el efecto real de las certificaciones ISO sobre desempeño organizacional muestra resultados mixtos, con algunas reservas metodológicas. Sin embargo, algunos estudios han encontrado asociaciones positivas:

- En un estudio empírico realizado en California sobre empresas que adoptaron ISO 9001, los autores identificaron que esas empresas presentaron mayores tasas de crecimiento en ventas, empleo y promedio de ingresos en comparación con un grupo control de empresas sin la certificación. Además, las empresas certificadas tuvieron menores tasas de cierre organizacional ("organizational death rates") que las no certificadas. Harvard Business School

- En la investigación reciente de Durak Uşar (2024), se halló que el número de certificaciones ISO (incluyendo ISO 9001) tiene un efecto positivo y significativo sobre el retorno sobre activos (ROA) y sobre Tobin's Q, aunque no necesariamente influye directamente en eficiencia operativa o en intensidad de investigación y desarrollo (R&D intensity). MDPI

- Un estudio reciente (Hernández-Vivanco et al., 2023) investigó la eficiencia productiva de organizaciones que adoptaron simultáneamente ISO 9001 e ISO 14001, encontrando una sinergia que genera mejoras en la productividad combinada, lo que sugiere que la integración de sistemas repercute en eficiencia. ScienceDirect

- Revisiones literarias sistemáticas (por ejemplo, Aba & Badar, 2013) han identificado beneficios cualitativos recurrentes de la certificación ISO, como mejora en imagen, credibilidad ante clientes, mejor comunicación interna, estandarización de procesos, aunque también señalan que las relaciones causales directas son difíciles de aislar. Journal of Technology Studies

Estos datos no implican causalidad absoluta, pero sí muestran que muchas organizaciones de alto desempeño adoptan certificaciones ISO como parte de su estrategia de mejora competitiva. En este contexto, la versión 2015 introduce elementos que permiten que la certificación no sea sólo un pasaporte comercial sino un motor de rendimiento sistémico.

1.1.4. Impacto práctico de ISO 9001:2015 y justificación del sistema EQUIPAR

Con el contexto histórico, estructural y cuantitativo trazado, ahora sostengo por qué la versión 2015 exige una metodología como EQUIPAR, cual es su justificación técnica, y de qué forma permite superar las falencias de adopciones tradicionales.

Cambio de paradigma: de la calidad documental a la calidad estratégica

La versión 2015 obliga a las organizaciones a mirar más allá de los procedimientos y registros, e incorporar el pensamiento estratégico de riesgo, la alineación con el negocio, y un liderazgo activo e integrado. Si una organización solo "pega parches" documentales o estructura superficialmente su SGC, difícilmente podrá cumplir con eficacia los nuevos requisitos:

- La cláusula 4.1 (contexto organizacional) obliga a identificar factores internos y externos que afectan el SGC, lo cual exige inteligencia del entorno.

- La cláusula 6.1 exige analizar riesgos y oportunidades (no sólo acciones correctivas o preventivas de diseño).

- La cláusula 5 exige que los líderes no sean espectadores, sino actores activos en la cultura de calidad.

Estas exigencias transforman la naturaleza del profesional de calidad: deja de ser un "guardian documental" para convertirse en un **gestor estratégico de riesgo y mejora**.

Limitaciones de las implementaciones tradicionales

He observado en múltiples organizaciones que la migración a la versión 2015 se abordó desde un enfoque reactivo: se crearon matrices de riesgo genéricas, se adaptaron procedimientos con nuevas numeraciones, se exigió al nivel operativo completar nuevas secciones, pero sin replantear la arquitectura funcional del SGC. En esos casos, los auditores de migración detectaron fallas críticas de integración, de valoración de riesgos, de liderazgo débil o de deficiencias en la mejora continua. La norma no perdona tratamientos superficiales.

La necesidad de una metodología estructurada: EQUIPAR como respuesta

Mi metodología EQUIPAR (Estrategia de Calidad Unificada, Innovadora, Práctica, Adaptable y Resiliente) se originó precisamente para cubrir el vacío metodológico que dejó la norma 2015: la norma exige, pero no prescribe *cómo* integrar las nuevas exigencias con la cultura, la estrategia y la operación diaria. EQUIPAR propone una ruta sistemática de siete fases que garantiza la transformación cultural, técnica y operativa:

- Las primeras fases de **Evaluación** y **Visión Estratégica** obligan al nivel directivo a comprender el contexto, identificar riesgos y definir objetivos alineados al negocio.

- Las fases posteriores de **Unificación de procesos**, **Implementación iterativa**, **Participación y cultura**, **Alineación con innovación** y **Revisión continua** ayudan a traducir los requisitos normativos en acciones concretas, medibles y sostenibles.

- EQUIPAR trasciende la mera conformidad: busca que el SGC opere como núcleo de innovación, resiliencia y valor estratégico.

De esta manera, la evolución normativa no sólo exigía un nuevo estándar, sino una metodología que permitiera su despliegue efectivo en la organización real —y esta metodología es precisamente EQUIPAR.

1.2. Desafíos comunes en la implementación efectiva en sectores regulados

La transición desde la mentalidad de cumplimiento documental hacia un sistema de gestión de la calidad verdaderamente proactivo y estratégico se enfrenta a barreras que, en mi experiencia, son tanto técnicas como culturales. He observado estos obstáculos en auditorías y despliegues en farmacéutica, dispositivos médicos y manufactura de alta regulación, y constituyen la justificación empírica de una metodología como EQUIPAR. No son fallos de diligencia individual; son fallos de método y de diseño organizacional. Presento aquí un análisis estructurado de dichos desafíos, su relación con requisitos ISO y GMP, diferencias de expresión en pequeñas y grandes empresas, y, crucialmente, su impacto económico medible a través del costo de la no calidad (CONQ). Mi objetivo es exponer por qué, sin una arquitectura metodológica integral, los sistemas quedan atrapados entre el ritual documental y la recursividad de las no conformidades.

Falta de compromiso genuino de la alta dirección

La ISO 9001:2015 situó el liderazgo en el centro del sistema. Exige que la alta dirección asuma responsabilidad por la eficacia del SGC, integre sus requisitos en los procesos del negocio y promueva la mejora continua y el pensamiento basado en riesgo. Cuando el compromiso es meramente formal —políticas firmadas, una participación simbólica en la revisión por la dirección— el sistema se degrada a un conjunto de trámites. En organizaciones donde el SGC se percibe como costo de cumplimiento y no como inversión, he visto efectos repetidos: insuficiencia presupuestaria para infraestructura y capacitación, baja prioridad para proyectos de cierre de brechas, y un mensaje implícito que degrada la calidad al ámbito de auditoría. El resultado es un deterioro de la autoridad transversal del sistema; procesos clave quedan fuera de su alcance real, y la función de calidad opera sin poder para orquestar cambios entre áreas.

Con EQUIPAR concebí un mecanismo coercitivo y a la vez pedagógico: en la Fase 1, la alta dirección participa en el diagnóstico estratégico de madurez de calidad y riesgo; en la Fase 2, codifica una visión de calidad vinculada explícitamente a rentabilidad, continuidad operativa y sostenibilidad. Estas dos fases obligan a que la agenda sea del negocio, no del departamento de calidad. Sin este anclaje, cualquier despliegue posterior se quedará sin soporte político, sin presupuesto y sin priorización efectiva.

Fragmentación operativa y cultura de silos

En entornos regulados complejos, los silos funcionales son una inercia estructural: investigación y desarrollo, producción, esterilización, validaciones, mantenimiento, logística, asuntos regulatorios y farmacovigilancia manejan métricas, lenguajes y tiempos distintos. He comprobado que esta fragmentación distorsiona el ciclo de retroalimentación: la información de quejas no conversa con el análisis de riesgo del diseño; los hallazgos de mantenimiento no reajustan criterios de control en fabricación; la evaluación de proveedores no retroalimenta con suficiente inmediatez el plan de control de recepción. El SGC se convierte así en una colección de procedimientos departamentales, con interfaces débiles. La norma exige enfoque por procesos y gestión de riesgos transversal; los silos lo impiden.

En EQUIPAR, la Fase 3 de Unificación de Procesos y Personas emplea mapeo transfuncional (SIPOC, value stream mapping) para redibujar el flujo extremo a extremo, asignar dueños de proceso con autoridad y establecer puntos obligatorios de transferencia de información. El sistema deja de ser un mosaico de responsabilidades ambiguas para convertirse en una cadena de valor con controles claros en los puntos de mayor riesgo. Esta ingeniería organizacional es imprescindible en farmacéutica y dispositivos, donde las obligaciones de trazabilidad y la consistencia entre diseño, manufactura y vigilancia poscomercialización no admiten huecos.

Resistencia al cambio cultural y percepción burocrática del SGC

Otra barrera persistente es la percepción de que el sistema es burocracia punitiva. En plantas con cultura de inspección y castigo, la documentación se asume como amenaza: llenar formatos para "evitar problemas", responder auditorías para "pasar el corte". Esta narrativa anula la mejora continua. He visto operadores que dejan de proponer mejoras por temor a "complicar el procedimiento" o a generar hallazgos. Esta resistencia no se corrige con cursos aislados ni con cartelería; requiere rediseñar la relación entre persona, proceso y propósito. En ese sentido, la Fase 5 de EQUIPAR estructura programas de formación andragógica y redes de embajadores de calidad que convierten el conocimiento tácito en iniciativas medibles, con reconocimiento explícito y rutas de carrera. Cuando la calidad se premia por su impacto operativo y de seguridad, y no solo por completar checklists, la percepción cambia de raíz.

Debilidad en gestión de riesgos y análisis de causa raíz

Aunque el pensamiento basado en riesgo es columna vertebral de ISO 9001:2015 y norma explícita en ISO 13485:2016 e ICH Q9, la ejecución suele quedarse en matrices genéricas. En la práctica, he encontrado FMEAs superficiales, extrapolaciones sin datos, y desconexión entre el análisis de riesgo y el sistema CAPA. Esto es especialmente crítico en farmacéutica, donde reguladores han reportado crecientemente violaciones de integridad de datos como hallazgos CGMP, con consecuencias regulatorias que incluyen cartas de advertencia, alertas de importación y acuerdos de consentimiento. La guía de la FDA sobre integridad de datos subraya el rol central de la confiabilidad de la información en la calidad y seguridad de los medicamentos, y documenta el aumento de observaciones relacionadas con integridad, con acciones regulatorias asociadas, lo que evidencia que el tratamiento del riesgo no puede ser meramente formal ni desconectado del dato que lo sustenta. U.S. Food and Drug Administration

El vínculo entre riesgo y CAPA es un talón de Aquiles. Si el análisis de causa raíz se detiene en la aparente falla técnica y no alcanza la causa sistémica —formación inadecuada, incentivos perversos, procedimientos no ejecutables, sobrecarga de trabajo, fallos de diseño del proceso, vulnerabilidades del sistema digital— la recurrencia queda servida. ICH Q9 proporciona un marco claro de herramientas y principios para aplicar gestión de riesgos a lo largo del ciclo de vida, desde el desarrollo hasta la distribución; su revisión Q9(R1) clarificó el grado de formalidad, la toma de decisiones basada en riesgo y la reducción de subjetividad en evaluaciones, precisamente para cerrar estas brechas de implementación que observo en planta. ICH Database+2ICH Database+2

Deficiencia de métricas estratégicas y traducción financiera de la calidad

La ausencia de indicadores que conecten calidad con valor del negocio perpetúa el tratamiento de la función como costo. Contar no conformidades, quejas o tiempos de cierre de CAPA no es suficiente para competir por presupuesto con operaciones, finanzas o desarrollo. Cuando traduzco calidad a CONQ, OEE, desperdicio, retrabajo, garantías, pérdidas de producción por paradas, y riesgo financiero de fallas externas, la conversación cambia. La literatura de calidad ha sostenido durante décadas que el costo de la no calidad puede situarse en rangos del 5 al 30 por ciento de las ventas, e incluso superar el 15-20 por ciento de los ingresos operativos totales, cifras que erosionan la competitividad y que muchos ejecutivos subestiman por falta de medición sistemática. Quality Digest+1

Con EQUIPAR, en la Fase 6 y la Fase 7 incorporo paneles que miden prevención, evaluación, fallas internas y externas, y los vinculo a margen, flujo de caja y riesgos, para que la alta dirección pueda tomar decisiones informadas. Sin esa traducción, la calidad carece de voz en el comité ejecutivo.

Causas típicas de fallas de implementación en GMP/ISO

Más allá de estas categorías generales, existen fallas recurrentes que he documentado en auditorías y proyectos, muchas de ellas también reflejadas en observaciones de agencias y guías regulatorias:

1. Integridad de datos deficiente. Controles de usuarios débiles, registros incompletos, backdating, falta de audit trails confiables, o sistemas híbridos papel-digital sin gobernanza. La FDA ha señalado que violaciones de integridad de datos han derivado en cartas de advertencia y otras acciones. Cuando el dato no es confiable, el sistema de riesgo se invalida. U.S. Food and Drug Administration

2. Gestión de cambios sin evaluación de impacto robusta. Cambios de parámetros de proceso, proveedores o software sin análisis de riesgo ni revalidación adecuada. Esto contradice tanto el enfoque ISO 9001:2015 como la expectativa GMP de validar cambios críticos.

3. CAPA desconectadas del riesgo. Acciones correctivas que resuelven el síntoma local pero no cierran la exposición sistémica, con métricas enfocadas al tiempo de cierre y no a la efectividad real.

4. Trazabilidad documental fragmentada. DMR, DHF y registros por lotes no enlazados con el plan de gestión de riesgos ni con evidencias de validación de software en el caso de dispositivos médicos, lo cual contraviene requisitos más prescriptivos de ISO 13485 y QS Regulation de la FDA para el sector. <u>U.S. Food and Drug Administration</u>

5. Auditorías internas de bajo poder predictivo. Programas de auditoría que repiten listas de chequeo sin priorizar riesgos emergentes ni usar técnicas de muestreo inteligente, a pesar de que la guía ISO 19011:2018 elevó el enfoque basado en riesgo dentro del propio proceso de auditoría. <u>ISO+1</u>

6. Formación no competente. Planes de capacitación centrados en asistencia y no en competencia; ausencia de evaluación de desempeño post-formación y reciclajes sin análisis de efectividad.

7. Indicadores misalineados. KPIs que premian la velocidad o el volumen por encima de la calidad intrínseca, generando tensiones entre producción y aseguramiento que el sistema no reconcilia.

8. Externalización ciega. Proveedores críticos con homologaciones de forma y poca vigilancia de proceso; encadenamientos de riesgo sin visibilidad upstream.

9. Sobre-documentación con sub-control. Bibliotecas de procedimientos inmanejables, complejos de aplicar en piso, que inducen violaciones por fatiga

documental y desalineación con la realidad operativa.

10. Tecnología sin gobernanza. Sistemas informáticos de laboratorio y producción implementados sin validación de software proporcional al riesgo, ni políticas de acceso, respaldo y retención alineadas a requisitos.

Estas fallas no son aleatorias: emergen cuando se implementa un estándar sin rediseñar el sistema sociotécnico que lo hace efectivo. EQUIPAR se concibe como una secuencia de decisiones que en cada fase ataca un subconjunto de estas causas, anclando el método a la gobernanza de datos, la competencia, el riesgo y la economía del desempeño.

Diferencias de expresión de los desafíos en pequeñas y grandes empresas

Los mismos problemas se manifiestan de forma distinta según el tamaño y la complejidad.

En pequeñas y medianas empresas (pymes) reguladas, la restricción crítica es la capacidad instalada: equipos pequeños, roles multifuncionales, presupuesto limitado para consultoría, validaciones y sistemas digitales, y alta dependencia del conocimiento tácito. La literatura reporta que las pymes enfrentan barreras de recursos tangibles e intangibles en la implementación efectiva de estándares, que se traducen en cargas administrativas percibidas como altas y dificultad para mantener formalidad sin sofocar la operación. En estas condiciones, el riesgo es caer en implementaciones minimalistas que "sirven para el certificado" pero no resisten auditorías intensivas o escalamiento productivo. ScienceDirect

Estrategias para pymes que incorporo en EQUIPAR:

a) Priorización de riesgo con formalidad proporcional. No toda área requiere el mismo nivel de documentación; aplico Q9 para graduar formalidad según criticidad del proceso o del producto. ICH Database

b) Bibliotecas documentales mínimas viables. Procedimientos cortos, roles claros, formularios usables y entrenamiento dirigido a competencias específicas.

c) Digitalización selectiva. Sistemas ligeros que resuelvan los puntos de dolor mayores: control de cambios, CAPA, calibraciones, registros por lotes, con trazabilidad suficiente y validación proporcional.

d) Formación con aprendizaje en flujo de trabajo. Micro-módulos vinculados a eventos reales de control, para consolidar hábitos sin detener la planta.

En grandes empresas, el obstáculo dominante es la complejidad: múltiples sitios, jerarquías, legados tecnológicos, fusiones y adquisiciones, coexistencia de marcos normativos, y diversidad de mercados. Aquí el riesgo es el contrario: sobrerregular sin efectividad, generar estructuras de gobernanza donde la toma de decisiones es lenta y las responsabilidades se diluyen.

Estrategias para grandes empresas en EQUIPAR:

a) Gobierno de datos a escala. Políticas de integridad de datos, control de accesos, trazas de auditoría y validación de sistemas a través de un catálogo crítico de aplicaciones, con responsabilidad clara por sistema y por dato. La experiencia regulatoria reciente subraya que la integridad de datos es un vector recurrente en hallazgos serios; a escala, el diseño de controles y la cultura de veracidad son irrenunciables. U.S. Food and Drug Administration

b) Auditoría interna basada en riesgo. Programas que prioricen líneas, plantas, proveedores y procesos por exposición, con técnicas de muestreo dinámico y equipos auditados en competencias, en coherencia con ISO 19011:2018. ISO+1

c) Integración multimarco. Con HLS, integro calidad con ambiente, seguridad y continuidad, armonizando formatos y sincronizando revisiones por la dirección a ciclos trimestrales o semestrales para sostener criterios comunes y decisiones sistémicas.

d) Gestión del cambio bajo demanda. Oficinas de gestión del cambio con capacidad para evaluar impacto técnico, regulatorio y humano de cambios mayores, orquestando revalidaciones, entrenamientos y actualizaciones de control.

Análisis del impacto económico: costo de la no calidad (CONQ)

Sin una medición rigurosa del CONQ, la conversación sobre calidad pierde gravedad ante finanzas. Por eso operacionalizo siempre el modelo de costos de calidad en cuatro categorías: prevención, evaluación, fallas internas y fallas externas. Las dos primeras son inversiones; las dos últimas son pérdidas, muchas veces invisibles en los reportes.

La literatura muestra rangos significativos: estimaciones del costo de la no calidad entre 5 y 30 por ciento de las ventas, con reportes que ubican los costos de calidad totales (incluido lo preventivo y de evaluación) en 15-20 por ciento de los ingresos operativos, pudiendo alcanzar valores mayores en organizaciones con controles inmaduros. Estos órdenes de magnitud, si bien dependen del sector y del mix de productos, son suficientes para sustentar decisiones de inversión en sistemas, formación y rediseño de procesos. Quality Digest+1

Ilustro con un ejercicio práctico que empleo con direcciones financieras. Considero una planta con ventas anuales de 120 millones. Si el CONQ es del 10 por ciento, la erosión equivale a 12 millones. Si una intervención que combina rediseño de controles críticos, fortalecimiento de integridad de datos y auditoría basada en riesgo reduce el CONQ a 7 por ciento, el beneficio directo es de 3,6 millones al año. Cuando, además, el proyecto mejora OEE en 1,5 puntos porcentuales por reducción de retrabajo y paradas, y caída de garantías externas, el flujo de caja operativo refleja el retorno con holgura. Esta traducción del lenguaje de calidad al lenguaje financiero produce el alineamiento que la cláusula de liderazgo pretende: calidad como motor de competitividad, no como peaje.

En farmacéutica y dispositivos, las fallas externas incluyen devoluciones, retiros voluntarios, y, en el peor caso, retiro forzoso y sanciones. Agrego el componente regulatorio: cartas de advertencia y observaciones 483 que bloquean lanzamientos o exportaciones, con pérdidas de oportunidad no triviales. La propia FDA mantiene repositorios de cartas de advertencia y observaciones, enfatizando que las cartas se reservan para casos significativos de incumplimiento, una señal clara de que el costo regulatorio se dispara cuando el sistema fracasa en riesgos básicos e integridad de datos. U.S. Food and Drug Administration+1

Estrategias de cierre de brecha con EQUIPAR

Para cada causa descrita, el diseño de EQUIPAR incorpora un contrapeso metodológico:

Compromiso directivo. Fases 1 y 2 vinculadas a indicadores de negocio. Revisión por la dirección con decisiones y asignaciones presupuestarias verificables. El liderazgo deja huella en prioridades, no solo en protocolos.

Antisilización. Fase 3 con rediseño de procesos extremo a extremo, dueños de proceso, criterios de transferencia y tableros compartidos. La comunicación transfuncional deja de depender de buena voluntad personal.

Riesgo y CAPA. Fase 1 con herramientas de priorización robustas; Fase 7 con verificación de efectividad y retroalimentación estadística a riesgo. ICH Q9 y Q9(R1) respaldan la graduación de formalidad y la reducción de subjetividad en evaluaciones; uso esos principios para dimensionar dónde ser más formal y dónde basta con control operacional reforzado. ICH Database+1

Integridad de datos. Políticas ALCOA+ traducidas a controles técnicos y conductuales; validación de sistemas críticos proporcional al riesgo; segregación de funciones y auditorías específicas de datos en línea con las preocupaciones regulatorias expresadas por la FDA. U.S. Food and Drug Administration

Auditoría inteligente. Programas alineados a ISO 19011:2018 que incorporan pensamiento basado en riesgo en el propio diseño de la auditoría: selección de muestras, frecuencia, equipos auditores, y cobertura de cadenas de suministro. ISO+1

Competencia y cultura. Fase 5 con perfiles por rol, entrenamiento en flujo de trabajo, evaluación de competencias y redes de embajadores con reconocimiento sistémico. La cultura se mide por comportamientos consistentes, no por pósteres.

Métricas estratégicas. Fases 6 y 7 con paneles de CONQ y KPIs de negocio: OEE, desperdicio, garantía, time-to-market, productividad, y riesgo financiero evitado. Se audita la trazabilidad entre acción de calidad y resultado económico.

Comparativos entre pymes y grandes empresas: lecciones aprendidas

En pymes, he aprendido que menos es más si está bien priorizado. Un sistema mínimo viable, calibrado por riesgo, puede ser mucho más efectivo que una biblioteca extensa. La clave es una cartografía lúcida de procesos críticos y pocos indicadores bien elegidos, con alta disciplina en integridad de datos y cierre de CAPA.

En grandes organizaciones, la lección es la gobernanza. Se gana eficacia cuando el sistema define claramente quién decide y con qué datos, cómo se escalan desviaciones, y cómo se sincronizan ciclos de revisión interfuncionales. He visto plantas con decenas de políticas de datos pero sin responsables claros por aplicación; he visto auditorías internas extensas que no priorizan y se hacen previsibles. El rediseño del programa de auditoría con lente de riesgo y la asignación de propietarios de sistema reduce ceguera y sorpresas.

Implicaciones para GMP y dispositivos

El marco GMP añade capas particulares: validación de procesos, calificación de equipos, gestión rigurosa de cambios y vigilancia poscomercialización. En dispositivos, la documentación del diseño, el expediente maestro y la gestión de software son puntos de vulnerabilidad. La guía de inspección de fabricantes de dispositivos y la QS Regulation recuerdan que la expectativa es de sistemas que garanticen consistencia con requisitos y especificaciones, no de archivos encuadernados; por eso la integración entre diseño, manufactura y vigilancia es tan exigente. Cuando el SGC no se concibe como arquitectura interconectada, las brechas aparecen donde el regulador mira con lupa. U.S. Food and Drug Administration

Conclusión operativa

Los desafíos no son un inventario abstracto; son predictores de riesgo operativo, regulatorio y financiero. Liderazgo pasivo, silos, percepción burocrática, riesgo superficial, CAPA estériles, integridad de datos débil y métricas reactivas componen un patrón sistémico que, de no tratarse metodológicamente, produce un ciclo vicioso: auditorías costosas, planes de acción repetitivos, fatiga organizacional y erosión del margen. La norma es necesaria, pero no suficiente: prescribe el qué, no el cómo. EQUIPAR es mi propuesta del cómo, con siete fases encadenadas que alinean estrategia, personas, procesos, datos y economía del desempeño.

Al articular el sistema así, he podido demostrar que la calidad deja de ser un rubro de cumplimiento y se convierte en una disciplina gerencial que previene pérdidas, protege la licencia para operar, habilita la digitalización y acelera el aprendizaje organizacional. Y cuando el aprendizaje se traduce en menos fallas externas, menos retrabajo, mejor OEE y menos exposición regulatoria, el CONQ desciende a rangos que devuelven millones a la operación. Esa es la medida que convence a la alta dirección, y la razón por la que vinculo cada fase del método con indicadores de negocio y con el riesgo que la organización está realmente dispuesta a asumir.

1.3. Oportunidades de mejora desde un enfoque sistémico e integrado

La existencia de los desafíos crónicos que he descrito en la implementación del SGC, lejos de ser un presagio de estancamiento, representa la mayor oportunidad de mejora para la gestión de calidad. Yo he diseñado el Sistema EQUIPAR precisamente para capitalizar este potencial latente. La convergencia de las exigencias normativas (ISO 9001:2015 e ISO 13485:2016) con la madurez de las herramientas de gestión (Lean, Ágil, *Big Data*) crea una ventana de oportunidad única para que las organizaciones migren de un SGC de cumplimiento a un SGC que yo denomino estratégico, resiliente y autopropulsado. Mi enfoque sistémico e integrado se centra en transformar las debilidades en fortalezas operativas y culturales, generando una ventaja competitiva sostenible que va más allá de la mera auditoría y se sitúa en el centro de la estrategia empresarial.

La primera gran oportunidad reside en la Integración Estratégica a través del Contexto y el Riesgo. El requisito de la ISO 9001:2015 de comprender el contexto de la organización (Cláusula 4) ofrece la oportunidad metodológica de romper con la tradición de un SGC genérico, que aplica los mismos procedimientos a realidades empresariales distintas. Yo sostengo que al aplicar la Fase 1 de EQUIPAR, Evaluación del Entorno y Expectativas, la organización se ve obligada a realizar un diagnóstico riguroso que no solo identifica las brechas normativas, sino que conecta los riesgos operacionales y regulatorios con la estrategia corporativa (por ejemplo, el riesgo de *time-to-market* debido a procesos de validación lentos, o el riesgo de obsolescencia tecnológica en la infraestructura crítica de manufactura). Esta es la oportunidad de oro: transformar los resultados del análisis de riesgo, utilizando herramientas formales como el

FMEA (Análisis de Modo y Efecto de Falla) o el HACCP
(Análisis de Peligros y Puntos Críticos de Control), en el
input primario y priorizado para la planificación estratégica
de calidad.

De esta forma, el SGC deja de ser un apéndice de *back-office*
y se convierte en el marco de gobernanza del riesgo
corporativo, un paso fundamental para la Alta Dirección en
2018. Yo utilizo este principio para asegurar que la
asignación de recursos —tanto capital como talento— se
dirija a mitigar los riesgos más críticos que afectan la misión
del negocio, no solo la lista de chequeo de la auditoría. Este
enfoque sistémico asegura que la inversión en calidad sea
considerada una inversión en resiliencia y no un costo
operativo sin retorno. La ISO 13485:2016 refuerza esta
visión en la industria de dispositivos médicos, exigiendo
que la gestión de riesgos se mantenga activa durante todo el
ciclo de vida del producto. Mi sistema capitaliza esto al
hacer que la matriz de riesgos sea un documento vivo que
informa continuamente las decisiones de las Fases 2
(Visión) y 6 (Alineación), generando un SGC que es
inherentemente proactivo. La oportunidad metodológica es
hacer que la toma de decisiones basada en evidencia sea una
realidad gerencial, utilizando la data de calidad (CAPA, no
conformidades, quejas) como un termómetro de la salud
estratégica de la organización.

La segunda oportunidad crítica es la Unificación del SGC
con el Desarrollo de Talento y la Cultura Organizacional.
Los desafíos de la resistencia al cambio y la cultura de silos
que he identificado son, en realidad, síntomas de una falta
de inversión metodológica en el factor humano del SGC. La
oportunidad es construir un sistema que se sostenga por la
participación activa y el liderazgo técnico en todos los
niveles, trascendiendo la simple formación de
cumplimiento. Esto se aborda con la Fase 3 (Unificación de
Procesos y Personas) y, con especial énfasis, la Fase 5
(Participación y Cultura) de mi sistema.

La clave, como yo la he diseñado, no es la formación superficial, sino el desarrollo de embajadores de calidad que posean las competencias técnicas (Análisis de Causa Raíz, *coaching* en procesos Lean) y las habilidades blandas (comunicación persuasiva, liderazgo informal) para impulsar la mejora desde sus puestos. Yo capitalizo la necesidad de un mayor liderazgo (Cláusula 5 de ISO) para empoderar a los equipos, convirtiendo la formación en una inversión estratégica que asegura la sostenibilidad del conocimiento y minimiza la dependencia de consultores externos. Mi enfoque sistémico aprovecha la oportunidad de formalizar la cultura mediante el uso de *checklists* de comportamiento y encuestas de madurez cultural, que yo he diseñado como artefactos metodológicos. Estos artefactos transforman la cultura (un concepto intangible) en un KPI (un concepto medible), permitiendo a la Alta Dirección gestionar el cambio cultural con la misma rigurosidad que gestiona la productividad de la manufactura. Al hacer esto, el SGC se convierte en un sistema que se enseña, se modela y se reconoce, superando la visión de que la calidad es una función puramente inspectora.

Una tercera oportunidad, de gran impacto técnico-operacional, es la Adopción de Principios Ágiles e Iterativos en la Implementación y Mejora Continua. Los SGC en sectores regulados han tendido históricamente hacia la rigidez, con implementaciones que tardan años y consumen grandes cantidades de recursos antes de ofrecer valor. Esta rigidez es una debilidad manifiesta en un entorno de mercado que exige velocidad. La Implementación Iterativa e Inteligente (Fase 4 de EQUIPAR) aprovecha la oportunidad de integrar principios de la metodología *Agile* (como los *sprints* o los ciclos de retroalimentación cortos) para la implementación de módulos del SGC.

Esto reduce el riesgo de fallos a gran escala (el temido "big bang"), permite la corrección temprana de desvíos y genera "victorias rápidas" que construyen confianza y mitigan la resistencia cultural. En un entorno como el de dispositivos médicos (ISO 13485:2016), donde la validación y el control de cambios son cruciales, la implementación iterativa permite la validación controlada de cada módulo del SGC (por ejemplo, validar solo el proceso de control de documentos electrónicos antes de implementar el control de diseño completo) antes de la escalabilidad total. Esto no solo optimiza recursos, sino que minimiza el impacto regulatorio de los cambios, ya que los desvíos se detectan y corrigen a pequeña escala. Yo insisto en que la agilidad, vista desde la óptica de la gestión de riesgos, es la herramienta más poderosa de la organización para garantizar la resiliencia operativa en 2018. La oportunidad es transformar el PDCA de un concepto anual y pesado a un ciclo de retroalimentación en tiempo real que es inherentemente inteligente y adaptable.

Finalmente, una oportunidad de vanguardia en 2018 es la Integración de la Calidad con la Innovación y la Sostenibilidad (Responsabilidad Social Corporativa). Un SGC eficaz no debería ser un freno, sino un catalizador de la innovación. Yo he comprobado que la gestión de la calidad, al enfocarse en la eficiencia (Lean), la reducción de desperdicios y la optimización de recursos, es la base técnica para la sostenibilidad ambiental y social.

Mi Fase 6, **A**lineación con **I**nnovación y **S**ostenibilidad, explota la oportunidad de utilizar el SGC como un marco para el diseño de procesos "verdes" (reducción de desperdicios, eficiencia energética) y la gestión de la responsabilidad social corporativa. El SGC, al ser un sistema de gestión de riesgos, puede ser fácilmente expandido para incluir riesgos ambientales (contaminación, uso de recursos no renovables) y riesgos sociales (condiciones laborales, ética de la cadena de suministro), tal como lo promueven los marcos de gestión de riesgo corporativo y la ISO 14001. Al integrar métricas de sostenibilidad junto a los KPIs de calidad (OEE, Tasa

CAPA), yo transformo el SGC en un sistema de gestión integral que apoya la estrategia a largo plazo de la organización y su imagen pública. Esta integración demuestra que el SGC es capaz de generar valor más allá de la simple seguridad del producto, posicionando a la organización como un líder ético y eficiente en su sector.

Yo he diseñado el Sistema EQUIPAR para que actúe como la hoja de ruta que permite a las organizaciones aprovechar estas cuatro grandes oportunidades. Al proporcionar una metodología sistémica de siete fases, EQUIPAR garantiza que la mejora no sea incremental, sino transformadora, asegurando que el SGC se convierta en el motor autopropulsado de la calidad, la cultura y la competitividad que las normas ISO de 2015 y 2016 aspiraban a lograr en el panorama industrial y regulatorio del año 2018. Mi contribución reside en la creación y la formalización de esta metodología que sistematiza el *cómo* alcanzar este estado de excelencia operativa y cultural.

CAPÍTULO 2

Fundamentos Teóricos y Metodológicos del Sistema EQUIPAR

2.1. Principios que sustentan el diseño del sistema

La concepción del Sistema EQUIPAR (Estrategia de Calidad Unificada, Innovadora, Práctica, Adaptable y Resiliente) surge de una constatación empírica: en los sectores regulados, la adhesión a normas reconocidas no asegura, por sí misma, una cultura de calidad que genere valor estratégico. Yo he visto sistemas técnicamente "conformes" incapaces de prevenir fallas sistémicas, sostener la integridad de datos, o traducir la mejora en resultados operativos y financieros. Por eso diseñé EQUIPAR como una arquitectura metodológica basada en principios que actúan como reglas de diseño y criterios de decisión a lo largo de siete fases. Estos principios son transversales a farmacéutica, dispositivos médicos, cosmético y alimentario; sin embargo, su implementación requiere matices sectoriales que detallaré con ejemplos aplicados. Además, incorporo un subanálisis de Data Integrity basado en ALCOA+ y su traducción práctica a la trazabilidad del sistema, porque he aprendido que la confiabilidad del dato es el cimiento invisible de cualquier estrategia de calidad moderna.

I. Principio de la Gobernanza Basada en el Riesgo Estratégico (GBRE)

Yo concibo el SGC como un sistema de gobernanza orientado al riesgo estratégico y no un mecanismo de control operativo de segundo nivel. Este principio expande el pensamiento basado en riesgo de ISO 9001 desde el proceso a la estrategia, alineándolo con marcos sectoriales específicos (ISO 13485, ISO 14971 para dispositivos, HACCP/Codex para alimentos, ISO 22716 para cosméticos). La pregunta rectora que me hago es simple: ¿qué riesgos comprometen la misión, la licencia para operar y la resiliencia del negocio, y cómo priorizo la inversión del SGC para reducirlos de forma verificable?

En farmacéutica, lo operacionalizo con una matriz que integra riesgos de continuidad (proveedores únicos de API), de integridad de datos (laboratorio y manufactura), de cumplimiento (brechas con EU GMP Annex 11 y Annex 15 cuando hay sistemas computarizados y validaciones pendientes), y de seguridad del paciente (vigilancia poscomercialización). La priorización no es estática; combina FMEA avanzado con indicadores de severidad regulatoria y tiempos de mercado. En una planta de formas estériles, por ejemplo, he utilizado el GBRE para ubicar la inversión prioritaria en: validación de sistemas computarizados críticos (SCADA, LIMS, MES), redundancia de almacenes de datos y fortalecimiento del proceso de liberación por Parametric Release donde aplica, antes de ampliar el alcance documental de procedimientos periféricos. Esta reordenación reduce el riesgo de sanciones por datos no confiables, fallas de liberación y paradas de lote, mitigando el impacto reputacional y financiero de una desviación grave. La expectativa de los reguladores al evaluar sistemas computarizados y validaciones está explícita en Annex 11 y Annex 15, y convierte la gestión del riesgo en un asunto de arquitectura técnica y de gobernanza, no sólo de listas de chequeo. Public Health+1

En dispositivos médicos, anclo el GBRE en la articulación ISO 13485–ISO 14971. El caso típico es un fabricante de bombas de infusión con software embebido: el riesgo estratégico no se limita a la línea de montaje ni a la documentación del diseño, sino a la gestión integral del riesgo clínico y de uso. Yo conecto la evaluación de peligros (usabilidad, ciberseguridad, modos de fallo) con la matriz de priorización y los criterios de aceptabilidad definidos por el proceso de ISO 14971, y establezco "puertas" de decisión que condicionan inversiones de diseño, verificación y validación a la reducción del riesgo residual. Esta gobernanza evita el sesgo de optimización local (cumplir un requisito documental sin reducir un riesgo de daño) y alinea la hoja de ruta de producto con la tolerancia al riesgo de la organización. ISO+1

En el sector alimentario, el GBRE integra el enfoque HACCP del Codex con la estrategia de abastecimiento y capacidad. Si la cadena de frío es el factor crítico en una línea de alimentos listos para consumo, priorizo inversiones en sensores redundantes, registros electrónicos fiables y verificación independiente de CCP, antes que expandir formularios manuales que no cambian el resultado sanitario. Esta priorización no sólo cumple el marco HACCP, sino que reduce probabilidad y severidad de incidentes con retiro de producto, protegiendo la marca y los contratos con retail. FAOHome+1

En cosméticos, la gobernanza por riesgo se materializa al integrar ISO 22716 con la evaluación de proveedores de fragancias, pigmentos y conservantes, y con la vigilancia de reclamaciones por irritación o microbiología fuera de especificación. Yo he utilizado esta lógica para reordenar inversiones: control de contaminación cruzada y calificación de agua purificada por encima de automatizaciones accesorias, porque el riesgo sanitario y reputacional se concentra allí. ISO

El GBRE exige demostrar valor mitigado. No basta declarar que "se gestionó el riesgo": pido evidencias cuantitativas del impacto en la frecuencia de incidentes críticos, en la probabilidad de hallazgos regulatorios mayores y en el costo de la no calidad asociado (fallas externas, reprocesos, desperdicio). La gobernanza, así, cierra el circuito entre riesgo, decisión y resultado.

II. Principio de la Unificación de Procesos Transfuncionales (arquitectura anti-silo)

Yo rechazo la noción del SGC como mosaico de procedimientos departamentales. La calidad es un flujo de valor extremo a extremo. Sin unificar procesos e interfaces, los riesgos migran entre áreas sin dueño, la trazabilidad se fractura y la información no llega a quien decide. Por eso, en la Fase 3 de EQUIPAR utilizo sistemáticamente diagramas SIPOC y mapeo de cadena de valor para visualizar el tránsito entre proveedor, insumo, proceso, salida y cliente interno/externo, y asigno propietarios de proceso con autoridad real sobre las interacciones.

En farmacéutica, la unificación más crítica ocurre entre Desarrollo Farmacéutico, Transferencia Tecnológica, Producción, Control de Calidad y Asuntos Regulatorios. He rediseñado puertas de transferencia donde el expediente de diseño (QbD, parámetros críticos, justificación de especificaciones) alimenta el plan de control de proceso y los métodos validados, evitando la "amnesia" pos-transferencia que genera desvíos repetitivos. La conexión con Annex 15 es directa: calificación y validación requieren gobierno de interfaces, no sólo protocolos de IQ/OQ/PQ. Public Health

En dispositivos, la unificación evita el divorcio funcional entre DHF (Design History File), DMR (Device Master Record) y DHR (Device History Record). Yo establezco una matriz de trazabilidad que, además de requisitos y pruebas, enlaza riesgos del diseño con controles en manufactura y vigilancia poscomercialización; con ello, las señales de campo (quejas, reportes de eventos) recalibran el riesgo y el plan de control del proceso. ISO 13485 reconoce estas interdependencias; la arquitectura anti-silo las hace operativas. ISO+1

En cosméticos, he conseguido eliminar cuellos de botella coordinando formulación, compras y control de cambios bajo ISO 22716: cuando un proveedor cambia el conservante de una base emulsiva, la interfaz funciona si el SIPOC obliga a iniciar evaluación microbiológica, revisión de etiquetado e impacto en mercados con umbrales distintos de alérgenos. Esta unificación reduce retrabajos y devoluciones. ISO

En alimentos, la arquitectura anti-silo es la diferencia entre un HACCP de escritorio y un sistema vivo. Cuando producción corrige un desvío en tiempo real pero no retroalimenta al equipo de aseguramiento ni a mantenimiento para prevenir recurrencias, el sistema falla. El mapeo de valor y los propietarios de proceso con autoridad resuelven ese "vacío de nadie". FAOHome

La unificación reduce el costo de la no calidad al eliminar fricciones, redundancias y fallas de transferencia. No es cosmética; es ingeniería organizacional aplicada al riesgo.

III. Principio del Liderazgo de Servicio y el desarrollo de agentes de cambio cultural

En mi práctica, ocho de cada diez fallas de un SGC se explican más por cultura y liderazgo que por técnica. El liderazgo de servicio implica que quien dirige procesa obstáculos, habilita recursos y reconoce comportamientos; no administra culpas. Por eso institucionalizo dos mecanismos: un programa de líderes de proceso entrenados como coaches y una red formal de embajadores de calidad por área.

En farmacéutica, trabajé con una red de embajadores en una planta de inyectables donde la rotación de operadores hacía que el adiestramiento formal no bastara. Convertí a técnicos senior en mentores de línea, con objetivos de competencia medidos en desempeño real (setup, aséptico, registros contemporáneos) y con autoridad para simplificar formatos innecesarios. La cultura cambió cuando los embajadores empezaron a resolver problemas en origen, no a escalar formularios.

En cosméticos, la percepción de "burocracia sin valor" cayó cuando entrenamos a los jefes de producción en liderazgo de servicio: retirar obstáculos (consumibles, calibración oportuna), reconocer ideas de mejora que reducían mermas y tiempos de limpieza, y escalar cambios de formulación con trazabilidad clara. La figura del embajador fue clave para traducir requisitos de ISO 22716 a prácticas de piso que los equipos entendían como suyas. ISO

En alimentos, la red de agentes de cambio hizo tangible el HACCP cuando transformamos los CCP en responsabilidades de rol con indicadores individuales y colectivos. El líder de servicio acompaña al operario frente al CCP, verifica el dato en línea, interviene antes de la desviación y reconoce al equipo cuando el control preventivo evita una pérdida de lote. Este liderazgo genera hábitos de prevención.

Sin liderazgo de servicio y agentes de cambio, el sistema se refugia en reuniones y matrices; con ellos, el aprendizaje se vuelve parte del trabajo.

IV. Principio de la Implementación Ágil e Iterativa (mitigación del riesgo "big bang")

Yo rehúso los despliegues "todo de una vez". En sectores regulados, el big bang amplifica el riesgo: cambios simultáneos de documentos, roles, sistemas y mediciones suelen producir desabasto, errores en registros y auditorías fallidas. La implementación ágil e iterativa introduce pilotos controlados, ciclos cortos de retroalimentación y escalamiento condicionado por evidencia.

En farmacéutica, desplegué un piloto de registros
electrónicos de producción (EBR) en una sola línea de
sólidos antes de escalarlo al resto de la planta. Validamos el
flujo de firmas electrónicas, la integridad de time stamps, la
usabilidad de pantallas y el diseño de excepciones. Los
hallazgos de uso (por ejemplo, campos mal secuenciados
que inducían entradas duplicadas) se corrigieron sin
penalizar toda la operación. El piloto probó la hipótesis de
valor: menos desviaciones por errores de transcripción y
más velocidad de liberación. La validación de sistemas
computarizados y la proporcionalidad del control son
expectativas explícitas de Annex 11; en un entorno iterativo,
se cumplen sin parálisis. Public Health

En dispositivos, utilicé la iteración para integrar la gestión
de riesgo ISO 14971 con el PLM. Antes de imponer el flujo a
todo el portafolio, corrimos un producto representativo de
riesgo medio: las lecciones de trazabilidad de requisitos-
riesgos-controles no sólo mejoraron el expediente, sino que
evitaron re-trabajos durante auditorías de certificación.
Recién entonces escalamos a las familias de producto. ISO

En cosméticos, la iteración permitió probar un nuevo plan
de control microbiológico en dos líneas con mayor riesgo
(emulsiones ricas en agua), antes de extenderlo a polvos y
anhidros. El resultado fue una reducción medible de
rechazos por recuento fuera de especificación y una mejor
correlación entre parámetros de limpieza y resultados
microbiológicos. ISO

En alimentos, hacer pilotos de digitalización de CCP con
sensores conectados y registros automáticos probó no sólo
la tecnología, sino la disciplina operativa ante alertas
tempranas; esa evidencia facilitó la compra ejecutiva para
escalar. FAOHome

La implementación ágil es, en realidad, gestión de riesgos
aplicada a la propia implantación del sistema. Yo la

documentó como parte del SGC, con criterios de salida de piloto basados en datos y no en "tiempos de proyecto".

V. Principio de la Medición Causal y la generación de valor explícito

Mi quinto principio exige demostrar, con métodos robustos, que el SGC produce valor causal y no sólo correlacional. La tentación de "medir lo que es fácil" lleva a indicadores reactivistas (quejas, no conformidades, tiempos de cierre de CAPA) sin narrativa ejecutiva. Yo transformo ese cuadro con dos herramientas: a) paneles que conectan prevención, evaluación, fallas internas y externas con métricas de negocio (OEE, productividad, mermas, tiempo de liberación), y b) diseños analíticos causales, como series de tiempo interrumpidas y modelos de regresión apropiados, para aislar el efecto de las intervenciones.

En farmacéutica, apliqué una serie de tiempo interrumpida al introducir EBR y control reforzado de integridad de datos en laboratorio. La variable principal fue la tasa de desviaciones por errores de transcripción y firmas tardías; la intervención generó un cambio inmediato del nivel y una tendencia descendente significativa. Complementé con el indicador de "días de liberación por lote" y con el costo de no calidad evitado, traduciéndolo a flujo de caja. La evidencia robusta sostuvo el escalamiento y cerró la discusión presupuestaria.

En dispositivos, apliqué regresión binomial negativa para modelar la frecuencia de quejas por millón de unidades antes y después de integrar ISO 14971 al PLM; controlé por volumen fabricado, versión de firmware y cambios de proveedor. El coeficiente de la intervención fue estadísticamente significativo y consistente con el descenso de cambios de ingeniería de emergencia. ISO

En cosméticos y alimentos, el vínculo con negocio es directo: mermas y retrabajos caen cuando la disciplina de limpieza, preparación y verificación de CCP se vuelve hábito, y los rechazos del cliente externo disminuyen cuando la trazabilidad y la integridad de datos blindan la defensa técnica en reclamaciones.

La medición causal convierte a la calidad en argumento de inversión, no en centro de costo. Precisamente por eso la vinculo, en EQUIPAR, con metas del comité ejecutivo.

Subanálisis transversal: Data Integrity (ALCOA+) y su relación con la trazabilidad del sistema

La integridad de datos no es una subcláusula técnica; es el hilo conductor de la trazabilidad y la confiabilidad del sistema. Cuando el dato es frágil, el riesgo es opaco, el CAPA es cosmético y la auditoría detecta síntomas sin llegar a las causas. Por eso internalizo ALCOA+ en toda la arquitectura de EQUIPAR.

Yo opero ALCOA+ con sus atributos: Attributable, Legible, Contemporaneous, Original, Accurate; y el "+": Complete, Consistent, Enduring, Available. Este marco, recogido y promovido por autoridades y guías de referencia, lo traduzco a controles concretos en papel y sistemas computarizados: identificación inequívoca del autor de cada entrada, legibilidad permanente, captura contemporánea (cercana en tiempo al evento), conservación del registro original con sus metadatos, exactitud verificable, completitud de secuencias, consistencia entre sistemas, permanencia durante la retención y disponibilidad para revisión. Eurotherm

En farmacéutica, la guía de la FDA sobre integridad de datos en CGMP subraya expectativas prácticas: gobierno de privilegios de usuario, auditorías periódicas de trails, controles de cambios, revisión de exactitud y completitud, y protección del dato desde su creación hasta su disposición. Cuando convierto estos principios en listas de verificación vivas, políticas de acceso, pruebas de restauración de respaldos y validaciones de software proporcional al riesgo, los hallazgos regulatorios por integridad de datos disminuyen de forma tangible. Esto requiere también cultura: el operador que comprende por qué un backdating degrada la evidencia actúa distinto a quien lo ve como "ajuste inocuo". U.S. Food and Drug Administration+1

La MHRA, por su parte, publicó una guía GxP que insiste en que, ante debilidades de integridad, las acciones correctivas no deben aplicarse en aislamiento sino de forma sistémica; y añade la expectativa de notificación a la autoridad cuando los incidentes son significativos. He usado este criterio para justificar, ante comités, remedios de alcance total (gobernanza de datos en múltiples sistemas, formación, rediseño de procedimientos) en lugar de corregir únicamente el síntoma en el área donde se descubrió la brecha. Gobierno del Reino Unido+1

Vinculo ALCOA+ a la trazabilidad por diseño. En dispositivos, la matriz de trazabilidad no es sólo requisitos–pruebas; incluye liga explícita a riesgos y a evidencias de verificación y validación, con metadatos que preservan atribuibilidad y temporalidad. En farmacéutica, enlazo especificaciones, registros por lote, datos de laboratorio y liberación con trails revisados, de manera que la defensa técnica ante un hallazgo se sostiene por sí misma. Annex 11 vuelve obligatoria la validación de sistemas computarizados y la calificación de infraestructura TI, y exige que una sustitución de proceso manual por uno digital no degrade el control ni aumente el riesgo; de facto, ALCOA+ es el criterio operativo para demostrar que el cambio mantiene o mejora el control. Public Health

En alimentos, convertir termógrafos de CCP en datos ALCOA+ implica eliminar registros "transcritos" a posteriori y asegurar que los datos sean capturados, sellados por tiempo y almacenados de forma perdurable y disponible para verificación. Esto facilita las auditorías de inocuidad y robustece el HACCP frente a inspecciones o controversias técnicas. FAOHome

En cosméticos, ISO 22716 no habla con el mismo detalle que CGMP farmacéutico sobre integridad de datos, pero la adopción de ALCOA+ cierra brechas críticas: controles de cambios en fórmulas, trazabilidad de lotes y evidencia microbiológica. Yo he incorporado ALCOA+ como regla para cualquier sistema que registre datos de calidad o producción, aunque la norma específica no lo exija expresamente; la consistencia y defensa técnica lo justifican. ISO

Casos aplicados por principio en industrias reguladas

1. Gobernanza basada en riesgo, caso farmacéutico. Un fabricante de liofilizados con quejas por variabilidad de potencia en un biológico enfrentaba riesgo regulatorio y de discontinuidad. Priorizamos, por GBRE, la calificación del sistema de monitoreo ambiental, la verificación de uniformidad térmica en liofilizador, y la revisión del algoritmo de cálculo de "end of primary drying" con respaldo de datos de proceso y PAT. Con Annex 15 como referencia y ALCOA+ como criterio, ajustamos el plan maestro de validación y la librería de datos. La tasa de OOS en contenido cayó, y la liberación se aceleró por reducción de investigaciones sin evidencia. Public Health

2. Gobernanza basada en riesgo, caso dispositivos. Un fabricante de dispositivos implantables tenía dispersión de señales de campo por fallas intermitentes de un conector. Con ISO 14971 como eje, la matriz de riesgo reveló que el modo de fallo tenía severidad alta y detectabilidad baja. Priorizamos rediseño del conector, pruebas de estrés acelerado y verificación de compatibilidad,

antes que ampliar muestreos en control final. La curva de quejas cayó de forma sostenida y el costo de garantía se redujo. ISO

3. Gobernanza basada en riesgo, caso alimentos. Una planta de alimentos refrigerados registraba desviaciones frecuentes en cadena de frío secundaria. Con HACCP codificamos CCP en despacho y transporte, digitalizamos la medición y convertimos registros a ALCOA+. La mejora no fue cosmética: bajaron las mermas logísticas y las devoluciones por destino. FAOHome

4. Unificación de procesos, caso cosméticos. La tasa de no conformidades por etiquetado incorrecto se explicaba por cambios de fragancias sin actualización de alérgenos. Con SIPOC y dueño de proceso de "Gestión de formulación y arte", sincronizamos compras, formulación, regulatorio y empaque. ISO 22716 brindó el marco de documentación; ALCOA+ aseguró trazabilidad entre versiones. Las quejas por etiquetado bajaron y se redujo el retrabajo en línea. ISO

5. Implementación iterativa, caso farmacéutico. La digitalización de registros por lote en sólidos comenzó en una única línea. Validamos el flujo de firma electrónica conforme Annex 11; capturamos dolores de uso y ajustamos antes de escalar. El resultado fue menos errores por transcripción, más velocidad de revisión por QA y menos investigaciones por "datos ilegibles o incompletos". Public Health

6. Medición causal, caso dispositivos. La introducción de un proceso reforzado de gestión de cambios, alineado con riesgos de ISO 14971, fue evaluada con una serie de tiempo en la tasa de cambios de

ingeniería urgentes y en quejas. La intervención mostró reducción sostenida, lo que justificó dedicar recursos fijos a la oficina de gestión del cambio y al análisis continuo de riesgo. ISO

7. Liderazgo de servicio, caso alimentos. Vinculamos indicadores individuales a comportamientos de control de CCP y formalizamos el reconocimiento mensual basado en datos. La adherencia a procedimientos subió, y la frecuencia de desviaciones cayó de forma estadísticamente significativa.

Articulación de ALCOA+ con elementos de trazabilidad específicos

En dispositivos, la pareja DHF–DMR–DHR requiere que los vínculos entre requisitos, pruebas y riesgos no se diluyan en transferencias. Opero una matriz que añade campos ALCOA+ a cada relación clave: autor/fecha/hora del vínculo, legibilidad verificable, mantenimiento del original y disponibilidad para auditoría. Esta disciplina reduce la probabilidad de hallazgos por inconsistencias entre diseño y manufactura, algo frecuente en auditorías de ISO 13485. ISO

En farmacéutica, conecto especificaciones, métodos, resultados de laboratorio y decisiones de liberación con audit trails revisados y con políticas de acceso que previenen cambios no autorizados. La guía de la FDA ofrece preguntas operativas que uso como autodiagnóstico: existencia de registro de cambios a datos, revisión de exactitud y completitud, mantenimiento seguro desde creación hasta disposición. Documentar evidencia de estas respuestas, y demostrar controles eficaces, ha sido decisivo en migraciones y reinspecciones complejas. U.S. Food and Drug Administration

En alimentos y cosméticos, enlazo fórmulas, lotes de materias primas, condiciones de proceso y resultados analíticos con atributos ALCOA+, de manera que una reclamación pueda reconstruir, sin lagunas, qué ocurrió, quién lo hizo, cuándo, con qué equipo, y bajo qué parámetros. ISO 22716 proporciona el andamiaje para cosméticos; HACCP y los Principios Generales de Higiene del Codex estructuran el enfoque preventivo en alimentos. ISO+1

Implicaciones metodológicas para EQUIPAR

Estos principios no son enunciados filosóficos; son criterios de diseño que condicionan decisiones en cada fase:

Fase 1 (Evaluación). Yo exijo un diagnóstico de madurez que intersecte riesgo estratégico, integridad de datos y trazabilidad. No acepto diagnósticos que "no miren" sistemas computarizados en entornos donde Annex 11 sea aplicable o donde la digitalización sea crítica para cumplir. Public Health

Fase 2 (Visión estratégica). La calidad se formula como política de riesgo aceptable con metas cuantificables y vinculadas al negocio. Es el antídoto contra el liderazgo simbólico.

Fase 3 (Unificación). No paso a implementación sin SIPOC y dueño de proceso por interfaz crítica. La unificación se documenta de forma lean y modular, reflejando el flujo real y no organigramas históricos.

Fase 4 (Implementación iterativa). Pilotos con criterios de salida basados en datos y proporcionalidad de validación. En sectores con marcos específicos (ISO 14971, Annex 15, ISO 22716, HACCP), documento el alineamiento explícito antes de escalar. FAOHome+3ISO+3Public Health+3

Fase 5 (Participación y cultura). Programas de liderazgo de servicio y embajadores con métricas de comportamiento y reconocimiento sistémico.

Fase 6 (Innovación y sostenibilidad). Digitalización con gobierno de datos ALCOA+, cuadros de mando integrados y decisiones por evidencia. La innovación sin gobernanza de datos multiplica el riesgo; la gobernanza sin innovación crea inercia.

Fase 7 (Revisión continua). Evaluación de efectividad de CAPA por ausencia de recurrencia y diseño analítico causal para atribuir mejoras a las intervenciones del SGC.

Cierro con una convicción: si un SGC no gobierna el riesgo estratégico, no unifica procesos, no transforma el liderazgo, no implementa en ciclos de aprendizaje y no demuestra causalmente su valor, será desplazado por la urgencia operativa y la presión de controles externos. EQUIPAR integra esos cinco principios precisamente para evitar ese destino: convierte la norma en arquitectura, el dato en evidencia, la cultura en hábito y la mejora en resultado sostenible.

2.2. De la norma al modelo: EQUIPAR como evolución aplicada del marco ISO

La transición global de los Sistemas de Gestión de la Calidad (SGC) hacia la High-Level Structure (HLS), formalizada con la publicación de la ISO 9001:2015 y su aplicación sectorial a través de la ISO 13485:2016 (para dispositivos médicos), marcó un punto de inflexión necesario. Estas normas establecieron, de manera inequívoca, que un SGC no puede ser una colección de procedimientos aislados, sino un sistema integrado que opera bajo el pensamiento basado en riesgo y el liderazgo estratégico. Sin embargo, yo sostengo que el marco ISO, por su propia naturaleza de estándar de requisitos, presenta una laguna metodológica crítica: define con rigor el *qué* (los requisitos que se deben cumplir) y el *por qué* (los principios de la gestión de calidad), pero es intrínsecamente agnóstico sobre el *cómo* (la estrategia de implementación, la transformación cultural y la medición causal del valor).

El Sistema EQUIPAR es mi respuesta a esta laguna: una evolución aplicada del marco ISO que transforma la *norma* estática y orientada al cumplimiento (*compliance*) en un *modelo* metodológico, dinámico y centrado en la resiliencia operativa y la cultura de valor. EQUIPAR actúa como el metamodelo de implementación que traduce la filosofía de la HLS en una secuencia de siete fases obligatorias, garantizando que el resultado sea un SGC que funcione en la práctica, no solo en el papel.

I. La Transformación del Requisito Abstracto a la Acción Estratégica Prescriptiva

La principal divergencia metodológica entre el marco ISO y el modelo EQUIPAR reside en el tratamiento de las Cláusulas 4 (Contexto de la Organización) y 6 (Planificación: Acciones para abordar Riesgos y Oportunidades). La ISO hace de estas cláusulas requisitos declarativos; EQUIPAR las convierte en el motor de arranque estratégico del sistema, garantizando la Gobernanza Basada en el Riesgo Estratégico (GBRE). Del Contexto Declarativo (ISO 4.1) al Diagnóstico de Riesgo Holístico (EQUIPAR Fase 1): La ISO exige que la organización determine las cuestiones internas y externas relevantes para su propósito. Yo he observado que, en la práctica, esto a menudo se traduce en un simple análisis FODA (SWOT) genérico, sin una vinculación directa con el SGC. EQUIPAR, a través de la Fase 1 (Evaluación del Entorno y Expectativas), exige una metodología mucho más rigurosa: la evaluación del contexto no es un fin, sino el *input* para un diagnóstico de riesgo que debe ser cuantificado y jerarquizado. Mi modelo prescribe el uso de herramientas como el FMEA y el Análisis de Impacto al Negocio (BIA) para aplicar el pensamiento basado en riesgo no solo al proceso de producción (como se hace tradicionalmente), sino a los procesos gerenciales y estratégicos (ej. riesgo de obsolescencia regulatoria, riesgo de falla en la gobernanza, riesgo de talento). Al prescribir estas herramientas a nivel estratégico, EQUIPAR obliga al SGC a convertirse en el marco de gobernanza corporativa para la resiliencia, lo cual está ausente en el texto de la norma ISO.

De la Gestión de Riesgos General (ISO 6.1) a la Planificación de Objetivos Causal (EQUIPAR Fase 2): La ISO exige planificar acciones para abordar riesgos y oportunidades. EQUIPAR, en su Fase 2 (Qué Queremos Lograr), transforma este requisito en un proceso de diseño de objetivos causales. Yo postulo que los objetivos de calidad no pueden ser arbitrarios (ej. "reducir las no conformidades en un 5%"). Deben ser la consecuencia directa de la mitigación de los riesgos estratégicos identificados en la Fase 1. La metodología EQUIPAR exige que se establezca una matriz de trazabilidad que conecte cada objetivo de calidad (por ejemplo, "reducir el tiempo de ciclo del proceso de liberación de producto") con un riesgo estratégico específico (ej. "minimizar el riesgo de *time-to-market* por procesos burocráticos lentos"). Esta trazabilidad metodológica es lo que asegura la alineación estratégica, superando la implementación de objetivos inconexos que es común bajo la mera guía de la ISO.

II. La Evolución del Liderazgo y Competencia hacia la Transformación Cultural

Una de las críticas más severas a los SGC tradicionales es su incapacidad para generar una cultura de calidad sostenida, a pesar de que la ISO 9001:2015 y la ISO 13485:2016 dedican la Cláusula 5 (Liderazgo) y la Cláusula 7 (Soporte) a estos temas. Yo sostengo que la norma es insuficiente porque define el *requerimiento* de liderazgo (demostrar compromiso) y competencia (tener la formación adecuada), pero no ofrece la metodología de la transformación conductual que yo he diseñado.

Del Liderazgo Declarativo (ISO 5) al Liderazgo de Servicio (EQUIPAR Fase 5): La Cláusula 5 de ISO exige que la Alta Dirección demuestre su compromiso. Yo he visto que esto se cumple en el papel mediante políticas firmadas y revisión gerencial anual. EQUIPAR, a través de la Fase 5 (Participación y Cultura), lleva este requisito a la praxis conductual. Mi modelo introduce el concepto de Liderazgo de Servicio en el contexto de la calidad, entrenando a los líderes (utilizando principios de Neuro-coaching y PNL) para que actúen como facilitadores que eliminan barreras, en lugar de meros inspectores de procedimientos. La implementación de EQUIPAR exige la formalización de programas de Embajadores de Calidad (Agentes de Cambio), una estructura formal que no existe en el marco ISO. Estos embajadores son el mecanismo metodológico que yo utilizo para que la competencia y el liderazgo sean propagados de manera orgánica, asegurando que la calidad sea un sistema que se vive y se modela, en lugar de uno que se impone y se audita. Esta es la evolución del *soporte* (ISO 7) al *desarrollo de agentes de cambio* (EQUIPAR 5).

De la Competencia (ISO 7.2) a la Sostenibilidad del Conocimiento: La ISO exige asegurar la competencia del personal. EQUIPAR asegura la sostenibilidad del conocimiento como una estrategia de gestión de riesgo de talento. Mi modelo no se conforma con el registro de un curso; exige la creación de artefactos metodológicos (ej. matrices de entrenamiento cruzado, *checklists* de comportamiento) que yo utilizo para transformar el conocimiento tácito en conocimiento explícito, mitigando el riesgo de rotación de personal clave (un riesgo estratégico no mitigado por la ISO). El modelo EQUIPAR se convierte así en un sistema de gestión de conocimiento intrínseco al SGC, superando el requisito mínimo de la ISO de mantener la información documentada de la formación.

III. La Rigidez del Enfoque Basado en Procesos (ISO) vs. la Unificación Transfuncional (EQUIPAR)

El enfoque basado en procesos es el pilar de la ISO 9001:2015 (Cláusula 4.4), pero su implementación sin una metodología prescriptiva conduce invariablemente a la creación de silos funcionales y a la documentación redundante.

De la Identificación de Procesos (ISO) a la Ingeniería de Interfaz (EQUIPAR Fase 3): La ISO exige identificar los procesos, sus interacciones y las responsabilidades. Yo he constatado que las organizaciones cumplen esto mediante diagramas de flujo departamentales aislados. EQUIPAR, en su Fase 3 (Unificación de Procesos y Personas), transforma este enfoque en una ingeniería de interfaz transfuncional. Mi modelo exige el uso de Value Stream Mapping (VSM) y diagramas SIPOC no solo para visualizar el proceso, sino para documentar y estandarizar la transferencia de responsabilidades y artefactos (la "interfaz") entre departamentos. Los puntos de transición (ej. de I+D a Manufactura) son estadísticamente los de mayor riesgo de falla. El marco ISO no ofrece una metodología robusta para mitigar este riesgo; EQUIPAR lo hace al exigir que la documentación se centre en el flujo de valor completo, eliminando redundancias y asegurando que la calidad sea vista como un flujo de extremo a extremo, y no una etapa de control al final del proceso. Esta unificación es vital, especialmente en ISO 13485:2016, donde la trazabilidad del diseño (DHF) al producto (DMR) es una exigencia regulatoria ineludible. EQUIPAR es el método de armonización operativa para esta trazabilidad.

IV. La Superación de la Mejora Continua Tradicional (PDCA) mediante la Implementación Ágil

La ISO exige la mejora continua a través del ciclo PDCA (Cláusula 10), un modelo que, en la práctica tradicional, se convierte en un ejercicio anual de revisión gerencial pesada y lenta. Mi sistema EQUIPAR transforma la mejora continua en una disciplina ágil y resiliente a través de la Fase 4 (Implementación Iterativa e Inteligente).

De la Implementación "Big Bang" a la Implementación Iterativa y Controlada: La flexibilidad de la ISO permite a las organizaciones intentar la implementación completa de un SGC en un solo gran evento ("Big Bang"), lo cual yo identifico como un riesgo estratégico masivo, especialmente en la industria regulada. EQUIPAR mitiga este riesgo mediante la adopción de principios Ágiles (*Agile*) y Lean en la implementación. Mi Fase 4 exige la selección de módulos de proceso prioritarios y la ejecución de pilotos controlados con ciclos cortos de retroalimentación (similares a los *sprints*). Esto garantiza que cualquier fallo en el diseño o la documentación del SGC sea detectado y corregido a pequeña escala antes de la escalabilidad total. Esta implementación iterativa es la evolución metodológica del

PDCA, convirtiéndolo de un concepto abstracto de mejora a un protocolo de mitigación de riesgo de implementación que genera "victorias rápidas" y fomenta la confianza cultural, que a su vez alimenta la participación de la Fase 5. Es la demostración práctica de que la resiliencia operativa se construye mediante la adaptación continua, no por la rigidez.

V. De la Medición Reactiva (ISO) a la Demostración Causal del Valor (EQUIPAR)

El último y más importante punto de divergencia es la medición del desempeño. La ISO exige monitorear, medir, analizar y evaluar el desempeño (Cláusula 9), lo que a menudo se reduce a la recopilación de métricas reactivas (ej. número de no conformidades, quejas de clientes). Yo afirmo que un SGC estratégico debe demostrar valor explícito y resiliencia operativa mediante medición causal.

De los Indicadores de Falla a los Indicadores de Valor Estratégico (EQUIPAR Fases 6 y 7): EQUIPAR, en sus Fases 6 (Alineación) y 7 (Revisión Continua), exige la transición a indicadores que yo he diseñado para ser estratégicos:

1. **Efectividad del CAPA (Acción Correctiva y Preventiva):** Mi modelo mide no solo el cierre de las acciones, sino la ausencia de recurrencia de la falla original a lo largo del tiempo, un indicador directo de la madurez del sistema y la solidez del Análisis de Causa Raíz.

2. **Costo de la No Calidad (CONC):** Yo exijo que el SGC se mida en términos de impacto financiero, vinculando la reducción de *scrap*, retrabajo y penalidades al éxito de la implementación.

3. **OEE (Overall Equipment Effectiveness) con enfoque en Calidad:** Mi modelo utiliza este KPI

para vincular directamente la eficiencia del SGC con la productividad de la manufactura.

La innovación metodológica clave reside en el Principio de Medición Causal. Yo introduzco el requisito de utilizar herramientas de inferencia causal (Análisis de Series de Tiempo Interrumpidas - ITS, o modelos de regresión avanzados) para validar externamente que la implementación de EQUIPAR *causó* la mejora en los KPIs clave. Esta exigencia de rigor estadístico transforma el ejercicio de la revisión gerencial de un informe de estado a una validación de inversión, un lenguaje que la Alta Dirección valora y que asegura el apoyo sostenido al SGC.

En conclusión, el Sistema EQUIPAR es la capa metodológica, cultural y estratégica que la ISO 9001:2015 y la ISO 13485:2016 requieren para ser verdaderamente efectivas en el entorno industrial de 2018. El marco ISO proporciona el esqueleto normativo; EQUIPAR inyecta el sistema nervioso central (el GBRE), la circulación sanguínea (la unificación transfuncional) y la cultura de vida (el liderazgo de servicio y la implementación ágil). Es, por tanto, un metamodelo de implementación que asegura que la certificación ISO sea el resultado natural de una transformación organizacional genuina y no el fin de un costoso y burocrático proceso de documentación, garantizando así la resiliencia y el valor estratégico del SGC.

2.3. Comparación entre EQUIPAR y otros marcos de calidad en uso en 2018

La justificación de la creación y la formalización del Sistema EQUIPAR como una contribución original al campo de la Gestión de la Calidad (GC) reside en un análisis comparativo y crítico de los marcos metodológicos predominantes en el panorama industrial de 2018. Yo sostengo que, si bien modelos como Total Quality Management (TQM), Lean, y Six Sigma han aportado herramientas y filosofías de mejora invaluables, todos presentan deficiencias intrínsecas en la integración sistémica, la gobernanza basada en riesgo y el enfoque cultural requerida por las normas ISO de segunda generación (ISO 9001:2015 e ISO 13485:2016). EQUIPAR no fue diseñado para reemplazar estos marcos, sino para actuar como el metamodelo unificador que los secuencia, los jerarquiza bajo el riesgo estratégico, y los ancla a una cultura de cambio sostenible. Este análisis comparativo revela las lagunas metodológicas que mi sistema ha subsanado.

I. EQUIPAR vs. Total Quality Management (TQM)

TQM no es un sistema de gestión *per se*, sino una filosofía de gestión que postula que el compromiso de toda la organización (desde la Alta Dirección hasta el operario) con la satisfacción del cliente y la mejora continua es el camino hacia el éxito a largo plazo. TQM, en su esencia, es el precursor filosófico de la cultura de calidad que las normas ISO de 2015 intentaron formalizar, enfocándose en los ocho principios originales de gestión de la calidad.

La Insuficiencia Metodológica y Regulatoria de TQM: Mi experiencia revela que el principal fallo de TQM es su falta de estructura prescriptiva y secuencial para la implementación.

71

1. **Gobernanza Ambigua y Dependencia Cultural:** TQM depende, en exceso, de un liderazgo carismático y una voluntad moral para mantener la calidad. Yo he observado que esta dependencia genera sistemas inestables que colapsan ante cambios gerenciales, ya que TQM carece de la rigidez metodológica de la Gobernanza Basada en el Riesgo Estratégico (GBRE) que yo exijo en EQUIPAR. TQM no provee un método formal para transformar el compromiso moral en un requisito de planificación, asignación de recursos y responsabilidad fiduciaria auditable. El principio de Liderazgo de Servicio de mi sistema (Fase 5) es la evolución metodológica que ancla el liderazgo dentro de una estructura formal de agente de cambio.

2. **Déficit de Priorización y Dilución de Recursos:** TQM aboga por la "mejora continua en todo," lo cual, paradójicamente, puede llevar a una dilución de recursos y esfuerzos. En entornos regulados, donde el riesgo de seguridad del producto es crítico (ISO 13485:2016), no es viable mejorar *todo* al mismo tiempo con la misma intensidad. EQUIPAR supera esto al utilizar la Fase 1 (Evaluación) para aplicar el Análisis de Modo y Efecto de Falla (FMEA) y otras técnicas de priorización basadas en la criticidad (RPN), garantizando que la mejora se enfoque primero en los riesgos estratégicos de mayor impacto al negocio, lo cual TQM no sistematiza. TQM es el *deseo* de mejora; EQUIPAR es la *metodología* para focalizar ese deseo.

3. **No Alineación con la Certificación (ISO HLS):** TQM no se alinea formalmente con la Estructura de Alto Nivel (HLS) de la ISO, que es el estándar universal en 2018. Una organización que

72

aplique TQM de forma pura tendría que construir su SGC documental desde cero para cumplir con los requisitos de la Cláusula 4 (Contexto) o 6 (Riesgo). EQUIPAR, en cambio, es una evolución aplicada del marco ISO (Punto 2.2), diseñada por mí para encajar perfectamente con la HLS, transformando el SGC de un sistema de cumplimiento a un motor de la cultura de TQM. Mi Fase 5 (**P**articipación y Cultura) es la operacionalización metodológica de la filosofía TQM dentro del marco regulatorio ISO, proporcionando los artefactos medibles y los protocolos de gestión del cambio que TQM no tiene.

II. EQUIPAR vs. Lean y Six Sigma

Lean (centrado en la velocidad, el flujo y la eliminación de desperdicios mediante el mapeo de la cadena de valor) y **Six Sigma** (centrado en la reducción de la variación y los defectos, utilizando el método **DMAIC** —Definir, Medir, Analizar, Mejorar, Controlar— con herramientas estadísticas) son, primordialmente, **cajas de herramientas tácticas y proyectos de mejora** de procesos específicos, no sistemas de gestión. Su poder reside en la aplicación focalizada para resolver problemas específicos de proceso y métricas.

La Limitación Estratégica y Sistémica:

1. **Fallo en la Gobernanza del SGC y el Alcance Estratégico:** La aplicación de Lean Six Sigma (LSS) ocurre típicamente a nivel del proceso de manufactura o transaccional. El éxito de un proyecto LSS no garantiza el cumplimiento de la Cláusula 5 (Liderazgo) o la Cláusula 4 (Contexto) de la ISO. LSS carece de la autoridad y el ámbito para transformar la cultura a nivel de la Alta Dirección. Yo he diseñado EQUIPAR para que la Fase 4 (Implementación Iterativa) use LSS como una

herramienta modular, pero la Fase 2 (Qué Queremos Lograr) es la que dirige el *por qué* de la mejora. La matriz de priorización de EQUIPAR es la que decide qué proceso recibirá un proyecto Six Sigma, asegurando que la inversión se alinee con el riesgo estratégico de la organización. LSS no tiene este componente de priorización estratégica transfuncional.

2. **No Abordan la Arquitectura Anti-Silo (La Interfaz):** Lean y Six Sigma se enfocan en la eficiencia *dentro* de los límites del proceso mapeado. No abordan metodológicamente la interfaz transfuncional que es crítica para el SGC (ej. la transferencia de requisitos de Marketing a Diseño, o de Compras a Producción). La Fase 3 (Unificación de Procesos y Personas) de EQUIPAR es mi contribución para resolver esta falla sistémica al exigir el mapeo de la cadena de valor y el uso de SIPOC para documentar la *interfaz* de manera rigurosa, algo que LSS omite al enfocarse en la mejora interna del proceso. Mi sistema reconoce que la mayoría de los fallos de calidad ocurren en la transición entre silos, un punto metodológico ciego para LSS.

3. **Riesgo Regulatorio por Despliegue "Big Bang" y Validación:** La implementación de LSS a menudo implica cambios significativos en los procesos. En entornos ISO 13485:2016, todo cambio requiere una rigurosa validación y control de cambios. La metodología LSS no integra de forma intrínseca un protocolo de validación y gestión de riesgos regulatorios. EQUIPAR, en su Fase 4 (Implementación Iterativa), exige el uso de principios ágiles (pilotos controlados) para validar los cambios generados por Lean Six Sigma en un entorno de bajo riesgo regulatorio, mitigando el "Big

Bang" y asegurando que la mejora no comprometa la conformidad del SGC. EQUIPAR es el marco que hace que LSS sea seguro y auditable en la industria regulada.

III. EQUIPAR vs. ISO 9001:2015 / ISO 13485:2016

Esta es la comparación más relevante, ya que EQUIPAR es una evolución de estos estándares, no una alternativa. La originalidad de mi sistema reside en ser el protocolo metodológico que faltaba para traducir sus requisitos a una realidad operativa sostenible.

Las Lagunas Metodológicas Críticas del Marco ISO y la Solución EQUIPAR: Yo he diseñado EQUIPAR para rellenar cuatro lagunas críticas que la ISO, por su flexibilidad, deja abiertas, convirtiendo la norma en un modelo práctico y transformador:

1. **Laguna en la Gobernanza del Liderazgo y la Cultura:** La ISO exige el Liderazgo (Cláusula 5) y la Competencia (Cláusula 7.2), pero no provee la metodología para asegurar la apropiación cultural continua y el *coaching* de cambio. El cumplimiento ISO a menudo se limita a la documentación del compromiso y los registros de formación. EQUIPAR (Fase 5) transforma esto mediante el Principio del Liderazgo de Servicio, prescribiendo el uso de herramientas de gestión del cambio (Neuro-coaching, PNL) para desarrollar Agentes de Cambio (Embajadores de Calidad). Esta es una metodología de transformación conductual y cultural que la ISO, por diseño, omite.

2. **Laguna en la Sostenibilidad CAPA y el Análisis de Causa Raíz (ACR):** Ambas normas exigen un sistema CAPA (Acción Correctiva y Preventiva), pero la industria sufre de una alta tasa de recurrencia de fallas debido al ACR superficial

75

(detenerse en la causa obvia). La ISO no prescribe una metodología rigurosa para evitar esto. EQUIPAR (Fase 7) resuelve este problema al exigir que la Medición Causal se enfoque en la Tasa de Efectividad del CAPA (ausencia de recurrencia) y promueve el uso de métodos avanzados de ACR (como el Análisis de Árbol de Fallas o *Fault Tree Analysis*) para llegar a las causas sistémicas y culturales, no solo a la causa operativa inmediata. EQUIPAR convierte el CAPA en un motor de aprendizaje organizacional, que es la intención de la ISO, pero sin la metodología para lograrlo.

3. **Laguna en la Implementación y la Agilidad:** La ISO exige la planificación (Cláusula 6), pero no ofrece un método para evitar el riesgo del despliegue "Big Bang" y la resistencia cultural que este genera. EQUIPAR (Fase 4) ofrece la Metodología de Implementación Ágil e Iterativa a través de Pilotos Controlados, lo cual es mi contribución para traducir la exigencia de la ISO en un proceso de bajo riesgo y alta aceptación cultural. Esta agilidad es crucial para la resiliencia operativa en un mercado que cambia rápidamente.

4. **Laguna en la Demostración del Valor Estratégico y Causal:** La ISO exige la medición (Cláusula 9), pero las organizaciones luchan por traducir la calidad en impacto financiero o estratégico (ROI). EQUIPAR (Fase 7) exige la Medición Causal del Valor, incluyendo KPIs avanzados (OEE, CONC) y el uso de técnicas de inferencia causal (Análisis de Series de Tiempo Interrumpidas - ITS) para demostrar estadísticamente que el SGC no es un costo, sino un motor de rentabilidad y resiliencia. Este es el componente metodológico que asegura el apoyo sostenido de la Alta Dirección.

IV. Síntesis Metodológica y la Originalidad del Sistema EQUIPAR

El análisis comparativo demuestra que el Sistema EQUIPAR no es una mera mezcla de filosofías, sino una metodología de implementación de segunda generación que establece el cómo aplicar los requisitos ISO de manera efectiva, integrando la cultura de TQM y las herramientas de LSS en un marco de gobernanza de riesgo estratégico.

El valor añadido y la originalidad de EQUIPAR residen en mi capacidad para sistematizar la secuencia metodológica que la industria ha estado buscando en vano: la que garantiza que el cumplimiento documental se traduzca en cambio conductual, eficiencia operativa y resiliencia organizacional. Mi contribución mayor es proporcionar el código de implementación que transforma la ISO de un estándar estático a un modelo de gestión dinámico apto para los desafíos regulatorios y de mercado de 2018.

2.4. Marco conceptual del sistema: alineación estratégica, técnica y humana

La eficacia de un Sistema de Gestión de la Calidad (SGC) en el entorno industrial se mide no solo por su capacidad para generar documentación que satisfaga a un auditor, sino, fundamentalmente, por su habilidad para integrarse como un sistema nervioso central que conecta el propósito corporativo (Estrategia) con la ejecución diaria (Técnica) y el comportamiento voluntario (Humano).

El Sistema EQUIPAR (Estrategia de Calidad Unificada, Innovadora, Práctica, Adaptable y Resiliente) está conceptualmente diseñado por mí como un Marco Tridimensional de Alineación Sistémica que resuelve la endémica desconexión que yo he identificado en los SGC tradicionales. Mi modelo postula que la resiliencia operativa y la sostenibilidad del SGC solo se logran cuando existe una armonía dinámica y medible entre estos tres ejes: Alineación Estratégica, Alineación Técnica y Alineación Humana. El fracaso de los sistemas convencionales se debe a que suelen enfocarse en solo uno o dos de estos ejes (por ejemplo, ISO en la técnica, TQM en la humana), dejando el sistema desequilibrado. EQUIPAR es el metamodelo de integración que fuerza esta convergencia en cada una de sus siete fases.

I. Eje de Alineación Estratégica: Transformando el SGC en un Marco de Gobernanza

La **Alineación Estratégica** es el pilar de la Fase 1 (Evaluación) y la Fase 2 (Qué Queremos Lograr) de EQUIPAR. Su objetivo principal es asegurar que el SGC no sea percibido como un centro de costo, sino como la principal herramienta de gestión de riesgos fiduciarios y operativos que impacta directamente en la misión y visión de la organización. Yo he concebido este eje para superar la interpretación mínima de las Cláusulas 4 y 6 de la ISO 9001:2015.

A. La Calidad como Función de Gobernanza Basada en el Riesgo Estratégico (GBRE): Mi modelo exige que el SGC esté intrínsecamente ligado al **cuadro de mando integral (*Balanced Scorecard*)** de la Alta Dirección. Esto significa que los riesgos de calidad deben ser analizados en el contexto de las amenazas al negocio, no solo al producto.

- **Identificación Causal del Contexto:** En lugar de un simple análisis FODA, EQUIPAR requiere una evaluación de las **Cuestiones Externas e Internas** (ISO 4.1) mediante una matriz de riesgo que utiliza el **Análisis de Impacto al Negocio (BIA)** para priorizar los riesgos de no calidad basados en su potencial efecto en la **continuidad del negocio, la imagen de marca y la liquidez financiera**. Por ejemplo, el riesgo de falla de un proveedor crítico (ISO 13485:2016) se evalúa no solo por su impacto en la producción, sino por su efecto en la certificación de producto y la capacidad de la organización para operar en mercados clave.

- **Objetivos de Calidad con Causalidad Demostrable:** Los objetivos generados en la Fase 2 deben ser la **respuesta directa y medible** a la mitigación de los riesgos estratégicos identificados. Yo exijo la creación de un **Mapa de Objetivos de Calidad (MOC)** que demuestre la **trazabilidad causal** desde el riesgo (ej. alta rotación en I+D) hasta el objetivo de calidad (ej. estandarizar el 80% del conocimiento técnico clave en el sistema de gestión del conocimiento), y finalmente, hasta el KPI (ej. reducción del tiempo de entrenamiento del personal nuevo en un 30%). Esta estructura garantiza que cada recurso invertido en el SGC esté justificado por su contribución directa al valor estratégico, transformando la revisión gerencial (ISO 9.3) en una **revisión de portafolio de inversión**.

B. Generación de Valor Explícito y Resiliencia (Fase 6 y 7): La alineación estratégica culmina en la capacidad de demostrar que el SGC es un generador de resiliencia y valor cuantificable.

- **Resiliencia Operativa:** EQUIPAR integra la resiliencia como una métrica del SGC (la 'R' de Resiliente en el acrónimo), exigiendo planes de contingencia documentados y probados no solo para la producción, sino para la infraestructura del SGC mismo (copias de seguridad, gestión de conocimiento).

- **Medición del Retorno de Inversión (ROI):** Mi modelo utiliza el **Costo de la No Calidad (CONC)** como un KPI primario, midiendo los costos de fallas internas (desperdicio, retrabajo), fallas externas (garantías, *recalls*), y los costos de prevención/evaluación. Esta medición monetiza el valor del SGC, un requisito fundamental para mantener la alineación con la Alta Dirección. La Fase 7 exige la validación estadística de que el SGC *causó* la reducción en el CONC, utilizando técnicas de inferencia causal.

II. Eje de Alineación Técnica: La Arquitectura Anti-Silo y la Agilidad Regulatoria

La **Alineación Técnica** es el núcleo de la Fase 3 (Unificación de Procesos y Personas) y la Fase 4 (Implementación Iterativa) y se enfoca en la **eficiencia, el flujo continuo de valor y el cumplimiento normativo irrefutable**. Yo he diseñado este eje para superar la fragmentación operativa, que es la principal causa de fallas en la trazabilidad y el *compliance* en sistemas multi-departamentales.

A. Ingeniería de Procesos Transfuncionales (Arquitectura Anti-Silo): La implementación del enfoque basado en procesos de la ISO (Cláusula 4.4) se eleva en EQUIPAR a la categoría de Unificación de Procesos Transfuncionales.

- **Mapeo del Flujo de Valor Completo:** En lugar de diagramas de flujo departamentales, mi sistema exige el uso de **Value Stream Mapping (VSM)** para identificar y eliminar los **siete desperdicios de Lean** no solo en la manufactura, sino en los procesos transaccionales del SGC (ej. el tiempo de ciclo del proceso CAPA, el tiempo de liberación de producto).

- **Estandarización de Interfaz:** La innovación metodológica reside en la atención a las **interfaces** entre procesos (el traspaso de información o material de un dueño de proceso a otro). Yo formalizo el uso de la herramienta **SIPOC** y de **Matrices de Responsabilidad (RACI)** para documentar con rigor los **puntos de control críticos (PCC)** y los **puntos de transferencia de conocimiento** que son invisibles en el SGC tradicional. Esto garantiza la **trazabilidad** completa requerida por regulaciones como la ISO 13485:2016, donde la transferencia de diseño (DHF) a la producción (DMR) debe ser sin fricciones ni ambigüedad.

B. Implementación Ágil y Controlada (Riesgo "Big Bang" Mitigado): La Fase 4 de EQUIPAR introduce la **Metodología de Implementación Ágil e Iterativa** para asegurar que la excelencia técnica se logre con el mínimo riesgo regulatorio y operacional.

- **Pilotos Controlados y Módulos Validados:** Yo requiero que cualquier cambio significativo o la implementación de nuevos procedimientos se realice a través de **Pilotos Controlados**. Se selecciona un **proceso crítico y acotado** (un "módulo") y se implementa el nuevo diseño del SGC solo en ese módulo. Este enfoque, derivado de la filosofía *Agile*, permite la **validación funcional** temprana de la documentación y la formación antes de la escalabilidad total.

- **Ciclos Cortos de Retroalimentación:** Esto convierte el ciclo **PDCA** de la ISO en una disciplina ágil y recurrente. Los resultados de los pilotos se analizan en ciclos cortos (ej. semanales), permitiendo la corrección de errores de diseño en la documentación (un proceso de **validación de la validación**) y asegurando que el despliegue del SGC no sea un evento de alto riesgo (*Big Bang*), sino una sucesión controlada de éxitos verificados. Mi sistema hace que la **innovación técnica** (ej. la aplicación de Lean Six Sigma) sea inherentemente compatible y segura dentro de un marco regulatorio estricto.

III. Eje de Alineación Humana y Cultural: Del Cumplimiento a la Voluntad

La Alineación Humana es el factor de sostenibilidad de EQUIPAR, desarrollado en la Fase 5 (Participación y Cultura) y la Fase 6 (Alineación con Innovación y Sostenibilidad). Yo he comprobado que el factor humano es el mayor punto de fallo del SGC, debido a una cultura de calidad punitiva o de imposición. Este eje transforma el requisito de competencia y conciencia (ISO 7.2/7.3) en una cultura de calidad voluntaria y autorregulada.

A. Liderazgo de Servicio y el Factor Humano en la Calidad: Mi modelo se basa en el **Principio del Liderazgo de Servicio**, donde el líder del SGC y de los procesos actúa como un *coach* y facilitador, en lugar de un inspector jerárquico.

- **Herramientas de Transformación Conductual:** Yo aplico mi conocimiento en **Neuro-coaching y Programación Neuro-Lingüística (PNL)** para entrenar a los líderes y a los equipos de calidad. El objetivo es cambiar el *marco mental* del personal, transformando la percepción del SGC de una "policía" a un "facilitador del trabajo bien hecho". Mi metodología incluye la formalización de la **Gestión de la Resistencia al Cambio** como un proceso explícito dentro de la implementación del SGC.

- **Creación de Agentes de Cambio (Embajadores de Calidad):** EQUIPAR exige la creación formal de la figura del Embajador de Calidad en cada área funcional. Estos individuos son seleccionados no por su posición jerárquica, sino por su conocimiento técnico y su influencia informal. Actúan como multiplicadores de la cultura y son los primeros en recibir formación en las nuevas metodologías del SGC, asegurando que la apropiación cultural se difunda de manera orgánica, mitigando la resistencia y garantizando la sostenibilidad.

B. Sostenibilidad del Conocimiento y Reconocimiento Sistémico: La alineación humana no es solo sobre la moral; es sobre la gestión del conocimiento como un activo estratégico y la motivación sostenida.

- **Mitigación del Riesgo de Talento:** Yo exijo la formalización del proceso de Gestión de la

Sostenibilidad del Conocimiento, que convierte el conocimiento tácito de los expertos (un riesgo ante la rotación de personal) en conocimiento explícito, a través de la documentación *lean* y el uso de matrices de entrenamiento cruzado validadas. Esto asegura que la competencia exigida por la ISO (Cláusula 7.2) no sea solo un registro, sino un activo organizacional resistente a los cambios en el personal.

- **Reconocimiento como Palanca de Comportamiento:** Mi sistema formaliza el Reconocimiento Sistémico (Fase 7), exigiendo que el SGC no solo señale fallas, sino que también celebre las victorias rápidas generadas por los pilotos y el éxito de los Embajadores de Calidad. Este reconocimiento debe ser visible, inmediato y ligado a los objetivos estratégicos, utilizando principios de refuerzo positivo para asegurar que el comportamiento de calidad sea recompensado y perpetuado.

IV. La Síntesis Tridimensional: Resiliencia y Ventaja Competitiva

El Marco Conceptual Tridimensional de Alineación del Sistema EQUIPAR (Estrategia, Técnica, Humana) es lo que garantiza su superioridad metodológica sobre los marcos tradicionales.

- **La Estrategia** (GBRE) dirige el **por qué** y **dónde** (priorización de riesgos).

- **La Técnica** (Arquitectura Anti-Silo) define el **qué** y el **cómo** (eficiencia y cumplimiento).

- **La Humana** (Liderazgo de Servicio) impulsa el **quién** y **cuánto** (sostenibilidad y voluntad cultural).

Yo postulo que un SGC alineado estratégicamente (enfocado en el ROI y el riesgo fiduciario), alineado técnicamente (con flujos de valor unificados y ágiles) y alineado humanamente (con una cultura de agentes de cambio y reconocimiento), no solo cumple con las normas ISO 9001:2015 o ISO 13485:2016, sino que se transforma en una ventaja competitiva estructural, capaz de absorber choques del mercado, acelerar la innovación de producto y mantener la excelencia regulatoria de manera autónoma y sostenible. Esta interconexión y dependencia entre los tres ejes es la esencia misma de la contribución metodológica que yo he formalizado con el Sistema EQUIPAR.

CAPÍTULO 3

Fase 1: Evaluación del Entorno y Expectativas

3.1. Diagnóstico organizacional inicial: variables regulatorias y culturales

La Fase 1, la Evaluación del Entorno y Expectativas, es la piedra angular del Sistema EQUIPAR. Yo considero que la falla más común en los proyectos de implementación de Sistemas de Gestión de la Calidad (SGC) en 2018 es el inicio precipitado: se comienza a redactar procedimientos antes de comprender profundamente las fuerzas internas y externas que realmente gobiernan la capacidad de la organización para entregar productos y servicios conformes. Mi metodología obliga a una pausa estratégica para realizar un diagnóstico en profundidad, asegurando que el SGC diseñado sea un sistema vivo, adaptado al contexto, y no una simple plantilla documental.

El objetivo de esta fase es triple:

1. **Cuantificar el punto de partida:** Determinar la brecha (*gap*) entre el estado actual del SGC y los requisitos específicos de las normas (**ISO 9001:2015** o **ISO 13485:2016**).

2. **Jerarquizar el riesgo estratégico:** Identificar y priorizar los riesgos y oportunidades que impactan el logro de los objetivos del negocio y la conformidad regulatoria.

3. **Mapear el factor humano:** Evaluar la cultura de calidad existente, el compromiso del liderazgo y las

expectativas de las partes interesadas, que son las variables que sostienen o colapsan el sistema.

3.1. Diagnóstico organizacional inicial: variables regulatorias y culturales

El diagnóstico organizacional inicial bajo el marco EQUIPAR se enfoca en el análisis riguroso de dos ejes interdependientes, los cuales yo identifico como los principales impulsores de la efectividad del SGC: las variables regulatorias (el rigor técnico del cumplimiento) y las variables culturales (el rigor conductual y la apropiación del sistema). La integración metodológica de estas dos variables es una de mis contribuciones originales, ya que los modelos de *compliance* suelen ignorar el factor cultural hasta que este se convierte en un problema de resistencia al cambio.

I. Eje de Variables Regulatorias: Rigor Técnico y Análisis de Brechas (*Gap Analysis*)

La evaluación de las variables regulatorias tiene como objetivo establecer la línea base de conformidad del SGC. Este proceso es más que una simple verificación de la existencia de documentos; es una evaluación crítica de la **eficacia y eficiencia** de los procesos existentes frente a los requisitos de la normativa vigente en 2018.

A. Análisis de Brechas (*Gap Analysis*) con Enfoque en la HLS:
Yo postulo que el primer artefacto a generar es el *Gap Analysis*. Este debe ser exhaustivo y estructurado según la High-Level Structure (HLS) de la ISO 9001:2015 o la estructura de la ISO 13485:2016. La evaluación no debe limitarse a marcar "Sí" o "No" a cada cláusula; debe incluir una calificación de madurez que yo propongo en una escala de Likert de 5 puntos (ej. 1=No existe, 5=Totalmente optimizado y medido). El foco debe estar en:

1. **Cláusulas de Liderazgo (ISO 5):** ¿La Alta Dirección participa activamente o solo delega? ¿Existe evidencia de promoción de la calidad más allá de la política firmada?

2. **Cláusulas de Planificación y Riesgo (ISO 6):** ¿Se utiliza un método formal de gestión de riesgos para los procesos de soporte? ¿Están los objetivos de calidad vinculados a los riesgos estratégicos del negocio?

3. **Cláusulas de Operación (ISO 8):** ¿Existe un control de cambios riguroso? ¿La validación de procesos críticos (un requisito fundamental en ISO 13485:2016) se basa en criterios estadísticos o solo en consenso?

4. **Cláusulas de Desempeño y Mejora (ISO 9 y 10):** ¿El sistema CAPA aborda la causa raíz sistémica o se detiene en la causa operativa obvia? ¿Se miden los KPIs de manera efectiva para la toma de decisiones?

El resultado de este análisis es la Matriz de Brechas Regulatorias, un documento que cuantifica el esfuerzo técnico requerido, priorizando aquellas brechas que representan un riesgo directo de incumplimiento normativo o un riesgo estratégico para la organización (por ejemplo, la falta de trazabilidad en el expediente de diseño para un dispositivo médico). Yo exijo que esta matriz sea el *input* primario para la Construcción del Mapa de Ruta en la Fase 2, asegurando que la planificación subsiguiente esté basada en evidencia técnica y no en suposiciones.

B. Evaluación de la Arquitectura Documental y Flujo de Procesos: La evaluación regulatoria también incluye una revisión crítica de la documentación existente. Yo observo que la redundancia documental y la

complejidad innecesaria son violaciones sutiles de la eficiencia y la adopción cultural.

- **Documentación *Lean*:** Yo utilizo principios *Lean* para evaluar si los procedimientos actuales añaden valor o solo burocracia. Se busca eliminar los **desperdicios documentales** (información redundante, formatos duplicados, pasos sin valor añadido).

- **Mapeo de Procesos (Versión Base):** Se realiza un mapeo de la versión actual de los procesos clave (un VSM de alto nivel) para identificar los silos funcionales. Este mapeo inicial no es para rediseñar, sino para comprender el *status quo*, especialmente la interfaz entre departamentos. El fallo en la interfaz (ej. transferencia de requisitos de ingeniería a compras) es la fuente principal de no conformidades, un riesgo que la ISO pide gestionar y que yo evalúo aquí en su estado inicial.

C. Exigencias Sectoriales Específicas (Focus ISO 13485:2016): En sectores de alta regulación, el diagnóstico debe ser más granular. En el caso de dispositivos médicos, por ejemplo, la evaluación de las variables regulatorias debe incluir una verificación de la infraestructura documental y técnica requerida por la ISO 13485:2016:

- **Gestión del Riesgo en el Ciclo de Vida:** ¿Existe una metodología documentada de gestión de riesgos (ISO 14971) que cubra el ciclo de vida completo del dispositivo, desde el diseño hasta la post-comercialización?

- **DHF y DMR:** ¿El Expediente de Diseño (*Design History File*) y el Archivo Maestro de Dispositivo (*Device Master Record*) están completos y son trazables? La ausencia o fragmentación de estos archivos es un riesgo regulatorio catastrófico, y su evaluación inicial es crítica para la planificación.

Yo insisto en que la Fase 1 debe producir un inventario cuantificado de riesgo técnico, que servirá como argumento irrefutable para justificar la inversión y la prioridad del proyecto EQUIPAR ante la Alta Dirección.

II. Eje de Variables Culturales: Madurez, Liderazgo y Aceptación al Cambio

El diagnóstico de las variables culturales es el componente metodológico que mi sistema EQUIPAR añade y formaliza para asegurar la sostenibilidad del SGC. Yo sostengo que el fallo en medir la cultura inicial es el principal error predictivo de la implementación. Las variables culturales se evalúan a través de artefactos metodológicos diseñados para medir lo intangible.

A. Evaluación de la Madurez de la Cultura de Calidad: La cultura de calidad se evalúa en función de comportamientos observables, no de percepciones subjetivas. Yo utilizo un Checklist de Cultura de Calidad (un artefacto desarrollado por mí) para medir dimensiones clave de la organización:

1. **Liderazgo de Calidad:** ¿Los gerentes dedican tiempo a temas de calidad fuera de las auditorías? ¿Se promueve la calidad con acciones de reconocimiento o solo con castigo?

2. **Comunicación y Transparencia:** ¿La información sobre no conformidades es compartida entre departamentos de manera constructiva o solo se queda en el silo de QA? ¿Existe un canal de reporte de incidentes sin culpa (*blame-free reporting*)?

3. **Disciplina Operativa y Adherencia Documental:** ¿Los operarios siguen los

procedimientos porque los entienden y están optimizados (*lean*), o porque temen una sanción?

4. **Aprendizaje Organizacional:** ¿El sistema CAPA se cierra con lecciones aprendidas documentadas y comunicadas, o solo con una acción correctiva puntual?

Yo recomiendo el uso de encuestas con escala tipo Likert y grupos focales segmentados (por nivel jerárquico y por función) para triangular los datos. La evaluación de estas variables permite identificar las barreras culturales específicas (ej. la resistencia al uso del nuevo *software* de documentos, la aversión al reporte de errores) que deben ser mitigadas con el plan de gestión del cambio de la Fase 5 (Participación y Cultura).

B. Diagnóstico del Compromiso de la Alta Dirección: Este es un análisis cualitativo y crítico. El compromiso de la Alta Dirección (Cláusula 5 de ISO) se evalúa no por la política que firman, sino por los recursos que asignan y la visibilidad de su participación.

- **Recursos Asignados:** Se evalúa la adecuación de los recursos para el SGC: presupuesto de formación, tiempo dedicado por los líderes de proceso al SGC, inversión en infraestructura tecnológica.

- **Visibilidad del Liderazgo:** Se evalúa la frecuencia con que la Alta Dirección comunica personalmente la importancia estratégica del SGC y participa en la resolución de fallas críticas. Yo defino la falta de visibilidad gerencial como un **riesgo cultural** de alta severidad.

C. Mapeo de Expectativas de Partes Interesadas: La ISO 9001:2015 (Cláusula 4.2) y la ISO 13485:2016 exigen comprender las necesidades de las partes interesadas. Mi metodología lo convierte en un ejercicio activo:

- **Clientes:** ¿Cuáles son sus principales quejas (no las documentadas en el sistema, sino las reales)? ¿Qué métricas de calidad esperan que la organización cumpla?

- **Reguladores:** ¿Cuáles fueron los hallazgos de las últimas auditorías externas o regulatorias? ¿Cuáles son las tendencias regulatorias de mayor impacto en 2018?

- **Empleados:** ¿Cuáles son sus principales frustraciones con el SGC actual? ¿Qué esperan del nuevo sistema?

El mapeo de expectativas garantiza que el SGC diseñado en las Fases 2 y 3 no sea solo conforme, sino que añada **valor real** a los usuarios internos y externos, maximizando la probabilidad de su adopción cultural y, por ende, su resiliencia.

III. Síntesis y Productos Entregables de la Fase 1

Yo concluyo que el éxito de esta fase no se mide por la cantidad de datos recopilados, sino por la calidad de los artefactos metodológicos que produce, los cuales se convierten en los *inputs* directos de la Fase 2 (Qué Queremos Lograr).

Los tres entregables críticos del punto 3.1 son:

1. **Matriz de Brechas de Conformidad (Regulatoria):** Cuantificación de la madurez actual versus los requisitos ISO 2015/2016, priorizando las brechas por impacto regulatorio.

2. **Matriz de Riesgo Estratégico (GBRE):** Lista jerarquizada de los riesgos de no calidad con mayor RPN y su impacto potencial en el negocio.

3. **Diagnóstico de Madurez Cultural:** Informe cualitativo y cuantitativo (basado en encuestas y *checklists*) sobre el estado del liderazgo, la comunicación y la resistencia al cambio, identificando las barreras que el Plan de Gestión del Cambio (Fase 5) debe abordar.

Yo insisto en que la finalización de esta Fase 1, con la aprobación explícita de la Alta Dirección sobre la Matriz de Riesgo Estratégico, es el Criterio de Salida innegociable que permite avanzar a la Fase de Planificación. Sin este diagnóstico riguroso, cualquier implementación subsiguiente corre el riesgo de construir un sistema perfecto... para la organización incorrecta.

3.2. Herramientas para la evaluación de madurez de calidad (BSC, ISO readiness, etc.)

La eficacia del Sistema EQUIPAR se fundamenta en la objetividad de la Fase 1, la Evaluación del Entorno y Expectativas. Yo he diseñado esta subsección para detallar las herramientas metodológicas cuantificables que permiten transformar la percepción subjetiva de la calidad en un diagnóstico de madurez basado en evidencia., la mera certificación ISO no garantiza la madurez del Sistema de Gestión de la Calidad (SGC); esta se mide por la eficacia operativa, la resiliencia sistémica y la apropiación cultural. Mi metodología exige el uso de un conjunto de artefactos que, al ser aplicados de manera conjunta, proporcionan una visión tridimensional de la madurez: normativa-técnica, estratégica-financiera y conductual-cultural.

I. El Artefacto Metodológico Central: El *ISO Readiness* y el *Gap Analysis* Cuantificado

El punto de partida técnico para la evaluación de la madurez es el Análisis de Discrepancias (*Gap Analysis*) formalizado bajo el concepto de ISO Readiness. Este artefacto, que yo utilizo para dar cumplimiento al requisito de comprensión del contexto (ISO 4) y la planificación (ISO 6), va más allá de un simple listado de requisitos incumplidos. Yo he evolucionado el *Gap Analysis* en una Matriz de Madurez Cuantificable que evalúa cada requisito de la High-Level Structure (HLS) de ISO 9001:2015 o ISO 13485:2016 con una escala de rigor.

A. Diseño de la Escala de Madurez por Requisito: La herramienta exige la calificación de cada sub-cláusula (ej. 7.1.3 Infraestructura, 8.5.2 Acción Correctiva) utilizando una escala ordinal que yo defino:

Nivel de Madurez	Descripción del Estado del SGC	Implicación Metodológica
Nivel 1: Inicial	El requisito es reconocido, pero no existe información documentada, proceso definido, ni asignación formal de recursos.	Requiere un esfuerzo de **diseño metodológico** completo (Fase 3: Unificación).
Nivel 2: Documentado	El proceso existe solo en forma de manual o procedimiento; no ha sido implementado, entrenado, ni validado operativamente.	Requiere **implementación iterativa y validación** (Fase 4: Implementación).
Nivel 3: Implementado y Medido	El proceso está en uso, se cumplen las salidas esperadas (*outputs*), y existen métricas de monitoreo (*monitoring*).	Requiere **evaluación de la eficacia y optimización *lean*.**
Nivel 4: Efectivo y Optimizado	El proceso no solo cumple, sino que es eficiente (*lean*), y la métrica demuestra la **efectividad** (*efficacy*) y la **ausencia de recurrencia** de fallas.	Requiere **alineación estratégica** (Fase 6) y **benchmark**.
Nivel 5: Sostenible y Estratégico	El proceso está optimizado, se mide su impacto financiero (ROI), y está activamente gestionado por la Alta Dirección para generar valor.	Representa un sistema **autopropulsado y resiliente.**

Yo insisto en que la aplicación de esta escala transforma la evaluación ISO de un ejercicio binario (cumple/no cumple) a una medición de la madurez conductual y sistémica. Por ejemplo, el cumplimiento de la Cláusula 10.2 (Acción Correctiva) puede estar en el Nivel 3 (implementado y medido) si existe el procedimiento CAPA, pero solo alcanza el Nivel 4 cuando se demuestra estadísticamente la eficacia del CAPA (ausencia de recurrencia de la falla), lo cual requiere una cultura de Análisis de Causa Raíz (ACR) profunda. La Matriz de Madurez resultante proporciona una imagen térmica de la organización, identificando dónde es necesario el diseño técnico (Nivel 1-2) y dónde la intervención cultural (Nivel 3-4).

II. La Herramienta de Alineación Estratégica: El *Balanced Scorecard* (BSC) de Calidad

La madurez del SGC en el modelo EQUIPAR se define por su Alineación Estratégica (Punto 2.4). Yo utilizo el Balanced Scorecard (BSC) de forma metodológica, no solo como un tablero de indicadores, sino como un marco de diálogo estratégico que vincula la calidad con el desempeño financiero. El BSC, en mi enfoque, es la herramienta que permite transformar la información de calidad en un lenguaje que la Alta Dirección valora y utiliza para la toma de decisiones fiduciarias [Kaplan & Norton, 1996].

A. Perspectivas del BSC Adaptado a EQUIPAR: Yo adapto las perspectivas clásicas del BSC para reflejar la realidad del SGC:

1. **Perspectiva Financiera:** Mide el **Costo de la No Calidad (CONC)**. Este es el KPI principal para demostrar el ROI del SGC. La madurez se evalúa por la capacidad de la organización para calcular el CONC de forma rigurosa y vincular su reducción a las mejoras generadas por el SGC.

2. **Perspectiva del Cliente/Regulador:** Mide la satisfacción del cliente y la conformidad regulatoria. KPIs como el Número de Quejas por Unidad Producida o el Índice de Gravedad de No Conformidades Mayores por Auditoría son críticos. La madurez se evalúa por la capacidad de la organización para predecir y prevenir las insatisfacciones.

3. **Perspectiva de Procesos Internos:** Mide la eficiencia operativa. KPIs clave como el OEE (Overall Equipment Effectiveness), con un foco especial en su componente de Calidad (tasa de productos conformes), y la Tasa de Cierre y Efectividad del CAPA. La madurez se evalúa por el uso de herramientas *Lean* (reducción de *lead time* en procesos SGC) y *Six Sigma* (reducción de variación) para optimizar el flujo de valor.

4. **Perspectiva de Aprendizaje y Crecimiento (Cultura):** Mide la sostenibilidad del talento y el conocimiento. KPIs como la Rotación de Personal en Áreas Críticas (QA/I+D) y el Índice de Participación en Programas de Mejora demuestran la madurez de la cultura.

B. La Trazabilidad Estratégica: La madurez del SGC se define por la **trazabilidad causal** dentro del BSC. Yo exijo que los indicadores de la Perspectiva de Aprendizaje (ej. mayor entrenamiento en ACR) tengan un vínculo causal estadístico demostrado con la mejora en la Perspectiva de Procesos (ej. mayor Efectividad del CAPA), que a su vez impacte positivamente la Perspectiva Financiera (ej. menor CONC). La herramienta BSC, utilizada bajo mi metodología, se convierte en el **modelo de inferencia de valor del SGC**, una exigencia de madurez ausente en los SGC orientados al simple cumplimiento.

III. Herramientas de Evaluación Conductual y Cultural: El *Quality Culture Checklist*

La madurez del SGC nunca es solo técnica; es fundamentalmente cultural (Punto 2.4). Yo he desarrollado el Quality Culture Checklist como un artefacto metodológico de la Fase 1 para cuantificar el Principio del Liderazgo de Servicio y el Desarrollo de Agentes de Cambio. Esta herramienta transforma conceptos abstractos de cultura en comportamientos observables y medibles.

A. Dimensiones de la Cultura de Calidad a Evaluar:
La herramienta se estructura en las siguientes dimensiones críticas, inspiradas en los modelos de Schein y Deming [Schein, 1999; Deming, 2000]:

1. **Liderazgo de Compromiso:** ¿El liderazgo gasta tiempo y recursos en resolver problemas de calidad que no son regulatorios?

2. **Reporte sin Culpa (*Blame-Free Reporting*):** ¿Los operarios y técnicos se sienten seguros de reportar errores e incidentes (desvíos) sin temor a ser castigados? (Indicador directo de madurez cultural y apertura).

3. **Comunicación Transfuncional:** ¿La información de fallas y lecciones aprendidas se comparte proactivamente entre I+D, Producción y Calidad?

4. **Disciplina Operativa (Adherencia al Procedimiento):** ¿La adherencia documental es alta debido a que los procedimientos son *lean* y lógicos, o por miedo a la supervisión?

5. **Proactividad en la Mejora:** ¿Los empleados proponen activamente mejoras, o solo responden a las directivas del sistema CAPA?

B. Metodología de Aplicación y Cuantificación: Yo prescribo que el *Checklist* se aplique mediante encuestas anónimas con escala Likert (ej. de 1 a 5) y grupos focales segmentados (ej. operarios, mandos medios, gerencia). La cuantificación de las respuestas (ej. la puntuación promedio en "Reporte sin Culpa") se traduce directamente en un KPI de Madurez Cultural, que se integra al BSC en la Perspectiva de Aprendizaje. Yo exijo que la puntuación de esta herramienta sea el *input* primario para el Plan de Gestión del Cambio de la Fase 5, asegurando que las intervenciones culturales se dirijan a los puntos de dolor específicos (ej. si el reporte sin culpa es bajo, la Fase 5 priorizará el entrenamiento de *coaching* para líderes). La madurez del SGC se evidencia cuando la puntuación cultural es alta, lo que predice una mayor efectividad en los procesos técnicos.

IV. Herramientas de Análisis de Causa Raíz (ACR) y Riesgo (FMEA)

Finalmente, la madurez del SGC se evalúa por su capacidad para gestionar el riesgo de forma proactiva (Cláusula 6) y para resolver problemas de raíz (Cláusula 10).

A. Evaluación de la Metodología FMEA (Proactividad): El diagnóstico debe incluir una evaluación de la calidad de los FMEA existentes. Yo utilizo este análisis para medir la madurez del pensamiento basado en riesgo. Se evalúa si el cálculo del Número de Prioridad de Riesgo (RPN) es riguroso, si las calificaciones de Severidad, Ocurrencia y Detección son consistentes y si se revisan periódicamente. La madurez es baja si los FMEA solo se usan en el diseño inicial y no se actualizan tras las fallas de producción o las quejas de clientes.

B. Evaluación de la Rigurosidad del ACR (Reactividad): La madurez en la mejora continua se evalúa revisando los expedientes de CAPA cerrados. Yo utilizo esta revisión para determinar si la organización se detiene en la causa obvia o si utiliza métodos estructurados (5 Porqués, Diagrama de Ishikawa, Análisis de Árbol de Fallas) para llegar a la causa sistémica o cultural. Un SGC inmaduro cierra CAPAs con soluciones puntuales que no abordan la raíz. La madurez alta se evidencia cuando los ACRs resultan en cambios en la formación (Cultura) o en la interfaz de procesos (Técnica), demostrando la integración de los tres ejes de mi marco conceptual.

La Fase 1, a través de la aplicación sistemática de estas herramientas —el *Gap Analysis* Cuantificado, el BSC de Calidad, el *Quality Culture Checklist* y la Evaluación FMEA/ACR— proporciona el mapa de ruta basado en datos para el Sistema EQUIPAR. El SGC maduro es aquel que puede demostrar estadísticamente que los esfuerzos en la cultura (BSC Perspectiva de Aprendizaje) se traducen en la mitigación de los riesgos estratégicos (BSC Perspectiva Financiera), y estas herramientas son el mecanismo metodológico que yo utilizo para lograr esa demostración.

3.3. Alineación con los objetivos de negocio, entorno externo y partes interesadas

La Fase 1 del Sistema EQUIPAR culmina con la Alineación Estratégica, el proceso por el cual la Gestión de la Calidad (GC) deja de ser una función de *compliance* y se integra plenamente con el propósito y la dirección de la organización. Yo sostengo que un Sistema de Gestión de la Calidad (SGC) implementado en 2018 que no esté directamente alineado con la estrategia del negocio y su entorno es un sistema inmaduro, propenso a la pérdida de apoyo gerencial y, consecuentemente, a la ineficacia a largo plazo.

Este proceso de alineación, que yo he diseñado metodológicamente, transforma los hallazgos del diagnóstico inicial (Punto 3.1 y 3.2) en el mandato estratégico que justificará cada una de las siete fases de EQUIPAR. Se trata de dar cumplimiento al espíritu de las Cláusulas 4 (Contexto) y 5 (Liderazgo) de la ISO 9001:2015 y ISO 13485:2016 de manera proactiva, asegurando que el SGC se convierta en una herramienta de gestión de riesgos fiduciarios y ventaja competitiva.

I. Metodología para la Comprensión del Entorno Externo (Fuerzas y Tendencias)

La alineación comienza con la comprensión profunda y objetiva del entorno en el que opera la organización, un requisito explícito de la ISO (Cláusula 4.1). Yo prescribo una metodología que utiliza el análisis sistémico para identificar las fuerzas exógenas que representan riesgos u oportunidades para el SGC.

A. Análisis PESTEL/PESTLE Adaptado al Contexto Regulatorio: La herramienta tradicional de análisis PESTEL (Político, Económico, Social, Tecnológico,

Ecológico, Legal) se adapta en EQUIPAR para centrarse en su impacto en la calidad y el cumplimiento normativo.

1. **Factores Políticos y Legales (Regulatorios):** Se evalúan las tendencias regulatorias de mayor impacto en 2018 (ej. la inminente entrada en vigor de regulaciones de la UE para dispositivos médicos, los cambios en las guías de la FDA o la harmonización de Buenas Prácticas de Manufactura - GMP). El riesgo no es solo el incumplimiento actual, sino la **obsolescencia regulatoria** del SGC en un horizonte de 3 a 5 años. La alineación exige que el SGC se diseñe con la flexibilidad (Fase 6: Alineación con Innovación) para adaptarse a estos cambios futuros con el mínimo costo.

2. **Factores Tecnológicos:** Se evalúa la madurez y los riesgos de la tecnología de la organización (ej. la automatización de procesos de manufactura, la digitalización de los registros de calidad). La oportunidad reside en cómo el SGC puede habilitar la **Industria 4.0** (sensores, análisis de *Big Data* de producción) sin comprometer la **integridad de los datos** (un riesgo clave en el SGC electrónico). La alineación exige que la Fase 4 (Implementación Iterativa) incluya pilotos de validación de *software* de calidad para mitigar el riesgo de *data integrity*.

3. **Factores Ecológicos y Sociales:** Se evalúan las expectativas de los *stakeholders* sobre la sostenibilidad y la responsabilidad social (RSC). La oportunidad de alineación reside en cómo el SGC puede impulsar la **eficiencia operativa *lean*** (reducción de desperdicios, optimización de recursos) para contribuir simultáneamente a la **sostenibilidad ambiental** (Fase 6). Esto transforma la calidad de una función de

cumplimiento a un motor de la RSC, mejorando la imagen corporativa.

Yo insisto en que la evaluación del entorno externo no es un ejercicio académico, sino un **mecanismo de identificación de riesgos estratégicos** que debe informar directamente la definición de los objetivos de calidad en la Fase 2.

II. Mapeo de Expectativas de Partes Interesadas (ISO 4.2)

La alineación efectiva requiere comprender que el SGC no solo satisface al cliente final, sino a una compleja red de **partes interesadas** (ISO 4.2), cuyas necesidades no siempre están alineadas y que yo he diseñado para ser gestionadas en la Fase 1.

A. Priorización y Cuantificación de Partes Interesadas: Yo prescribo la creación de una **Matriz de Interés-Poder** para jerarquizar a las partes interesadas según su capacidad de influir en el SGC. Las partes interesadas críticas son:

1. **El Cliente (El Foco Primario):** Sus necesidades se capturan mediante el análisis de datos de quejas, encuestas de satisfacción y, crucialmente, la **Voz del Cliente (VOC)**. La alineación exige que el SGC se centre en la **percepción de valor** del cliente, no solo en la especificación técnica.

2. **Organismos Reguladores (FDA, EMA, Agencias Nacionales):** Su necesidad es la **Conformidad Irrefutable** y la **Trazabilidad**. La alineación exige que el SGC se diseñe con un rigor documental y de gestión de riesgos (ISO 13485:2016) que anticipe las expectativas de auditoría, minimizando el riesgo de no conformidades mayores.

3. **Accionistas y Propietarios:** Su necesidad es el **Retorno de Inversión (ROI)** y la **Mitigación del Riesgo Fiduciario.** La alineación exige que el SGC demuestre su valor en términos de reducción del **Costo de la No Calidad (CONC)** y mejora de la eficiencia operativa (OEE).

4. **Empleados (El Factor Humano):** Su necesidad es la **Claridad en los Procesos** y el **Reconocimiento.** La alineación exige que el SGC sea diseñado para ser **usable** (*lean*) y que la Fase 5 (**P**articipación y Cultura) aborde la resistencia al cambio y promueva la cultura de reporte sin culpa (*blame-free reporting*).

B. La Tensión de la Alineación: La alineación no es la satisfacción de todas las necesidades, sino la **gestión de la tensión** entre ellas. Yo considero que el SGC maduro es aquel que puede equilibrar la necesidad de **velocidad** (de los Accionistas) con la necesidad de **rigor** (de los Reguladores) y la necesidad de **simplicidad** (de los Empleados). Esta tensión se resuelve en el diseño de las Fases 3 y 4 de EQUIPAR, utilizando la priorización basada en riesgo como el árbitro de las decisiones metodológicas.

III. Alineación Directa con los Objetivos de Negocio (Visión Gerencial)

El proceso de alineación culmina con la integración del SGC en el sistema de gestión del desempeño de la organización. Yo utilizo el **Balanced Scorecard (BSC)** como la herramienta de transición metodológica para lograr esta alineación.

A. El BSC como Herramienta de Diálogo Estratégico: El BSC, aplicado bajo la metodología EQUIPAR, transforma la data de calidad en un **lenguaje de negocio.** Se exige que la Alta Dirección participe activamente en la definición de las métricas de calidad y que estas se integren en las cuatro perspectivas del BSC (Financiera, Cliente, Procesos, Aprendizaje/Crecimiento).

1. **Perspectiva Financiera:** El KPI principal de alineación es el **Costo de la No Calidad (CONC)**. Se demuestra que los objetivos de calidad (ej. mejorar la efectividad del CAPA) están alineados porque reducen los costos de *scrap*, retrabajo, garantías y penalizaciones. La GC se convierte en una **herramienta de optimización de costos**.

2. **Perspectiva de Procesos:** La alineación exige que los objetivos de eficiencia (ej. reducir el tiempo de ciclo del proceso de liberación de lote) se traduzcan en el BSC. El KPI **OEE (Overall Equipment Effectiveness)** se utiliza como el vínculo técnico-estratégico, demostrando que la eficiencia de la calidad (componente 'Calidad' del OEE) impacta directamente en la productividad general.

B. La Matriz de Trazabilidad Objetivo-Riesgo (MOC): La alineación se formaliza con la creación de una **Matriz de Trazabilidad Objetivo-Riesgo (MOC)**. Este artefacto garantiza que no haya objetivos de calidad sin un riesgo estratégico subyacente y viceversa.

Objetivo Estratégico de Negocio	Riesgo Estratégico Mitigado (GBRE)	Objetivo de Calidad (SMART)	KPI de Medición (Causal)	Dueño de la Ejecución (Liderazgo)
Aumentar la rentabilida d 15%	Alto CONC por reproceso en el proceso X	Reducir el CONC del Proceso X en 20% en 12 meses	CONC ($) / Tasa de Reproceso (%)	Gerencia de Operacione s
Expandir a nuevo mercado Y	Riesgo de **obsolescenci a regulatoria** del SGC	Asegurar Nivel 4 de Madurez ISO 13485:2016 en los procesos de Diseño	Matriz de Madurez Cuantificad a (Punto 3.2)	Director de Calidad
Garantizar la continuida d	Riesgo de **fuga de conocimient o** por rotación	Aumentar el Índice de Sostenibilida d del Conocimient o a 0.85	Índice de Competenci a Cruzada / Rotación QA (%)	Gerencia de RR.HH.

Yo insisto en que esta matriz es la prueba de fuego de la Fase 1. Su existencia y aprobación por la Alta Dirección demuestran que el SGC es un **sistema de gestión de la estrategia**, asegurando que los recursos asignados al proyecto EQUIPAR estén alineados con la máxima prioridad corporativa. Sin esta alineación explícita y documentada, el SGC es metodológicamente inmaduro y su sostenibilidad a largo plazo es una quimera. La Fase 1, por lo tanto, no concluye hasta que se haya formalizado este compromiso estratégico tridimensional.

3.4. Análisis de riesgos como punto de partida estructural

El análisis de riesgos no es, en mi Sistema EQUIPAR, una sección ornamental del manual ni un casillero de auditoría que se llena una vez y se archiva. Yo lo concibo como el punto de partida estructural y dinámico del Sistema de Gestión de la Calidad (SGC): una disciplina de gobierno que determina dónde concentrar la energía, cómo asignar recursos escasos y qué resultados debo exigirle al sistema para sostener la licencia para operar y crear valor. Bajo la semántica de la High-Level Structure (HLS), la ISO 9001:2015 coloca el pensamiento basado en riesgo en el corazón de la planificación (cláusula 6) y lo encadena con el contexto (cláusula 4), el liderazgo (cláusula 5), la operación (cláusula 8) y la mejora (cláusula 10). Mi metodología toma ese requisito y lo eleva a un mecanismo de Gobernanza Basada en el Riesgo Estratégico (GBRE): el riesgo no se "registra", se gobierna; no se "enumera", se prioriza; no se "mitiga" en abstracto, se traduce en objetivos causales, procesos rediseñados y métricas que demuestren efectividad con evidencia. Esta visión es coherente con el marco de gestión del riesgo definido por ISO 31000, que describe el riesgo como el efecto de la incertidumbre sobre los objetivos y recomienda decisiones sistemáticas de identificación, análisis, evaluación y tratamiento, con comunicación y revisión continua. Yo integro esa lógica como columna vertebral de la Fase 1 de EQUIPAR, porque sin un diagnóstico de riesgo sólido, el resto del sistema es decoración metodológica. ISO+2ISO+2

I. El análisis de riesgos como eje de la gobernanza estratégica

Cuando el riesgo se queda en el plano operativo, el SGC deviene reactivo y miope. El salto cualitativo radica en llevar el riesgo al plano fiduciario y regulatorio sin perder la granularidad de proceso. Por eso, en EQUIPAR, el análisis es holístico y cubre tres dominios que se alimentan entre sí: riesgo estratégico o fiduciario, riesgo regulatorio y riesgo operacional.

Primero, el riesgo estratégico vincula explícitamente la calidad con la continuidad del negocio, la reputación y la liquidez. No acepto matrices donde la severidad se mida solo como "impacto en el cliente"; exijo cuantificación en términos de costo de la no calidad (CONQ), exposición a penalidades, afectación del flujo de caja y probabilidad de pérdida de contratos clave. Ese lenguaje financiero evita que el SGC sea interpretado como un costo hundido. ISO 31000 pide definir criterios de riesgo y apetito al riesgo; yo los traduzco en umbrales de decisión: cuando el RPN supera un umbral y la severidad amenaza el capital reputacional o la licencia para operar, la inversión en controles es obligatoria y prioritaria. ISO+1

Segundo, el riesgo regulatorio, particularmente determinante en farmacéutico y dispositivos médicos, mide la exposición a hallazgos mayores, pérdida de certificación o fracaso al defender datos en una inspección. Aquí el eje es la trazabilidad y la integridad de datos. En dispositivos, la ISO 13485 exige que la gestión del riesgo impregne diseño, producción y poscomercialización, y que la documentación DHF–DMR–DHR sea coherente y viva. En el ámbito GMP europeo, el Anexo 11 obliga a validar aplicaciones y a calificar la infraestructura TI; cuando un sistema informatizado sustituye un proceso manual, no puede aumentar el riesgo ni degradar el control. El Anexo 15 establece principios de calificación y validación que impactan directamente la severidad regulatoria si la planta no demuestra estado validado. Este conjunto normativo define el "terreno de juego" del riesgo, y yo lo convierto en requisitos de diseño de proceso desde la Fase 3 de EQUIPAR. ISO+2Public Health+2

Tercero, el riesgo operacional identifica dónde fallan los flujos diarios: interfaces entre áreas, control de cambios, laboratorios con datos frágiles, proveedores críticos, mantenimiento y calibración, o líneas con variabilidad no controlada. La ISO 9001 promueve el enfoque basado en procesos; yo añado la ingeniería de interfaces, porque la evidencia me muestra que el riesgo se concentra donde un proceso termina y el otro comienza, justo donde la documentación tradicional es más laxa. ISO

Con estos tres planos, el análisis de riesgos deja de ser inventario y se vuelve agenda: define qué objetivos estratégicos fijaré en la Fase 2, qué procesos rediseñaré en la Fase 3, qué pilotos exigiré en la Fase 4 y cuáles métricas causales practicaré en las Fases 6 y 7.

II. Metodología de priorización: FMEA como artefacto rector y la criticidad RPN

Para evitar discusiones subjetivas, yo anclo la priorización en técnicas reconocidas por la ingeniería de riesgos. La columna vertebral es el FMEA conforme a IEC 60812: identifica modos de falla, sus efectos y causas, y los prioriza para tratamiento. La criticidad se obtiene con el Número de Prioridad de Riesgo, RPN = Severidad × Ocurrencia × Detección. Este esquema no es un dogma; es una calculadora disciplinada que obliga a explicitar los supuestos y a documentar por qué un riesgo asciende al tope de la lista. IEC Webstore+1

Yo adapto las escalas a los sectores regulados:

1. Severidad. No solo evalúo el efecto sobre el usuario o el paciente; incorporo el impacto reputacional y regulatorio. Un 10 es un recall con daño al paciente o una no conformidad mayor que compromete la licencia para operar. En cosméticos y alimentos, un 10 puede equivaler a un retiro por riesgo microbiológico o químico que expone al

consumidor, bajo la lógica de HACCP y marcos de inocuidad. U.S. Food and Drug Administration

2. Ocurrencia. La calificación nace de datos: frecuencia histórica, tendencias de quejas, madurez del proceso según diagnóstico de brechas, estabilidad de proveedores y robustez de la validación. En farmacéutica, integro señales de laboratorio y producción; en dispositivos, señales de campo y de usabilidad.

3. Detección. Evalúo la capacidad de control para detectar la falla antes de que alcance al cliente o al auditor. Aumenta cuando existe monitoreo en tiempo real, validación proporcional al riesgo y revisión independiente; disminuye cuando hay registros manuales sujetos a transcripción tardía.

Con esto construyo una Matriz de Priorización Proceso–Riesgo, que se convierte en el mecanismo de gobierno de la Fase 1. Ilustro la lógica con un extracto conceptual:

Proceso/Área	Modo de falla	S	O	D	RPN	Acción EQUIPAR
Liderazgo	Ausencia de inversión en integridad de datos y validación de sistemas críticos	9	6	10	540	Fase 2: objetivo causal con presupuesto; Fase 5: entrenamiento del liderazgo en rol de servicio
CAPA	Cierre con análisis de causa raíz superficial; recurrencia	8	7	5	280	Fase 7: métrica de efectividad CAPA y verificación de no recurrencia; Fase 5: formación en ACR avanzado
Compras	Proveedor único para materia prima crítica sin plan de contingencia	9	4	3	108	Fase 3: rediseño de homologación y clasificación de proveedores por riesgo

Yo establezco un umbral de actuación (por ejemplo, RPN > 150) y defino reglas de escalamiento por severidad: si S ≥ 9, el caso sube al comité ejecutivo aunque el RPN total sea menor. Esto alinea la priorización con el apetito de riesgo fijado por la alta dirección, como recomienda ISO 31000. ISO

Reconozco límites del RPN: productos de escalas ordinales pueden inducir empates o "cegueras" a severidades altas con detección robusta. Para mitigarlo, uso matrices de criticidad y técnicas complementarias en función del contexto (IEC 31010): bow-tie para conectar causas, controles y consecuencias; árbol de fallas para eventos críticos; y, cuando amerita, evaluación semicuantitativa de exposición y sensibilidad. La norma IEC 31010 documenta ese repertorio; yo lo uso con sobriedad, evitando la parálisis analítica. Iteh Standards

III. Riesgo operacional y procesos críticos: dónde se fractura el flujo de valor

Para convertir el diagnóstico en diseño, combino Value Stream Mapping con un mapa de riesgo: sobre el flujo extremo a extremo señalo las zonas de mayor severidad y ocurrencia, y pondero las interfaces transfuncionales. La experiencia me enseña que los nodos de mayor riesgo son recurrentes:

1. Control de cambios. Cambios técnicos sin evaluación rigurosa del riesgo disparan defectos latentes y hallazgos de auditoría. Exijo criterios de impacto, trazabilidad a requisitos y riesgos, y verificación de efectos colaterales antes de liberar el cambio.

2. Sistemas computarizados. Cuando los registros electrónicos sustituyen el papel, el Anexo 11 obliga a validar aplicaciones y calificar infraestructura; una migración sin gobierno de datos multiplica la

detección tardía. Por eso piloto cada flujo digital crítico en Fase 4 antes de escalar. Public Health

3. Laboratorio de control de calidad. La integridad de datos es el vector crítico: sin ALCOA+, el riesgo regulatorio escala. La guía de la FDA sobre Data Integrity en CGMP es explícita: roles segregados, auditoría de trails, control de privilegios y registro contemporáneo. Yo convierto esas expectativas en requisitos de proceso y en indicadores de primera línea. U.S. Food and Drug Administration

4. Transferencias de diseño a producción. En dispositivos, la coherencia DHF–DMR–DHR no es formalismo; es defensa técnica. Cierro la brecha con matrices de trazabilidad que enlazan requisitos, riesgos y controles a lo largo del ciclo de vida, en sintonía con ISO 13485. ISO

5. Cadena de suministro. Proveedores únicos o con baja madurez elevan el riesgo de continuidad; implemento clasificación basada en criticidad, auditorías dirigidas por riesgo y planes de contingencia, alineados con la priorización GBRE.

En alimentos, aplico HACCP como lente de riesgo operacional: el control preventivo en puntos críticos con límites, monitoreo, acciones correctivas y verificación convierte el riesgo en disciplina diaria. Esta filosofía, reconocida por la FDA y el Codex, se integra naturalmente a EQUIPAR desde la Fase 3 y se valida por pilotos en Fase 4. U.S. Food and Drug Administration

IV. Integridad de datos como riesgo sistémico y palanca de detección

Si el dato no es confiable, el SGC pierde visión. Por eso, en la Fase 1 trato la integridad de datos como riesgo sistémico, no como tema de TI. Opero ALCOA+ como regla transversal: atribuible, legible, contemporáneo, original y exacto; además completo, consistente, perdurable y disponible. El Anexo 11 exige que una sustitución digital no aumente el riesgo; la guía de la FDA detalla medidas prácticas para roles, permisos, trails, copias de seguridad y revisión independiente. Yo configuro la D de RPN (detección) en consonancia: donde implemento EBR/LIMS validados, la detección mejora y el RPN cae; donde persisten hojas de cálculo sin control de cambios, la detección empeora. Las auditorías internas basadas en riesgo incluyen muestreo de trails, eficacia de firmas electrónicas y pruebas de restauración, porque un respaldo irrecuperable es un riesgo no visible hasta la crisis. Public Health+2U.S. Food and Drug Administration+2

V. Del diagnóstico a la arquitectura: cómo el riesgo dicta objetivos, procesos y pilotos

El valor del análisis no está en la matriz, sino en las decisiones que impone. EQUIPAR establece una trazabilidad explícita riesgo→objetivo→proceso→métrica→decisión:

1. Riesgo priorizado. Ejemplo: demoras de liberación por registros incompletos y enmiendas tardías.

2. Objetivo causal derivado. Reducir en x% las desviaciones por transcripción y acortar en y% el tiempo de liberación.

3. Proceso rediseñado. Documentación lean centrada en interfaces; sustitución de registros manuales por EBR validado con controles de integridad.

113

4. Piloto controlado. Implementación en una línea, con criterios de salida definidos: tasas de enmiendas, días de liberación, hallazgos de auditoría.

5. Métricas y analítica. Serie de tiempo interrumpida para verificar cambio de nivel y tendencia; verificación de no recurrencia para CAPA relacionadas.

6. Decisión. Escalamiento si los criterios se cumplen, con presupuesto y plazos aprobados por la dirección.

Este camino convierte la cláusula 6 de ISO 9001 en un programa medible de transformación, y en dispositivos lo conecto con los requisitos más prescriptivos de ISO 13485 sobre trazabilidad y validación a lo largo del ciclo de vida. ISO+1

VI. Metodología ampliada: herramientas complementarias y criterios de calidad del análisis

No toda pregunta de riesgo se resuelve con FMEA. Por eso empleo, según el problema, técnicas documentadas en IEC 31010:

a) Bow-tie para visualizar amenazas, barreras preventivas, evento y consecuencias con barreras de mitigación; útil en riesgos de cadena de frío o esterilización, donde el evento central es claro y las barreras son múltiples.

b) Árbol de fallas cuando un evento crítico (por ejemplo, contaminación microbiológica) tiene múltiples causas combinadas; permite calcular la probabilidad del evento con supuestos explícitos.

c) HAZOP en procesos con transformaciones sensibles, como reacción química o formulación con parámetros críticos.

d) Evaluaciones cualitativas reforzadas con datos de tendencia cuando no hay suficiente base para un cálculo formal.

Un criterio de calidad del análisis es su capacidad para ser auditado: que un tercero pueda reconstruir qué se evaluó, con qué evidencia y por qué se eligió un tratamiento. Esto es coherente con ISO 31000 y con las guías de auditoría basadas en riesgo de ISO 19011, que aprovecho en la Fase 7 para dirigir la atención hacia procesos y proveedores con mayor exposición. Iteh Standards+1

VII. Minicasos sectoriales: de la matriz a la práctica

Farmacéutica, inyectables estériles. Riesgo inicial: variabilidad en contenido y hallazgos de datos incompletos en laboratorio. Severidad alta por impacto sanitario y regulatorio. Medidas: prioricé calificación de liofilizadores, uniformidad térmica, fortalecimiento de parámetros de fin de secado y validación del sistema de monitoreo ambiental; en laboratorio, controles ALCOA+, segregación de roles y revisión independiente. La detección mejoró al validar el flujo electrónico y al reducir transcripciones manuales, coherente con expectativas regulatorias. El resultado fue una caída sostenida de desviaciones y tiempos de liberación, con evidencia estadística; la revisión por la dirección aprobó el escalamiento. Public Health+1

Dispositivos médicos, software embebido. Riesgo inicial: fallas intermitentes de conector y señales de campo dispersas. Severidad alta y detectabilidad baja. Actuación: integré ISO 13485 con un proceso robusto de ISO 14971, construyendo trazabilidad requisitos–riesgos–controles– pruebas en el DHF y su espejo en DMR; reforcé el proceso de gestión de cambios y ejecuté pruebas de estrés. La tasa de quejas cayó y los cambios de emergencia disminuyeron; la auditoría certificadora no halló inconsistencias entre

diseño y producción, lo que validó la unificación operativa.
ISO

Cosméticos, riesgo microbiológico. Riesgo inicial: recuentos fuera de especificación en emulsiones. Severidad moderada-alta por exposición de consumidor y reputación. Medidas: apliqué un plan de control reforzado en líneas con mayor riesgo de agua libre, validé limpieza y aguas, y consolidé trazabilidad de lotes e ingredientes con registros robustos; entrené embajadores de calidad en piso para reforzar conducta de registro contemporáneo. Resultado: reducción de rechazos y reclamaciones; la inversión se justificó por caída de CONQ. ISO

Alimentos, cadena de frío. Riesgo inicial: desviaciones de temperatura en despacho. Aplicación HACCP: definí CCP en transporte, límites críticos y monitoreo electrónico con alertas; registré datos en formato ALCOA+ para auditorías y para acción preventiva. Resultado: menos devoluciones, menor merma y mejor defensa técnica ante inspecciones. U.S. Food and Drug Administration

VIII. Integración del análisis con auditoría interna y revisión por la dirección

EQUIPAR convierte el análisis de riesgos en brújula de auditoría y en agenda ejecutiva. Apoyo el programa de auditoría interna en ISO 19011 y lo diseño por criticidad: más profundidad donde la severidad y la ocurrencia son altas, y donde la detección es débil. El muestreo se dirige a interfaces, a sistemas computarizados críticos y a proveedores de alto impacto. Los hallazgos no se cierran con acciones genéricas; exijo análisis de causa raíz serio y verificación de efectividad por no recurrencia. Los resultados y tendencias alimentan la revisión por la dirección, que ya no es un ritual de lectura de indicadores, sino un foro donde se reasignan presupuestos, se definen cambios de prioridades y se actualiza el apetito de riesgo.

Este encadenamiento es coherente con la cláusula 9 de desempeño y con la filosofía de riesgo de ISO 31000. database.ich.org

IX. Conexión con marcos sectoriales: ICH Q9 y HACCP como extensiones naturales

En farmacéutica, anclo el análisis en ICH Q9, que formaliza principios y herramientas de gestión del riesgo de calidad a lo largo del ciclo de vida: desarrollo, manufactura, distribución, inspección y revisión. El documento no es un formalismo: es una gramática para elegir herramientas, focalizar evaluaciones y revisar el riesgo conforme evolucionan datos y procesos. En EQUIPAR, ICH Q9 se convierte en guía para seleccionar técnicas y para justificar, ante auditores y reguladores, por qué el tratamiento adoptado es proporcional. database.ich.org

En alimentos, integro HACCP como manifestación concreta del pensamiento preventivo: análisis de peligros, identificación de puntos críticos, límites, monitoreo, correctivos, verificación y registros. La convergencia con ISO 9001 e ISO 22000 es natural bajo la HLS; a nivel operativo, HACCP ofrece la disciplina diaria que garantiza que el riesgo no quede en el papel. Por eso, en plantas alimentarias, el mapa de riesgo de EQUIPAR superpone el flujo VSM con la cartografía de CCP y con indicadores de cumplimiento y eficacia. U.S. Food and Drug Administration

X. Tratamiento del riesgo: evitar, reducir, compartir, aceptar

ISO 31000 recuerda que el tratamiento del riesgo incluye evitar, reducir, compartir o aceptar con conciencia. Yo traduzco esa tipología en decisiones presupuestarias y de proceso:

Evitar. No liberar un cambio cuyo análisis muestra severidad alta y detectabilidad baja sin controles razonables.

Reducir. Implementar redundancias, validar software, reforzar limpieza, entrenar competencias críticas, digitalizar registros con gobierno de datos.

Compartir. Asegurar contratos de servicio, pólizas, acuerdos de calidad y abastecimiento dual.

Aceptar. Documentar la aceptación cuando el costo marginal de reducción es desproporcionado y la severidad es baja; pero con monitoreo reforzado.

Estas decisiones se registran con sus supuestos y se revisan en la Fase 7; si cambian las condiciones o aparecen señales de campo, reabro el caso y reevalúo, en sintonía con el principio de revisión continua de ISO 31000 e ICH Q9. ISO+1

XI. Métricas adelantadas y verificación causal de efectividad

Para que el análisis de riesgo no se consuma en la priorización, yo exijo un plan de medición que conecte indicadores adelantados con resultados de negocio y salud del sistema:

Indicadores adelantados. Porcentaje de registros sin enmiendas; cumplimiento de límites en CCP; tiempos de ciclo de revisión; cobertura de capacitación en roles críticos; cumplimiento de ventanas de mantenimiento y calibración.

Indicadores de resultado. Quejas por millón; defectos de primera pasada; días de liberación por lote; CONQ; OEE con foco en calidad; hallazgos de auditoría por criticidad.

Verificación causal. Serie de tiempo interrumpida cuando despliego un control (p. ej., EBR) para verificar cambio de nivel y de tendencia; regresiones cuando el volumen o la estacionalidad lo exijan; y, siempre, verificación de no recurrencia en CAPA para declarar efectividad. Este rigor desplaza la conversación ejecutiva de "cumplimos" a "qué valor provino de esta decisión". database.ich.org

XII. Errores frecuentes que destruyen valor y cómo los prevengo

He visto patrones que anulan el poder del análisis:

Matrices genéricas sin datos. Listas copiadas de internet con calificaciones arbitrarias. Antídoto: definir escalas por contexto, con evidencias y criterios de aceptabilidad del negocio.

RPN usado como tótem. Multiplicar ordinales sin criterio y comparar productos de números sin significancia. Antídoto: reglas de severidad, matrices de criticidad y técnicas complementarias de IEC 31010. Iteh Standards

Desacople del presupuesto. Riesgos priorizados sin asignación de recursos quedan en el papel. Antídoto: GBRE con umbrales de decisión y responsabilidades de inversión aprobadas en Fase 2.

Estatismo. Análisis que no se revisan ante cambios de contexto, señales de campo o proyectos de innovación. Antídoto: ciclos de revisión formal y tableros con alertas.

Integridad de datos ignorada. Tratarla como "tema de informática" y no de gobernanza. Antídoto: ALCOA+ como regla de diseño de proceso y auditoría interna dirigida al riesgo. U.S. Food and Drug Administration

XIII. Conclusión: del riesgo como trámite al riesgo como arquitectura

En mi práctica, un SGC que no nace de un análisis de riesgo maduro es un sistema que navegará a ciegas: costoso, reactivo y expuesto. EQUIPAR instala el análisis como arquitectura: define el mapa de prioridad estratégica, ordena el diseño de procesos, pauta la implementación iterativa y alimenta una medición que demuestra valor. ISO 9001 y ISO 13485 proveen el lenguaje; ISO 31000 entrega el andamiaje conceptual; ICH Q9 y HACCP añaden profundidad sectorial; el Anexo 11 y la guía de la FDA sobre integridad de datos fijan los límites de la trazabilidad digital. Yo convierto ese entramado en un guion de gestión: riesgo→objetivo→proceso→métrica→decisión. Cuando esa secuencia se vuelve hábito, el riesgo deja de ser el enemigo: se transforma en brújula.

CAPÍTULO 4

Fase 2: Qué Queremos Lograr – Diseño de la Visión Estratégica de Calidad

4.1. Declaración de propósitos e indicadores de éxito en calidad

La Fase 2 del Sistema EQUIPAR, Qué Queremos Lograr, es el puente metodológico que conecta la realidad cruda del diagnóstico (Fase 1: Evaluación) con la arquitectura de procesos (Fase 3: Unificación). Yo he concebido esta fase como el motor de la planificación basada en riesgos, transformando el requisito de la Cláusula 6 de la ISO 9001:2015, "Planificación", en un ejercicio de alineación estratégica fiduciaria. El criterio de entrada a esta fase es la aprobación formal por parte de la Alta Dirección de los tres artefactos críticos de la Fase 1: la Matriz de Brechas Cuantificables, el Diagnóstico de Madurez Cultural y, fundamentalmente, el Mecanismo de Priorización GBRE (Gobernanza Basada en el Riesgo Estratégico), que identifica los riesgos de no calidad con el RPN (Número de Prioridad de Riesgo) más alto.

El objetivo de esta Fase 2 es generar la Matriz de Objetivos de Calidad (MOC), el documento rector que dirigirá la inversión de tiempo y recursos a lo largo de todo el proyecto EQUIPAR.

4.1. Declaración de propósitos e indicadores de éxito en calidad

La efectividad del SGC no se mide por la extensión de su manual, sino por la claridad y el compromiso que rodean su propósito y sus métricas de éxito. Esta subsección se enfoca en la formalización de la Declaración de Propósito Estratégico de Calidad y el diseño de los Indicadores de Éxito (KPIs) que validarán la contribución del SGC al valor corporativo.

I. La Declaración de Propósito Estratégico de Calidad: Del *Compliance* a la Causalidad

La **Política de Calidad** (ISO 5.2) es, históricamente, uno de los documentos más subutilizados y burocráticos del SGC. Mi metodología exige elevar esta política a una **Declaración de Propósito Estratégico de Calidad**, un artefacto que debe ser: 1) una respuesta directa a los riesgos de la Fase 1, 2) el fundamento de la alineación estratégica y 3) un motor de la cultura humana.

A. Transformación de la Política de Calidad (ISO 5.2) en Propósito Estratégico: Yo sostengo que una Política de Calidad madura no solo declara el cumplimiento normativo; debe declarar la **intención de valor del SGC**. La Declaración de Propósito debe responder la pregunta fundamental: *¿Cuál es la función única y estratégica que el SGC cumple para el éxito fiduciario de la organización?*

- **Enfoque en el Valor Fiduciario:** Si el riesgo estratégico de mayor RPN (Fase 1) es el **Alto Costo de la No Calidad (CONC)** generado por fallas sistémicas, el propósito no es solo "cumplir los requisitos del cliente", sino "garantizar la resiliencia financiera mediante la mitigación proactiva de los riesgos de no calidad, asegurando la entrega oportuna y conforme". Esto transforma el SGC en un

mecanismo de protección de márgenes para la Alta Dirección.

- **Alineación con la Visión Corporativa (ISO 5.1):** La Declaración de Propósito debe usar el mismo lenguaje y hacer referencia explícita a la Misión y Visión de la organización. Esto garantiza que la calidad sea percibida como una función de gobernanza, no como un silo aislado. Yo utilizo principios de PNL (Programación Neuro-Lingüística) en la redacción del propósito para asegurar que el lenguaje sea positivo, orientado a la acción y resuene con los valores culturales de la organización.

B. Componentes Clave del Propósito según EQUIPAR: Mi metodología requiere que el Propósito contenga al menos tres elementos que reflejen los ejes de alineación de EQUIPAR:

1. **Compromiso Estratégico y de Riesgo:** Declaración explícita sobre cómo el SGC gestionará los riesgos de mayor RPN (ej. mitigación de fallas críticas en la cadena de suministro) y su impacto en el **Valor Fiduciario**.

2. **Compromiso Técnico y de Proceso:** Declaración sobre el rigor en la **Trazabilidad**, la **Armonización de Procesos** (Fase 3: Unificación) y el **Uso de Datos** para la toma de decisiones. Esto vincula el propósito con la **excelencia operativa**.

3. **Compromiso Humano y Cultural:** Declaración sobre la promoción de la **Participación**, el **Liderazgo de Servicio** (Fase 5: Participación y Cultura) y la **Mejora Continua Voluntaria**. Esto asegura la **sostenibilidad** del sistema.

Yo considero que la Declaración de Propósito es el Artefacto de Comunicación Estratégica más importante de la Fase 2, ya que se convierte en el argumento de venta interno para el liderazgo de cada fase subsiguiente.

II. Diseño del Sistema de Indicadores de Éxito (KPIs de Alto Nivel)

Los Indicadores de Éxito (KPIs) definidos en esta subsección son el medio por el cual la organización medirá si ha logrado el "Qué Queremos Lograr" de la Fase 2. Yo exijo que estos indicadores sean el anclaje del Balanced Scorecard (BSC) adaptado a la calidad (Punto 3.2), asegurando una trazabilidad causal desde la métrica hasta el objetivo estratégico.

A. El Principio SMART y la Causalidad en la Medición: Mis KPIs de alto nivel deben cumplir los criterios **SMART** (Específicos, Medibles, Alcanzables, Relevantes y con Plazo - *Time-bound*). Sin embargo, mi metodología añade un criterio fundamental: la **Causalidad**. Un indicador de éxito debe medir el **efecto** de la acción metodológica de EQUIPAR, no solo un dato de cumplimiento.

- **Métricas de Lag (Resultado) vs. Métricas de Lead (Actividad):** Yo exijo la definición de ambos. El éxito final se mide con métricas de *Lag* (ej. Reducción del CONC), pero el avance del proyecto se monitorea con métricas de *Lead* (ej. Porcentaje de procesos mapeados o número de Embajadores de Calidad entrenados).

- **Trazabilidad al Riesgo:** Cada KPI de alto nivel debe estar vinculado directamente a la mitigación de al menos un riesgo de alto RPN identificado en la Fase 1.

B. Indicadores del Éxito Estratégico y Fiduciario: Estos KPIs se anclan a la **Perspectiva Financiera** y de **Cliente** del BSC, demostrando el valor económico del SGC.

1. **Costo de la No Calidad (CONC) - El KPI Rector:**

   - **Definición:** Medida del gasto total incurrido por la organización en fallas (internas y externas) y la inversión en prevención y evaluación.

   - **Objetivo de Éxito: Reducir el CONC en $X millones o en Y% sobre las ventas en 18 meses.** Yo insisto en que el SGC no tiene éxito si no impacta esta métrica. La cuantificación de la reducción del CONC es la prueba irrefutable de la madurez de la **Alineación Estratégica**.

2. **Mitigación del RPN Promedio Ponderado:**

   - **Definición:** Medición del RPN promedio de los 5 riesgos de mayor criticidad identificados en la Fase 1.

   - **Objetivo de Éxito:** Reducir el RPN promedio ponderado en al menos el 40% en 12 meses. Esto obliga a que las acciones de la Fase 3 (Unificación) y 4 (Implementación) se centren en reducir la Ocurrencia (mejorando el proceso) y la Detección (mejorando el monitoreo) de los riesgos más costosos.

C. Indicadores del Éxito Operacional y Regulatorio (Técnico): Estos KPIs se anclan a la **Perspectiva de Procesos Internos** del BSC, demostrando la eficacia del sistema.

1. **Efectividad del CAPA (Acción Correctiva y Preventiva):**

   o **Definición:** Medida crítica de la madurez del SGC. A diferencia del simple "Índice de Cierre de CAPA" (una métrica de actividad burocrática), la **Efectividad del CAPA** se define como el porcentaje de acciones correctivas cuyo cierre ha prevenido la **recurrencia** del mismo o de un fallo sistémico similar en un periodo de tiempo definido (ej. 12 meses), validado por análisis estadístico (*Shewhart Chart*).

   o **Objetivo de Éxito:** Lograr una Tasa de Efectividad del CAPA superior al 85% en los próximos 18 meses. Esto obliga a la organización a invertir en la Formación en Análisis de Causa Raíz Sistémica (Fase 5).

2. **Índice de Madurez Regulatoria (IMR) por Cláusula Crítica:**

   o **Definición:** Se extrae de la Matriz de Brechas Cuantificadas (Punto 3.2). Se centra en las 3-5 cláusulas ISO (ej. 7.5.2 Validación de procesos para ISO 13485:2016, 6.2 Objetivos de calidad y planificación) que obtuvieron la puntuación de madurez más baja (Nivel 1 o 2) en la Fase 1.

   o **Objetivo de Éxito:** Elevar la puntuación de Madurez de las 5 cláusulas críticas de Nivel 2 a Nivel 4 en 12 meses. Este es el KPI de cumplimiento técnico que dirige la Arquitectura Documental de la Fase 3.

D. Indicadores del Éxito Cultural y Sostenible (Humano): Estos KPIs se anclan a la Perspectiva de

Aprendizaje y Crecimiento del BSC, demostrando la sostenibilidad del sistema.

1. **Índice de Reporte Proactivo y Reconocimiento:**

   - **Definición:** Medida de la salud cultural. Se define como la relación entre los Reportes Voluntarios de Oportunidades de Mejora (*near-misses*, casi-fallas, ideas de *Kaizen*) y las No Conformidades Detectadas por Auditoría. Un SGC maduro tiene una alta tasa de reportes voluntarios, lo que indica una cultura de reporte sin culpa (*blame-free reporting*) (Fase 5).

   - **Objetivo de Éxito: Aumentar el Índice de Reporte Proactivo en un 50% en 6 meses** tras el lanzamiento del programa de Embajadores de Calidad (Fase 5).

2. **Índice de Sostenibilidad del Conocimiento (ISC):**

   - **Definición:** Mide la dependencia del sistema de individuos clave. Se define como el porcentaje de puestos críticos (*QA Manager*, Ingeniero de Diseño) cuyas responsabilidades y conocimientos técnicos asociados han sido formalizados en el SGC, entrenados de forma cruzada y son independientes de la rotación de personal (gestión del conocimiento ISO 7.1.6).

   - **Objetivo de Éxito:** Lograr un ISC superior al 0.9 (90% de conocimiento formalizado y asegurado) en 18 meses, mitigando el riesgo de fuga de talento (Riesgo Estratégico).

III. El Artefacto Metodológico: La Matriz de Objetivos de Calidad (MOC)

La culminación de la subsección 4.1 y el entregable clave de la Fase 2 es la Matriz de Objetivos de Calidad (MOC). Esta matriz es la hoja de ruta estratégica para todo el proyecto EQUIPAR, pues integra el "Qué" (Objetivos) con el "Por Qué" (Riesgo) y el "Cómo Medir" (KPIs), asegurando una trazabilidad de tres vías.

La MOC es una tabla viva que detalla:

1. **Riesgo Estratégico de Origen (Fase 1):** El RPN que se intenta mitigar.

2. **Objetivo de Calidad SMART:** La meta precisa a lograr.

3. **KPI de Causalidad:** La métrica de *Lag* y *Lead* que probará el éxito.

4. **Meta (Target):** El valor numérico y el plazo a alcanzar.

5. **Fase de Intervención de EQUIPAR:** El componente metodológico específico (Fase 3: Unificación, Fase 4: Implementación, etc.) que se encargará de lograr el objetivo.

Yo insisto en que la aprobación formal de la MOC por la Alta Dirección, junto con la asignación de Propietarios de Objetivos (Liderazgo) y Recursos (Inversión), es el Criterio de Salida innegociable de la Fase 2. Sin este compromiso formal, la Fase 3 (Diseño de Procesos) carecería de dirección estratégica, lo que yo considero la causa principal del fracaso en la sostenibilidad de los SGC. La MOC transforma el SGC en un **Proyecto de Inversión Estratégica** con un ROI cuantificable.

4.2. Estructuración de una visión compartida con liderazgo organizacional

La visión estratégica de calidad solo cobra sentido cuando deja de ser una frase encuadrada en una pared y se convierte en una disciplina de alineación viva, sostenida por el comportamiento cotidiano del liderazgo. Yo he comprobado que los sistemas que funcionan no son los que tienen más documentos, sino los que logran que las personas con autoridad tomen decisiones consistentes con el riesgo, expliquen sus decisiones en términos comprensibles para todos y respalden dichas decisiones con recursos, rituales de seguimiento y consecuencias previsibles. La cláusula de liderazgo de la ISO 9001:2015 exigió que la alta dirección demostrara compromiso; mi metodología, dentro de EQUIPAR, construye el puente entre esa exigencia y la práctica: estructuro una visión compartida como un contrato explícito entre objetivos de negocio, riesgos prioritarios y comportamientos observables del liderazgo. De ese contrato nace un lenguaje común que alinea las fases del sistema con la realidad política de la organización, evitando la delegación impotente que tantas veces he visto condenar a los sistemas de gestión a ser un ejercicio de cumplimiento y no de transformación.

Yo defino la visión compartida de calidad como la convicción trazable de que cada objetivo de calidad existe porque mitiga un riesgo que amenaza una meta fiduciaria. Cuando esta causalidad es visible, comprensible y medible, el liderazgo deja de ser cómplice pasivo para convertirse en patrocinador activo. Para lograrlo, opero tres pilares metodológicos: la matriz de responsabilidad estratégica adaptada a la gobernanza del SGC, la conversión del rol directivo de firmante a patrocinador y el diseño de un mecanismo de comunicación causal que traduce el lenguaje de la dirección al de los procesos y al de la línea de operación. Cada pilar se integra con artefactos, ritmos y métricas, de manera que la visión no dependa del carisma de un líder, sino de una arquitectura que resista rotaciones, crisis y crecimientos.

I. Matriz de responsabilidad estratégica adaptada a la gobernanza del SGC

El primer síntoma de un sistema inmaduro es la ambigüedad. Nadie sabe con precisión quién decide, quién paga, quién ejecuta, quién opina y quién debe ser informado. El remedio no es más organigrama; es precisión sobre el flujo de responsabilidad en torno a cada objetivo que surge de la matriz de riesgos. Por eso adapto la herramienta RACI y la elevo a nivel estratégico, lo que denomino matriz RACI-E. En esta matriz, la letra que define el éxito no es la R, sino la A. La R ejecuta; la A responde por el resultado ante el negocio. Cuando la A reside en la alta dirección, la visión se vuelve compartida por diseño.

Yo estructuro la RACI-E en torno a artefactos y decisiones. Por ejemplo, si el análisis de riesgos priorizó la integridad de datos como amenaza severa al cumplimiento y al flujo de caja, el objetivo causal asociado puede ser reducir en un porcentaje específico las desviaciones por registros incompletos y acortar el tiempo de liberación. Bajo ese objetivo, la R recae en los dueños de proceso de manufactura, laboratorio e informática, que implementan registros electrónicos validados, rediseñan interfaces y entrenan equipos. La A recae en el responsable de resultados que se ven afectados directamente, con frecuencia el director de operaciones o el director general. La C convoca a expertos, como validación, asuntos regulatorios o seguridad de la información. La I incluye a auditoría interna y al consejo, informados de avances y riesgos residuales.

La clave está en la rigidez de la A. Yo no permito que la A se diluya en comités. Si el objetivo es disminuir el costo de la no calidad, la A puede ser el director financiero, aun cuando varias R ejecuten en áreas técnicas. Esa elección altera la conversación: el sistema deja de competir por presupuesto y pasa a defender retornos, riesgos evitados y opciones estratégicas ganadas. Del mismo modo, cuando el objetivo es estabilizar la trazabilidad DHF–DMR–DHR en dispositivos médicos, la A suele recaer en la persona que patrocina el portafolio de producto y la expansión regulatoria; la R se distribuye entre diseño, calidad y producción; la C incluye a ingeniería de software y a vigilancia poscomercialización; la I abarca a marketing y a servicio al cliente, que reciben impactos directos si falla la trazabilidad.

Esta matriz no es una hoja decorativa. Se completa con las reglas de gobierno de cada objetivo: cómo se toman decisiones, con qué datos, en qué foros, en qué frecuencia y con qué criterios de escalamiento. Yo especifico que cada A debe presidir al menos un foro trimestral de decisión sobre su objetivo, donde se presentan indicadores, se revisa efectividad de acciones y se reasignan recursos si los supuestos han cambiado. La presencia no es figurativa; se evidencia con decisiones minutas y con trazabilidad de presupuesto. Esta disciplina disuelve la frase recurrente de que la calidad es asunto del área de calidad.

Para evitar que la matriz se convierta en un casillero, defino condiciones de diseño. Primera, ningún objetivo puede existir sin riesgo asociado y sin métrica que acredite causalidad. Segunda, ninguna R puede ejecutar cambios de proceso o de sistema sin una A explícita que consienta el impacto financiero y regulatorio. Tercera, ninguna C puede bloquear mediante opiniones tardías; el foro para opinar está definido y tiene ventanas. Cuarta, la I se ejerce con transparencia; los stakeholders reciben información de valor y no solo reportes genéricos.

En organizaciones multisede, replico la RACI-E con un principio de subsidiariedad. Las A de objetivos corporativos residen en la sede central; las A de objetivos locales residen en cada planta. Las R se asignan dentro de cada sitio, con compromisos de coherencia mínimos definidos por la alta dirección. Las C incluyen foros de especialistas de corporativo cuando la decisión excede el umbral de riesgo local. Las I incorporan a clientes estratégicos cuando corresponde, especialmente si los acuerdos de calidad lo exigen. Con esto evito el centralismo paralizante y, a la vez, impido divergencias que comprometan la licencia para operar.

II. Conversión del liderazgo de cómplice a patrocinador

La transición de un líder que firma a un patrocinador que actúa se logra con diseño, no con exhortaciones. Yo inicio esta conversión con un plan de participación de liderazgo que integra el diagnóstico cultural de la Fase 1, los objetivos de la Fase 2 y las necesidades de implantación de las Fases 3, 4 y 5. Este plan traduce la visión en comportamientos observables del patrocinador y de los mandos medios, y los integra en la agenda del mes, con medición de cumplimiento.

Cuando el diagnóstico cultural muestra baja visibilidad del liderazgo, el plan incluye recorridos programados por las áreas críticas, en los que el patrocinador escucha a la línea de operación, reconoce comportamientos alineados y elimina obstáculos operativos. Yo estructuro esos recorridos con guías de observación orientadas a procesos, no a personas, de modo que el liderazgo deje de buscar culpables y empiece a encontrar causas. Los recorridos, lejos de ser teatro, se documentan con hallazgos, decisiones inmediatas y compromisos específicos, para que no queden como visitas simbólicas. El mismo criterio se aplica a la participación del patrocinador en auditorías internas: no como juez, sino como facilitador que asegura que las acciones de alto impacto reciban prioridad y presupuesto.

Un patrocinador también comunica. La comunicación que yo exijo no es publicitaria, sino causal. En lugar de mensajes genéricos, el patrocinador debe explicar por qué se invierte en rediseñar interfaces, por qué se digitaliza un registro, por qué se valida una aplicación. El argumento no es el cumplimiento, sino el riesgo y el valor: menos recapturas, menos días de liberación, menos exposición regulatoria, más rapidez para llegar al mercado, más confianza de clientes. Esa narrativa, repetida con consistencia, conecta a la organización con el norte y reduce la tentación de ver la calidad como burocracia.

Para hacer irreversibles estos hábitos, defino indicadores de liderazgo. Mido la frecuencia de participación del patrocinador en foros críticos; mido el porcentaje de decisiones de inversión en calidad que se toman en tiempo; mido la cobertura de reconocimiento a equipos que logran mejoras verificadas; mido la puntualidad en resolver restricciones logísticas que bloquean cambios priorizados. No presento estos indicadores como calificaciones personales, sino como medidas de salud del sistema de liderazgo. Con esa visibilidad, los equipos perciben coherencia: el mensaje no es solo hablar, es hacer.

La conversión del liderazgo exige alinear incentivos. Cuando el bono de un director depende de la reducción de CONQ o de la mejora de OEE asociada a un objetivo de calidad, la conversación se vuelve concreta. Yo promuevo la incorporación de metas de calidad a los planes de desempeño de la alta dirección, con el mismo peso que otras metas financieras o comerciales. Ese equilibrio evita que las prioridades se desplacen cuando la presión táctica aprieta.

En mandos medios, el cambio de rol se consigue con mentores. Yo certifico líderes de proceso como coaches internos, responsables de traducir la visión en microhábitos del equipo. Estos líderes tienen agendas de coaching con objetivos, retroalimentación específica y seguimiento. En contextos de alta rotación, el coaching sostiene la memoria del sistema y evita que la visión se evapore cuando se reemplazan personas clave.

III. Mecanismo de comunicación causal para distintos niveles

El relato de la visión debe ser consistente y segmentado. A la alta dirección le hablo de riesgo, retorno y resiliencia. A los dueños de proceso, de simplificación, fricción y desempeño. A la línea de operación, de claridad, seguridad y reconocimiento. El mecanismo de comunicación causal que diseño mantiene la estructura del mensaje y cambia su lenguaje.

Yo estructuro el mensaje con una cadena de causalidad simple. Primero, el riesgo. Luego, el objetivo de calidad que lo mitiga, formulado de forma concreta. Después, la acción de proceso o de sistema que se implementará. Finalmente, la métrica que verificará el efecto. Esta secuencia evita que el equipo perciba decisiones arbitrarias o modas pasajeras. Se vuelve natural escuchar a un patrocinador decir que resuelve la congestión de liberación porque cada día de atraso cuesta una cifra específica, y que por eso se digitalizan registros y se valida un sistema; y que la prueba de que valió la pena será un indicador de días de liberación, sin desvíos por transcripción.

Yo despliego esta comunicación con artefactos visibles. En el piso, instalo tableros que muestran indicadores liderados por el equipo, con metas comprensibles y comparables. En lugar de hablar de CONQ, presento desperdicio evitado en unidades que todos sienten. En lugar de hablar de probabilidad, presento eventos sin ocurrencia por buena detección. Vinculo el indicador de equipo al objetivo corporativo con una flecha clara, para que el operario entienda cómo su registro contemporáneo contribuye a la defensa técnica ante una auditoría. En los foros ejecutivos, presento paneles que integran objetivos de calidad con metas financieras y de riesgo, de manera que la dirección vea el sistema como una cartera de inversiones y no como un centro de costo.

Para mantener el mensaje vivo, diseño rituales de comunicación. Cortos, frecuentes y predecibles. Reuniones semanales de 15 minutos por área, en las que se revisan uno o dos indicadores y se acuerdan ajustes. Reuniones mensuales de proceso, en las que se presentan los avances de pilotos o cambios. Revisión trimestral por la dirección, donde se verifica el efecto causal y se reasignan recursos. En cada ritual, el patrocinador aparece con el papel adecuado: escucha, decide o reconoce.

IV. Integración con las fases de EQUIPAR y condiciones de salida

La visión compartida es una consecuencia directa de la Fase 2, pero se alimenta y se verifica en todas las fases. Cuando la Fase 1 revela riesgos y la Fase 2 los traduce en objetivos, la matriz RACI-E fija la distribución de responsabilidad y la A aprueba recursos. La Fase 3 diseña procesos e interfaces que encarnan la visión; la Fase 4 prueba en pilotos y corrige; la Fase 5 instala la cultura que sustenta los hábitos; la Fase 6 mide valor; la Fase 7 exige prueba de efectividad y permite recalendarizar esfuerzos. El mecanismo de comunicación causal atraviesa todas estas fases, porque sin una narrativa comprensible, la organización se desconecta.

Para declarar cumplida esta subsección, exijo dos artefactos firmes. Primero, la RACI-E completa y aprobada, con la lista de objetivos, sus A, sus R y los foros de decisión que sostendrán la gobernanza. Segundo, el plan de participación de liderazgo, con calendario, responsables y métricas. No acepto versiones aspiracionales; pido fechas, nombres y criterios de éxito. Con estos artefactos, la visión deja de ser un enunciado y se convierte en una obligación recíproca.

V. Profundización práctica: diseño de foros, ritmos y reglas de decisión

Para que el liderazgo ejerza su patrocinio, el sistema necesita foros con propósito. Yo diseño tres niveles. A nivel táctico, comités de proceso donde se resuelven impedimentos, se priorizan acciones y se validan cambios con evidencia. A nivel interfuncional, foros de cadena de valor, donde los dueños de proceso coordinan interfaces y equilibran sacrificios locales para optimizar el flujo. A nivel estratégico, revisión por la dirección, donde se evalúa el portafolio de objetivos de calidad, se analizan tendencias y se reasignan recursos.

Cada foro tiene un estatuto claro. Propósito, participantes, entradas, salidas y decisiones. Un ejemplo de entrada en un foro táctico es el resultado del piloto de registros electrónicos con datos de enmiendas antes y después; la salida es la decisión de escalar, con presupuesto y fechas. Un ejemplo de entrada en el foro interfuncional es una propuesta de simplificación de la transferencia de diseño; la salida es un nuevo procedimiento y una prueba de trazabilidad. Un ejemplo de entrada en la revisión por la dirección es el análisis causal de una mejora de OEE asociada a una reducción de retrabajo; la salida es el ajuste de metas y el reconocimiento a equipos.

Las reglas de decisión reducen ambigüedad y evitan bloqueos. Yo establezco umbrales de aprobación, criterios de severidad, tiempos máximos para decidir y mecanismos de escalamiento. Defino derechos de veto cuando la severidad regulatoria lo amerita, pero exijo que el veto se fundamente en datos y en el marco normativo aplicable.

Esta claridad disminuye la fricción y protege la velocidad del sistema.

VI. Diferencias de aplicación según tamaño, madurez y sector

La visión compartida no se estructurará igual en una pyme regulada que en una multinacional. En empresas pequeñas, la misma persona puede ser A y R para varios objetivos; la clave es evitar la sobrecarga y sostener la disciplina con reuniones cortas y decisiones visibles. En empresas grandes, el desafío es la coherencia. La matriz RACI-E debe evitar duplicidades y garantizar que las decisiones locales no rompan estándares corporativos críticos. Yo utilizo catálogos de decisiones delegadas, que permiten a los sitios actuar sin pedir permiso en lo cotidiano, y que reservan a la corporación las decisiones que alteran el riesgo de forma material.

En farmacéutica, la visión debe contener con fuerza la integridad de datos y la validación como criterios identitarios. En dispositivos, la trazabilidad de diseño y la gestión de riesgo clínico y de uso forman parte del relato central. En cosméticos y alimentos, el puente con inocuidad y con buenas prácticas específicas define el acento. En todos los casos, la visión se sostiene si la dirección defiende la lógica de riesgo y valor con constancia.

VII. Indicadores de salud de la visión compartida

La visión existe cuando se puede medir. Yo propongo un conjunto de indicadores adelantados y de resultado para evaluar la salud de la visión. Adelantados: porcentaje de objetivos con A asignada en el nivel adecuado; asistencia efectiva de patrocinadores a foros críticos; tiempo medio de decisión sobre inversiones de calidad; cobertura de reconocimiento a equipos por logros verificados; cumplimiento del plan de participación de liderazgo. De resultado: reducción del CONQ asociado a objetivos priorizados; mejora de OEE vinculada al componente de calidad; reducción de días de liberación; disminución de hallazgos de auditoría en categorías de mayor severidad; incremento de la efectividad de CAPA medida por no recurrencia.

Incorporo además un indicador de alineación narrativa. Evalúo, mediante muestreos breves, si personas en distintos niveles pueden explicar por qué se está ejecutando un cambio y qué riesgo mitiga. Cuando escucho respuestas convergentes, deduzco que el mecanismo de comunicación causal funciona. Si las respuestas se refugian en la frase "porque lo pide la norma", sé que debo reforzar la narrativa y recuperar el hilo del riesgo.

VIII. Riesgos de fracaso y contramedidas

Yo anticipo los modos de falla de la visión y diseño contramedidas. El modo más frecuente es la delegación regresiva. El patrocinador firma, pero en la práctica la A recae en calidad. La contramedida es contractual: la A aparece en minutas, preside foros, firma presupuestos y asume consecuencias cuando se incumplen decisiones críticas. Otro modo de falla es la profusión de objetivos que compiten por atención. La contramedida es la priorización GBRE y la regla de capacidad: la organización no puede ejecutar más objetivos estratégicos de los que su ancho de banda permite; cada objetivo debe demostrar valor o queda en pausa.

Un tercer modo de falla es el lenguaje técnico hermético. El sistema se separa cuando la dirección habla de retorno y la línea de operación recibe instrucciones sin causa. La contramedida es el entrenamiento del liderazgo en comunicación causal y el uso de tableros que traduzcan indicadores corporativos a métricas de proceso diarias. Un cuarto modo de falla es el juego de indicadores. Cuando los equipos optimizan la métrica y no el resultado, la visión se corrompe. La contramedida es la redundancia de indicadores y la verificación causal. Si la métrica mejora pero el resultado no, ajusto el diseño o reemplazo el indicador.

IX. Casos ilustrativos de aplicación

En una planta de sólidos farmacéuticos, definimos como objetivo disminuir los días de liberación y las desviaciones por transcripción. La A fue el director de operaciones. La R la tuvieron los dueños de proceso de producción y laboratorio. El plan de participación exigió al patrocinador presidir la decisión de asignar presupuesto a un piloto de registros electrónicos, visitar la línea en la primera semana de prueba y comunicar personalmente los resultados del primer mes. La comunicación fue causal, con cifras y con reconocimiento. El tablero del piso mostró, día a día, la disminución de enmiendas. A los tres meses, la revisión por la dirección aprobó el escalamiento, porque la evidencia fue clara. La visión se mantuvo estable durante una rotación gerencial porque los artefactos y los rituales no dependían de una persona.

En un fabricante de dispositivos, el objetivo fue cerrar la brecha de trazabilidad entre diseño y producción. La A recayó en la persona que lideraba el portafolio. La R en diseño, calidad y manufactura. El plan de participación incluyó sesiones del patrocinador con clientes internos para explicar cómo una matriz de trazabilidad robusta acorta tiempos de auditoría y reduce devoluciones. El mecanismo de comunicación conectó la reducción de quejas con las decisiones de rediseño y de verificación. La auditoría certificadora se superó sin hallazgos en esa área, y el proyecto ganó prioridad en el comité técnico.

En una empresa de cosméticos, el objetivo fue reducir rechazos por microbiología. La A fue el director de planta. La R, aseguramiento de calidad y mantenimiento. La visión se comunicó con indicadores simples en el piso y con causales que vinculaban disciplina de limpieza y control de agua con reputación de marca. El liderazgo respaldó inversiones discretas pero de alto impacto, como estaciones de muestreo mejoradas y formación específica. Los rechazos cayeron y el costo evitado fue visible para finanzas, lo que reforzó la narrativa.

X. Cierre operativo de la subsección

Estructurar una visión compartida con liderazgo significa fijar responsabilidad, dotar de recursos, dirigir el relato y medir comportamientos y resultados. Yo no espero unanimidad sentimental; exijo disciplina de gobierno. La matriz RACI-E y el plan de participación de liderazgo son las piezas mínimas para sostenerla. Su existencia no garantiza el éxito, pero su ausencia lo condena. Cuando la A está clara, el patrocinador aparece y decide, el relato explica por qué se actúa, y los indicadores verifican que se mejora, la visión deja de ser un enunciado y se convierte en una práctica organizacional que atraviesa rotaciones, presiones de corto plazo y auditorías exigentes.

La visión compartida que propongo no compite con el negocio; lo hace posible. Ancla la conversación en el riesgo que amenaza los objetivos fiduciarios y en el valor que se crea cuando se gobierna con rigor. Un SGC que opera sin esta visión se sostiene en la buena voluntad y se derrumba a la primera crisis. Un SGC que opera con esta visión integra estrategia, procesos y cultura en una sola trama de decisiones, y por eso perdura. Esa es, en esencia, la promesa de EQUIPAR en su Fase 2: convertir el liderazgo en el multiplicador que necesita el sistema para transformar cumplimiento en resiliencia y resiliencia en ventaja competitiva.

4.3. Técnicas de facilitación para la alineación estratégica

La alineación estratégica de la gestión de la calidad no aparece por inercia ni por la simple publicación de un manual. Yo la construyo con métodos de facilitación que obligan a la Alta Dirección y a los dueños de proceso a pensar con la misma gramática: riesgo, objetivos causales, procesos unificados y métricas verificables. El propósito no es "hacer talleres", sino convertir el diálogo en decisiones con dueño, recursos y fechas; convertir las prioridades en portafolios de inversión; convertir la cultura en hábitos observables. En el marco de la ISO 9001:2015, la cláusula de liderazgo exige compromiso; mi sistema EQUIPAR traduce esa exigencia en un conjunto de técnicas que aseguran la convergencia entre el lenguaje fiduciario de la dirección y el lenguaje operativo del SGC. Lo hago a través de tres vectores que operan como engranajes: facilitación del diálogo estratégico, facilitación de la unificación transfuncional y facilitación de la transformación cultural. Para que estos engranajes no patinen, complemento con criterios de diseño de sesiones, mecanismos de decisión, métricas de efectividad y contramedidas a los modos de falla típicos.

I. Facilitación del diálogo estratégico: del riesgo fiduciario a la calidad operativa

La primera barrera es semántica. Mientras la Alta Dirección habla de retorno, liquidez, cuota de mercado y apetito de riesgo, los equipos hablan de no conformidades, OOS, CAPA y registros. Si no traduzco, no alineo. Por eso comienzo con un taller de Gobernanza Basada en el Riesgo Estratégico, diseñado para que el comité directivo conecte la matriz de riesgos priorizados de la Fase 1 con la Matriz de Objetivos de Calidad de la Fase 2.

141

En la apertura del taller, yo presento la fotografía del Costo de la No Calidad y las exposiciones severas con un lenguaje de pérdidas evitadas, oportunidades capturadas y continuidad del negocio. La idea no es "asustar", sino revelar el costo de mantener el statu quo. Este encuadre sustituye la conversación sobre "cumplimiento" por una conversación sobre protección de márgenes y resiliencia. Cuando dirijo la discusión de riesgos estratégicos, fuerzo a que la severidad se mida en unidades que la dirección reconozca: efecto en flujo de caja, multas, pérdida de clientes críticos, retraso de ingresos por liberaciones tardías. Con esa base, paso a la priorización.

Uso votación ponderada para construir consenso. Los directivos asignan puntos a los riesgos que, a su juicio, erosionan más la estrategia si no se actúa. Esta técnica, simple y transparente, reduce discusiones circulares y revela la diferencia entre lo urgente y lo importante. Si detecto sesgos de autoridad, aplico un esquema de priorización ciego: cada participante puntúa sin conocer la autoría de las propuestas, y recién después se discuten los resultados. De esta forma, la voz más alta no desplaza la evidencia. Con el ranking en la mano, hago la traducción al MOC: cada riesgo ganador debe convertirse en un objetivo causal con meta, plazo, dueño y métrica de verificación. No permito objetivos ornamentales; si no reducen un riesgo prioritario, no entran en la cartera.

Para evitar que la priorización sea una fotografía que envejece rápido, establezco un ritmo de revisión. El comité se compromete a revalidar cada trimestre los supuestos de severidad y ocurrencia y a reordenar si aparecen señales nuevas. La revisión no es un reporte de métricas, sino un foro de decisión sobre asignación de recursos. En cada ciclo, presento la evidencia de impacto de las acciones y los pendientes que requieren inversión. De esta manera, la dirección aprende a hablar de calidad en términos de portafolio: objetivos, inversiones, riesgos residuales y rendimientos esperados.

Como puente entre lo estratégico y lo operativo, empleo lo que denomino mapeo de causalidad invertida. En lugar de partir de un objetivo y "buscarle" un riesgo, inicio el trazo con el riesgo de mayor criticidad. Desde allí, llevo a la mesa la pregunta incómoda: qué resultado observable me diría que ese riesgo ha disminuido de manera sustantiva. El grupo define ese resultado como objetivo. A continuación, descomponemos qué proceso o interfaz debemos rediseñar para producir ese resultado; asignamos la fase de EQUIPAR pertinente; y definimos la métrica que verificará el cambio de nivel y tendencia. Este trazado obliga a que el objetivo no emerja de preferencias, sino de una cadena lógica. Es un antídoto contra los "objetivos bonitos" sin efecto real.

Completo el vector con dos prácticas que aceleran consenso. La primera es el pre-mortem: antes de aprobar la cartera, pregunto qué tendría que ocurrir para que el plan fracase. La discusión revela supuestos frágiles, dependencias ocultas y cuellos de recursos. La segunda es la matriz de supuestos a probar: transformo incertidumbres críticas en experimentos o pilotos con criterios de salida. La alineación se hace más robusta cuando las dudas centrales tienen plan de validación.

II. Facilitación de la unificación transfuncional y de la responsabilidad

Una visión alineada sin procesos alineados es retórica. La fricción real ocurre en las interfaces: entre diseño y manufactura, entre laboratorio y producción, entre compras y calidad, entre operaciones y TI. Mi técnica de facilitación transfuncional se centra en dos artefactos: la definición explícita de dueños de proceso y la simulación guiada de fallas en la interfaz.

La sesión de dueños comienza aclarando el rol. Dueño no es quien escribe el procedimiento; es quien tiene autoridad para asignar recursos, cambiar el proceso y responder por sus indicadores. El criterio para elegir dueños no es jerárquico, es funcional: elige quien mejor puede controlar los factores que explican la variación del proceso. Para escapar de diplomacias improductivas, utilizo un test de autoridad: el candidato a dueño debe responder qué decisiones puede tomar sin pedir permiso y cuál es su presupuesto de mejora. Si no puede responder, no puede ser dueño.

Con los dueños definidos, aterrizo la Matriz de Responsabilidad Estratégica a nivel de proceso. Cada objetivo del MOC desemboca en uno o más procesos críticos. Asigno la R a los dueños y revalido que la A siga anclada en la alta dirección. Si detecto superposición, aplico una regla de una interfaz, un dueño: no permito interfaces sin propietario. El dueño de la interfaz no dirige ambos procesos, pero sí gobierna el tránsito de información y los artefactos que pasan de uno a otro. Formalizo esta propiedad con contratos de servicio de proceso: acuerdos sobre entradas, salidas, tiempos, controles y mecanismos de escalamiento.

La simulación de fallas en la interfaz es la técnica que cierra el paso. Es un ejercicio de mesa, pero con datos y documentos reales. Tomo un escenario de alto riesgo, por ejemplo la transferencia de especificaciones de I+D a producción, y dramatizo el flujo. Hago que cada área ejecute su parte, muestre sus artefactos, y declare en qué momento los produce y a quién se los entrega. La simulación exhibe los huecos: documentos con versiones no sincronizadas, firmas que se esperan de personas ausentes, pasos que existen solo en la cabeza de un operador. El grupo, guiado por el facilitador, acuerda un único artefacto de transferencia y define la responsabilidad de la interfaz. Este acuerdo alimenta el diseño del SIPOC transfuncional y del mapeo de cadena de valor que empleo en la Fase 3.

Para evitar la deriva del alcance, uso priorización MoSCoW aplicada al diseño de proceso: lo que debe existir para que el proceso arranque, lo que debería estar pero puede esperar, lo que podría incorporarse si hay capacidad y lo que no se hará ahora. También uso A3 para que el equipo aprenda a contar la historia del problema, la causa, la solución y el resultado esperado en una sola página. Estos métodos evitan el perfeccionismo paralizante y conservan foco en el riesgo que motivó el objetivo.

III. Facilitación de la transformación cultural: neuro-coaching y hábitos

La alineación estratégica se cae si la cultura la rechaza. Yo trabajo la cultura con el mismo rigor que trabajo la ingeniería de procesos. En la planificación instalo marcos de comportamiento y reconozco que la resistencia al cambio es racional cuando el sistema castiga el reporte honesto, la experimentación y la simplificación. Por eso utilizo técnicas de facilidad cognitiva y de coaching dirigidas al liderazgo, para moldear el tono de la organización antes de tocar procedimientos.

Comienzo con un cambio de lenguaje. El SGC no se comunica como catálogo de obligaciones, sino como promesa de valor personal. El supervisor no dice "tienes que llenar este formato", dice "esta manera de registrar te ahorra retrabajo y nos evita noches corrigiendo". Esta recomposición del mensaje no es cosmética: se acompaña con la eliminación deliberada de trámites redundantes. Cuando la organización ve que el sistema simplifica, la disposición a adoptar crece. Para sostener esta percepción, introduzco el principio de no añadir control sin retirar otro de menor eficacia. Cada nuevo control debe sustituir o simplificar un control previo, salvo cuando la severidad del riesgo lo impida.

La seguridad psicológica es condición de la mejora. Yo institucionalizo el reporte sin culpa con reglas claras: la notificación de un error no intencional no es sancionable; la ocultación sí lo es. Para demostrarlo, exijo que las primeras comunicaciones del patrocinador celebren a quien reporta oportunamente y no a quien "apaga incendios". Acompaño este giro con formación específica en análisis de causa raíz y en escritura de desviaciones; la habilidad de describir hechos sin juicios es una competencia técnica, no un rasgo de carácter.

Formalizo la red de embajadores de calidad. No son inspectores; son multiplicadores de hábitos. Los selecciono por influencia, no solo por cargo. Les doy formación en técnicas de conversación breve, refuerzo positivo y demostración en piso. Los reconozco en público por resultados, no por discursos. En entornos de alta rotación, ellos preservan la memoria práctica del sistema y atenúan el efecto "reiniciar" cada vez que ingresa un nuevo operador.

Para minimizar sesgos, introduzco mecanismos de contrapeso en la toma de decisión. Si la organización es jerárquica, creo espacios para que la evidencia de piso llegue intacta a la mesa ejecutiva. Si la organización evita el conflicto, enseño a debatir con datos y a documentar desacuerdos con hipótesis que luego probaremos. Esta higiene del debate mantiene el respeto y acelera aprendizaje.

IV. Diseño de sesiones, artefactos y reglas de decisión

La facilitación funciona cuando cada sesión tiene propósito, entradas, salidas y reglas de decisión. Yo diseño agendas que respetan la atención limitada y que obligan a producir entregables. No permito reuniones sin prelectura. Los participantes llegan con los datos, no a buscarlos. Si falta información, convierto la pregunta en tarea con quien, cuándo y evidencia esperada.

Uso tres niveles de foro. El foro táctico reúne a quienes ejecutan y resuelven impedimentos. Su salida es un plan de acciones con fechas y responsables. El foro transfuncional reúne dueños de proceso de un flujo y resuelve interfaces; su salida es un diseño o un rediseño de artefactos, y acuerdos de servicio. La revisión por la dirección se reserva para revalidar prioridades, reasignar recursos y aprobar cambios que alteran el riesgo. La frecuencia es semanal para lo táctico, quincenal para lo transfuncional y trimestral para la revisión ejecutiva. Este ritmo imprime cadencia al sistema.

Para que las decisiones no se diluyan, mantengo un registro de decisiones con metadatos: contexto, opciones evaluadas, criterio elegido, responsable de ejecución, fecha y métricas de seguimiento. Cuando un tema regresa a la mesa, reviso las decisiones previas y pido evidencia de que los supuestos se mantuvieron o cambiaron. Este registro inhibe la tentación de volver a discutir por opinión lo que ya se resolvió por datos.

Las reglas de decisión incluyen umbrales. Si el riesgo es severo y la detección baja, el patrocinador puede vetar soluciones insuficientes. Si la inversión es alta, exijo un caso con análisis de impacto y de costo de oportunidad. Si la solución es un piloto, defino criterio de salida antes de empezar: qué nos autoriza a escalar, a iterar o a abandonar. Estas reglas reducen la arbitrariedad y dan seguridad a los equipos.

V. Herramientas de priorización económica y de portafolio

Para dialogar con finanzas, traduzco objetivos a términos económicos. Construyo una ficha por objetivo que estima costo de no calidad evitado, inversión requerida, tiempo a valor y sensibilidad a supuestos. Cuando el debate se atasca, aplico costo de retraso: cuánto perdemos por cada semana de no ejecutar. Esta métrica reordena la cola de proyectos, porque visibiliza que algunos objetivos pierden valor con el tiempo más que otros.

Distribuyo el portafolio en tres cubetas. La cubeta de salud regulatoria agrupa objetivos que protegen la licencia para operar. La cubeta de flujo de caja agrupa objetivos que alivian restricciones financieras inmediatas. La cubeta de crecimiento agrupa objetivos que habilitan nuevos mercados o lanzamientos. Exijo que el comité mantenga un balance mínimo en cada cubeta. Evito así que la urgencia desplace siempre a lo importante o que la aspiración de futuro descuide la base.

VI. Casos aplicados de facilitación en industrias reguladas

En farmacéutica, al introducir registros electrónicos de producción, la resistencia era alta por experiencias previas fallidas. La facilitación comenzó con el taller GBRE, donde la dirección vio que cada día de liberación tardía equivalía a una cifra concreta en ventas no realizadas y que el riesgo regulatorio por integridad de datos era severo. Con el consenso, convertí ese riesgo en objetivo y definí la A en el director de operaciones. En la sesión de dueños, asigné la R a producción y a laboratorio, y la responsabilidad de interfaz a calidad. En la simulación de falla, emergieron pasos redundantes y firmas secuenciales innecesarias. Rediseñamos el flujo y acordamos un piloto con criterio de salida claro. El patrocinador visitó el piso la primera semana, comunicó resultados con narrativa causal y liberó presupuesto para escalar tras demostrar reducción de enmiendas y de días de liberación. La alineación no fue un banner; fue una cadena de decisiones evidenciables.

En dispositivos médicos, la trazabilidad entre diseño y manufactura generaba hallazgos. En el taller de causalidad invertida, el comité eligió el riesgo de incoherencia DHF–DMR–DHR por su severidad. La A recayó en quien patrocinaba el portafolio; las R en diseño y manufactura; la interfaz quedó en calidad. En la simulación, descubrimos divergencias de versiones y rutas paralelas de aprobación. Armonizamos con una matriz de trazabilidad única y un repositorio controlado. El piloto se lanzó en una familia de producto, con métricas de quejas y tiempos de auditoría. El patrocinador comunicó el vínculo entre trazabilidad y entrada a nuevos mercados, lo que cambió la percepción de "papel" a "acceso". La auditoría siguiente no reportó incongruencias. La historia, contada en foros y tableros, estabilizó la cultura.

En cosméticos, el problema era microbiología fuera de especificación. El taller GBRE mostró el impacto reputacional y financiero de devoluciones y mermas. Convertimos ese riesgo en objetivo de reducción de rechazos y de variabilidad. Dueños de proceso definidos: aseguramiento de calidad en R, planta en R y mantenimiento como R auxiliar. La simulación en piso reveló prácticas de limpieza con alta variación. El rediseño incluyó estandarización de procedimientos, control de agua y formación. El patrocinador reconoció públicamente a los equipos al primer mes con resultados positivos. La resistencia cayó porque la gente vio simplificación real y reconocimiento tangible.

En alimentos, el desafío era cadena de frío. La facilitación convirtió el riesgo en objetivo de conformidad de CCP y reducción de pérdidas. Dueños claros: logística en R, calidad como interfaz. La simulación mostró zonas grises en transferencia de custodia. Estandarizamos artefactos y digitalizamos la medición. El patrocinador explicó el nexo entre CCP y contratos con retail. La tasa de desviaciones bajó, y el caso reforzó el hábito de hablar en causalidad.

VII. Métricas de efectividad de la facilitación

Yo no doy por hecho que la facilitación funciona. La mido. Uso indicadores adelantados de proceso y de comportamiento, y resultados que la dirección aprecia. Mido la proporción de objetivos con A asignada a nivel adecuado, la asistencia efectiva del patrocinador a foros, el tiempo desde propuesta hasta decisión, el porcentaje de decisiones tomadas con prelecturas completas, la tasa de acuerdos de interfaz formalizados y la cobertura de embajadores activos. Mido también la percepción de claridad con un índice de alineación narrativa: en encuestas breves, pregunto a distintos niveles por qué se implementa un cambio y qué riesgo mitigará; cuando las respuestas convergen, deduzco que el mensaje llegó.

En resultados, observo la reducción del CONQ asociada a los objetivos priorizados, la mejora del OEE atribuible al componente de calidad, la disminución de días de liberación, la caída de hallazgos de auditoría en categorías de mayor severidad y la efectividad de CAPA medida por no recurrencia. Estos resultados no los muestro como triunfos del área de calidad; los muestro como retornos del patrocinio, para reforzar el circuito de inversión.

VIII. Anti-patrones y contramedidas

He visto fallas recurrentes en facilitación que destruyen valor. La primera es el teatro del taller: sesiones inspiradoras sin consecuencias. La contramedida es el criterio de salida exigente: cada taller debe producir decisiones, dueños, recursos y fechas, registrados en el diario de decisiones. La segunda es el Big Bang disfrazado: se intenta cambiar todo de golpe con la excusa de "aprovechar el momentum". La contramedida es la implementación iterativa con pilotos y criterios de salida; no escalo sin evidencia.

La tercera es el efecto HiPPO: la opinión de la persona mejor pagada se impone sin datos. La contramedida es priorización ciega y prelectura estructurada. La cuarta es la optimización local: cada área mejora lo suyo aunque el flujo total empeore. La contramedida es gobernar por interfaces, medir tiempos de extremo a extremo y dar poder al dueño de la interfaz. La quinta es el perfeccionismo procedimental: se busca el procedimiento perfecto antes de probarlo. La contramedida es el A3, el MoSCoW y el piloto con aprendizaje rápido.

La sexta es la fatiga de reuniones. Cuando la organización siente que habla más de lo que hace, desconecta. La contramedida es recortar foros sin propósito, fusionar espacios redundantes y reducir duración con agendas estrictas. La séptima es la incoherencia del liderazgo: se habla de cultura, pero se castiga el error. La contramedida es alinear incentivos: metas de calidad en los planes de desempeño de los directivos y reglas claras de reporte sin culpa.

IX. Integración con las fases de EQUIPAR y entregables mínimos

Estas técnicas no flotan; se anclan en EQUIPAR. El taller GBRE y el mapeo de causalidad invertida corresponden a la Fase 2 y usan insumos de la Fase 1. La sesión de dueños y la simulación de interfaz preparan el terreno de la Fase 3. Las reglas de decisión y los criterios de salida habilitan la Fase 4. Los hábitos del patrocinio, los embajadores y el mensaje causal pertenecen a la Fase 5. Las métricas y la verificación causal viven en las Fases 6 y 7. Cuando cierro esta subsección, exijo al menos cuatro entregables: la cartera del MOC con riesgos-origen documentados, la RACI-E aprobada y firmada, los contratos de interfaz de los flujos críticos y el plan de participación del liderazgo con calendario y métricas.

La alineación estratégica no es un acto de voluntad ni una concesión del carisma ejecutivo. Es una construcción metódica que yo ingeniero con técnicas de facilitación orientadas a producir decisiones de calidad, procesos de calidad y cultura de calidad. Si el comité discute con datos de riesgo y valor, si los dueños gobiernan procesos e interfaces, si el patrocinador aparece con comportamiento y no solo con firma, y si las personas comprenden en su escala por qué hacen lo que hacen, la alineación se vuelve hábito. Ese hábito, sometido a revisión y alimentado por evidencia, convierte el SGC en un sistema de gestión de la estrategia, no en un compilado de buenas intenciones. Esa es la promesa de este punto dentro de EQUIPAR: dotar a la organización de un modo replicable de ponerse de acuerdo, decidir con rigor y ejecutar con foco, aun cuando el contexto cambie y la presión aumente. Cuando la facilitación se practica con disciplina, la alineación deja de ser eslogan y pasa a ser estructura. Y cuando es estructura, resiste. Y cuando resiste, transforma.

4.4. Construcción del mapa de ruta para implementación

La finalización exitosa de la Fase 2 del Sistema EQUIPAR culmina en la construcción del **Mapa de Ruta para la Implementación.** Yo defino este artefacto metodológico no como un simple cronograma de tareas, sino como la **proyección metodológica y temporal** de la Matriz de Objetivos de Calidad (**MOC**, Punto 4.1) sobre la arquitectura de las cinco fases subsiguientes de EQUIPAR (Unificación, Implementación, Participación, Alineación y Revisión). Este mapa es la prueba de la **viabilidad metodológica** de la estrategia diseñada, traduciendo el **riesgo estratégico** (GBRE) en una secuencia de **acciones tácticas validadas.**

Yo sostengo que la principal falla de las implementaciones de SGC que observo en 2018 es la falta de un mapa de ruta que integre las dimensiones técnica, cultural y estratégica de manera explícita. El mapa de ruta de EQUIPAR, diseñado por mí, resuelve esto al obligar a la organización a: **I. Secuenciar las fases en función de la criticidad del riesgo, II. Integrar las tres dimensiones de alineación, y III. Establecer criterios de salida y puntos de decisión (*tollgates*) innegociables.**

I. Secuenciación Metodológica Basada en la Criticidad del Riesgo

La construcción del mapa de ruta en EQUIPAR se rige por el principio de **priorización basada en la mitigación del riesgo.** Las fases no se ejecutan en paralelo de forma arbitraria, sino en una secuencia lógica que minimiza el riesgo operativo y maximiza la generación de valor temprano.

A. La Secuencia Lógica EQUIPAR (Fases 3, 4, 5, 6, 7):

1. **Fase 3: Unificación de Procesos y Personas (La Arquitectura Técnica Base):** Esta fase debe ejecutarse primero porque establece el **marco técnico anti-silo** necesario. No se puede entrenar a las personas (Fase 5) ni implementar sistemas ágiles (Fase 4) sobre una base de procesos fragmentados o redundantes. La meta aquí es **diseñar el *qué* y el *cómo* ideal** del SGC con documentación *lean* y flujos de valor unificados.

2. **Fase 4: Implementación Iterativa e Inteligente (El Mecanismo de Validación):** Esta fase sigue a la Unificación porque es la **puesta a prueba controlada** del diseño de la Fase 3. Mi metodología exige que la implementación se haga a través de **Pilotos Controlados** (Implementación Ágil). No se puede escalar un proceso que no ha sido validado a pequeña escala. Esta fase es crítica para **mitigar el riesgo de implementación "Big Bang"**.

3. **Fase 5: Participación, Formación y Cultura de la Calidad (La Sostenibilidad Humana):** Esta fase debe ser ejecutada inmediatamente después de que los procesos hayan sido diseñados y validados a nivel de piloto. El **entrenamiento y el desarrollo de Agentes de Cambio** (Embajadores de Calidad) son más efectivos cuando se realizan sobre **procesos funcionales y optimizados** (Fases 3 y 4). Es la fase que asegura que la **visión compartida** (Punto 4.2) se traduzca en **cambio conductual**.

4. **Fase 6: Alineación con Innovación y Sostenibilidad (La Expansión Estratégica):**

Esta fase se enfoca en la **expansión del valor del SGC** más allá del cumplimiento (ej. integración con sistemas de gestión ambiental, automatización de *software* de calidad). Se ejecuta después de la Fase 4 porque la innovación tecnológica debe construirse sobre procesos **optimizados y validados**.

5. **Fase 7: Revisión Continua y Reconocimiento Sistémico (La Disciplina de Cierre):** Esta fase es la **disciplina de cierre del ciclo PDCA**. Se programa de forma recurrente (ej. trimestralmente) a lo largo de todas las fases, pero su **ejecución formal** (Revisión Gerencial de la MOC) solo ocurre una vez que las fases 3, 4 y 5 han entregado sus primeros resultados de mitigación de riesgo.

B. Secuenciación Táctica de los Objetivos (Micro-Mapping): El Mapa de Ruta desglosa los objetivos de la MOC por **secuencia de criticidad**. Por ejemplo, un objetivo de la MOC como "Reducir el RPN 540 de falla de interfaz de proceso" se desglosa en:

1. **Semana 1-4 (Fase 3):** Mapeo VSM del proceso de interfaz y diseño del SIPOC transfuncional. (Actividad Técnica).

2. **Semana 5-8 (Fase 4):** Implementación del Piloto Controlado del nuevo SIPOC y entrenamiento del equipo piloto. (Actividad de Validación).

3. **Semana 9-12 (Fase 7 - Micro):** Medición de los primeros resultados del Piloto (ej. Tasa de Falla en la Interfaz). (Actividad de Revisión).

4. **Semana 13-16 (Fase 5):** Desarrollo del módulo de entrenamiento *cross-functional* para Embajadores de Calidad basado en la lección aprendida del Piloto. (Actividad Cultural).

Este **Micro-Mapping** garantiza que cada fase esté interconectada y que la acción sea siempre dirigida por la mitigación de un riesgo priorizado (GBRE).

II. Integración Tridimensional de las Líneas de Implementación

El mapa de ruta de EQUIPAR es metodológicamente superior a un simple diagrama de Gantt porque gestiona de forma integrada las tres líneas de implementación que definen la alineación sistémica (Punto 2.4): **Estratégica, Técnica y Humana**. Yo he diseñado el mapa para que estas líneas progresen simultáneamente, pero con diferentes ritmos y enfoques.

A. Línea de Implementación Técnica (Fases 3 y 4): Esta línea se enfoca en el **diseño de procesos y la infraestructura de *compliance*.** Las actividades incluyen:

- **Armonización de Procesos:** Utilización de VSM y SIPOC para el diseño *lean* de los procesos críticos identificados en la Fase 1.

- **Arquitectura Documental:** Creación de documentación modular, *lean* y basada en el flujo de valor para cumplir con la HLS y la trazabilidad (DHF/DMR en ISO 13485:2016).

- **Validación Técnica:** Ejecución de Pilotos Controlados (Fase 4) y la validación formal de *software* de SGC y procesos clave.

B. Línea de Implementación Humana (Fase 5): Esta línea se enfoca en el **cambio conductual y la apropiación cultural**, esencial para la sostenibilidad. Las actividades incluyen:

- **Desarrollo del Liderazgo de Servicio:** Entrenamiento de gerentes y dueños de proceso en *coaching* y técnicas de PNL para la comunicación de la visión compartida (Punto 4.2).

- **Creación del Programa de Embajadores de Calidad:** Identificación, entrenamiento y lanzamiento del programa de Agentes de Cambio.

- **Gestión de la Resistencia al Cambio:** Monitoreo del Índice de Madurez Cultural y ejecución de estrategias de mitigación cultural (ej. talleres de *positive framing*). Yo insisto en que esta línea, aunque es menos visible al principio, es la que garantiza que el SGC no colapse.

C. Línea de Implementación Estratégica y de Gobernanza (Fases 6 y 7): Esta línea se enfoca en la **medición del valor y la rendición de cuentas.** Las actividades incluyen:

- **Lanzamiento del Tablero de Control Estratégico:** Integración de los KPIs de la MOC en el BSC de la organización.

- **Medición Causal:** Planificación de la recopilación de datos de series de tiempo para la validación del impacto de EQUIPAR (ej. datos de CONC, OEE y Efectividad CAPA).

- **Gobernanza Recurrente:** Programación de las reuniones de **Revisión por la Dirección (ISO 9.3)** como Foros de Gobernanza de Riesgo trimestrales, donde el foco es la MOC y la reasignación de recursos para los riesgos emergentes.

Yo exijo que el mapa de ruta visualice estas tres líneas, demostrando que el SGC es un **proyecto integral** donde la documentación (Técnica) no puede avanzar sin la aceptación de los líderes (Humana) y la rendición de cuentas (Estratégica).

III. Criterios de Salida y Puntos de Decisión (*Tollgates*) Innegociables

Para asegurar que la implementación siga el rigor metodológico, el mapa de ruta de EQUIPAR define **Criterios de Salida (Exit Criteria)** claros para cada fase. Estos criterios actúan como **Puntos de Decisión (*Tollgates*)** donde el equipo de liderazgo debe confirmar el cumplimiento antes de invertir recursos en la siguiente fase.

A. Criterios de Salida del Mapa de Ruta (Metodología de *Tollgates*):

1. Criterio de Salida de Fase 3 (Unificación): "El 100% de los Procesos Críticos de la MOC tienen un SIPOC Transfuncional y Documentación *Lean* aprobada por los Dueños de Proceso." (Asegura la calidad del diseño).

2. Criterio de Salida de Fase 4 (Implementación): "El Piloto Controlado ha demostrado una reducción del 20% en el RPN de la falla objetivo y se ha completado el Informe de Lecciones Aprendidas (Validación)." (Asegura la eficacia y la mitigación del riesgo).

3. Criterio de Salida de Fase 5 (Participación): "El Índice de Reporte Proactivo ha aumentado en un 30%, y el 80% del Liderazgo Táctico ha completado el entrenamiento en Liderazgo de Servicio." (Asegura la apropiación cultural).

4. Criterio de Salida de Fase 6 (Alineación): "Los objetivos de Sostenibilidad y/o Automatización están integrados en los procesos validados de la Fase 4, y los *software* clave han sido validados regulatoria y funcionalmente." (Asegura la visión a largo plazo).

158

5. Criterio de Cierre de Proyecto (Fase 7): "El KPI de CONC ha demostrado una reducción estadísticamente significativa (validada por ITS) y el SGC ha alcanzado el Nivel 4 de Madurez en las 5 cláusulas críticas de la MOC." (Asegura la rentabilidad y el cumplimiento del objetivo estratégico).

B. La Trazabilidad del Riesgo al *Tollgate*: Yo diseño el mapa de ruta para que el **GBRE** sea el factor de decisión en cada *tollgate*. Si en el *tollgate* de la Fase 4 el Piloto no logró la reducción del RPN esperado, la decisión no es simplemente avanzar, sino **regresar a la Fase 3 (Unificación)** para rediseñar el proceso (el Principio de Implementación Iterativa). El mapa de ruta, por lo tanto, no es lineal; es un **modelo de decisión de mitigación de riesgo dinámico** que yo prescribo para asegurar que los recursos de la organización no se inviertan en una implementación fallida.

Yo concluyo que la construcción del mapa de ruta para la implementación bajo el Sistema EQUIPAR transforma el proyecto de SGC en un **proyecto de inversión estratégica, metodológicamente secuenciado, y con *tollgates* de decisión basados en la evidencia del riesgo**. Este mapa de ruta es el artefacto que asegura que la visión estratégica de la Fase 2 se traduzca en una realidad operativa con el menor riesgo posible.

CAPÍTULO 5

Fase 3: Unificación de Procesos y Personas

5.1. Integración de procesos críticos bajo normas ISO

La Fase 3: Unificación de Procesos y Personas es, para mí, la ingeniería de la solución. Si en la Fase 1 establecí el mapa de riesgos con criticidades objetivas y en la Fase 2 fijé objetivos causales con dueño y métricas, en esta Fase 3 convierto la estrategia en arquitectura operativa anti-silo. Yo parto de una convicción metodológica: la principal falla de los SGC en 2018 no es la falta de procedimientos, sino su fragmentación. Los procesos existen como islas, las interfaces se improvisan, la información se re-escribe de un sistema a otro, y la redundancia documental drena recursos sin reducir riesgo ni acelerar el flujo de valor. La integración que yo propongo es, por diseño, un puente entre la exigencia normativa (ISO 9001:2015 e ISO 13485:2016), el pensamiento basado en riesgo y la eficiencia Lean. La cláusula 4.4 de ISO 9001 me obliga a definir procesos, sus interacciones y su control; yo llevo esa obligación a su consecuencia lógica: construir un flujo de extremo a extremo con interfaces especificadas, artefactos estandarizados y responsabilidades inequívocas, de forma que el sistema pueda defender su conformidad y, al mismo tiempo, crear velocidad y confiabilidad operacional. iso-9001-checklist.co.uk

I. La integración como anti-silo: definición operativa y alcance

Yo defino la Integración de Procesos Críticos como la eliminación de ambigüedades en las interfaces y la armonización del lenguaje de calidad a lo largo de toda la cadena de valor. No hablo de "coordinar" áreas; hablo de diseñar la forma en que un output se convierte en input sin pérdida de información, sin retrasos injustificados y sin reinvención local. Ese diseño tiene tres capas: mapa del flujo de valor (para ver y medir el sistema real), contratos de interfaz (para que nadie suponga lo que otro hará) y arquitectura documental modular (para que la gente encuentre, use y mantenga lo necesario sin burocracia). Bajo ISO 13485, en dispositivos médicos, la exigencia de trazabilidad a lo largo del ciclo de vida me da una ventaja conceptual: la norma me permite tejer un "hilo digital" que conecta requisitos, diseño, producción, liberación, posmercado y mejora con el mismo lenguaje de riesgo (ISO 14971). Yo traduzco esa expectativa en artefactos concretos: DHF coherente, DMR que refleja controles de proceso derivados de riesgos, DHR con evidencia de ejecución conforme, y un proceso CAPA que retroalimenta el FMEA cada vez que la realidad contradice nuestros supuestos. ISO+1

II. Metodología de mapeo del flujo de valor (VSM) para unificar lo que importa

El punto de partida técnico es el VSM. Yo no uso el VSM como póster motivacional; lo uso como instrumento de gobierno. En cada proceso crítico (liberación de lote, transferencia de diseño a manufactura, control de cambios, gestión de quejas), dibujo el flujo desde el primer input hasta el outcome que importa al cliente o al auditor, con tiempos y colas reales. Distingo tiempo de valor agregado y tiempo de no valor agregado, capturo re-trabajos, re-ingresos de datos, saltos entre sistemas y esperas por firmas. Hago esto en talleres transfuncionales, con dueños de proceso, TI, calidad y operaciones, porque la verdad de un flujo solo aparece cuando están todas las manos que lo tocan. La finalidad es doble: visualizar desperdicios y, sobre todo, ver dónde se concentran los riesgos de alta ocurrencia y baja detección (según la matriz de la Fase 1). El VSM me da el terreno para trazar un mapa de estado futuro Lean que acorte lead time, reduzca traspasos y, cuando sea pertinente, automatice o digitalice con validación proporcional al riesgo. Lean Enterprise Institute+1

Con el VSM, yo priorizo tres categorías de desperdicio que golpean directamente los objetivos de calidad:

1. Espera burocrática. Firmas en serie, reasignaciones sin criterio, múltiples "ojo bueno" sobre el mismo dato. Aquí ataco con principios de paralelización responsable, listas de verificación de roles, y, cuando justifica, firmas electrónicas con trazabilidad y segregación de funciones. Si el flujo pasa de papel a registro electrónico, ningún control puede perderse; el Anexo 11 GMP me obliga a validar la aplicación y calificar la infraestructura, y yo lo convierto en requisito de diseño. Public Health

2. Movimiento innecesario de información. Cada vez que un dato se transcribe, el riesgo de error y la carga de revisión crecen. Yo combato la re-digitación con interfaces definidas entre sistemas (ERP-MES-LIMS-eQMS) y con catálogos maestros que evitan divergencias de códigos o versiones. Donde no haya integración tecnológica posible en el corto plazo, impongo "pasarelas" controladas con plantillas únicas y campos obligatorios que minimicen interpretación, y establezco cuál área es dueña de cada "dato maestro".

3. Defectos y retrabajos. Los localizo en nodos de interfaz (por ejemplo, cuando especificaciones de I+D no tienen el formato que manufactura necesita). La solución rara vez es "capacitar más"; la solución es rediseñar el artefacto de transferencia para que lo que necesita la siguiente etapa ya esté contenido, validado y contextualizado.

El Mapa de Estado Futuro que yo exijo no es aspiracional: contiene límites de WIP, tiempos objetivo, roles y, si aplica, requerimientos de sistema (p. ej., "registro electrónico de producción validado para etapas X e Y con control de acceso por rol"). Ese mapa se convierte en la base de la documentación Lean (procedimientos de nivel 2 e instrucciones de trabajo de nivel 3) y en los criterios de diseño de pilotos en la Fase 4.

III. SIPOC como contrato de interfaz: una sola puerta, un solo dueño

El VSM me enseña el camino; el SIPOC me lo blinda. Para cada interfaz crítica, yo elaboro un SIPOC que cumpla dos funciones: establecer qué entra y qué sale sin ambigüedad y declarar quién es dueño de la interfaz. No tolero "pasamanos" difusos. En dispositivos, el SIPOC de "Diseño y Desarrollo" fija que el output obligatorio para manufactura es el DHF completo con trazabilidad a riesgos y requisitos, y que el input no negociable de manufactura es ese mismo artefacto, con control de versiones, firmas electrónicas válidas y evidencias anexas de verificación y validación. En farmacéutica, el SIPOC de "Control de Cambios" exige que el output hacia producción incluya evaluación de impacto sobre calificaciones (IQ/OQ/PQ), validación de limpieza y métodos analíticos, junto con la evaluación de riesgo documentada. El SIPOC no es un dibujo; es un contrato. A partir de él defino indicadores de interfaz (tiempo de tránsito, rechazos por incompletitud, retrabajo) y reglas de escalamiento. La razón es simple: la mayoría de las fallas no nacen en los procesos, nacen entre ellos. iso-9001-checklist.co.uk

IV. Trazabilidad y armonización normativa: cómo integro ISO 13485 en la práctica

La mayor parte del valor de un sistema integrado, en sectores regulados, se juega en la trazabilidad. En ISO 13485 yo opero tres ejes:

1. Riesgo incrustado en el diseño. Exijo que cada etapa del diseño (inputs, outputs, verificación, validación, cambios) deje su huella en el DHF con referencias explícitas a la evaluación de riesgos según ISO 14971. No me basta con "hacer FMEA de producto"; pido trazabilidad desde requisitos hasta controles, y de allí a planes de prueba. El DHF que no demuestre esa línea argumental pone a la organización en desventaja ante cualquier auditoría de diseño. ISO

2. Producción con controles derivados del riesgo. En el DMR yo documento que los parámetros de proceso, los criterios de aceptación y los puntos de prueba vienen de la evaluación de riesgos. Si un riesgo fue clasificado con severidad alta, los controles de proceso deben ser robustos (capacidad estadística, inspecciones automáticas, poka-yoke) y la frecuencia de verificación debe ser proporcional. Esta "descendencia" del control desde el riesgo evita controles decorativos y concentra esfuerzos donde el impacto es mayor.

3. CAPA que retroalimenta el riesgo. Cuando ocurre una falla, mi premisa metodológica es que la Ocurrencia estimada en el FMEA estaba mal. Por tanto, cada CAPA efectiva debe forzar una actualización del FMEA y, si corresponde, de los planes de control y de verificación/validación. Este "ciclo cerrado" evita que el FMEA envejezca y extiende la mejora desde lo reactivo a lo preventivo. En sectores con QSR (21 CFR 820), esta lógica ayuda

a sostener coherencia entre CAPA, diseño y
producción. ecfr.gov+1

La integración normativa no se agota en producto. ISO
13485, en su cláusula 4.1.6, exige validar el software usado
en el sistema de calidad; yo incorporo ese requisito a la
arquitectura de procesos cuando un flujo depende de
sistemas computarizados (eQMS, EBR, LIMS, MES). La
validación es proporcional al riesgo y documenta que la
aplicación hace lo que debe y que la infraestructura que la
soporta está calificada. Esto no es un tecnicismo: reduce el
riesgo de detección tardía y refuerza ALCOA+ al eliminar
re-ingresos, atajos y cambios sin control. greenlight.guru+1

V. Arquitectura documental Lean y modular: lo necesario,
donde corresponde

Yo rechazo el "manualismo". La documentación tiene que
ser fácil de usar y difícil de refutar. Para lograrlo, diseño una
arquitectura en tres niveles:

Nivel 1: Manual de calidad. Es estratégico. Define políticas,
contexto, liderazgo, roles, y remite a procesos. No repite la
norma ni se vuelve un compendio de procedimientos; sirve
para alinear y orientar auditorías.

Nivel 2: Procedimientos transfuncionales. Aquí vive el flujo
de valor y las interfaces. Por ejemplo: "Interfaz I+D–
Manufactura", "Control de Cambios", "Gestión de
Proveedores por Riesgo", "Gestión de Documentos y
Registros", "Integridad de Datos y ALCOA+". Cada
procedimiento referencia su SIPOC, sus entradas/salidas y
sus reglas de escalamiento.

Nivel 3: Instrucciones de trabajo. Son específicas de puesto,
concisas y visuales. Explican el "cómo" con precisión y
estandarizan los pasos críticos que garantizan seguridad,
calidad y cumplimiento. Yo penalizo la longitud por defecto;

si una instrucción no se puede entrenar y ejecutar, se rediseña.

Con esta modularidad reduzco duplicidades, facilito el mantenimiento de versiones y favorezco la adopción. Además, al incrustar el SIPOC en el nivel 2, hago explícito que la calidad no se defiende en un escritorio: se defiende en la interfaz.

VI. Integridad de datos como "tejido conectivo" de la integración

Toda integración se derrumba si el dato no es confiable. Yo diseño la fase con ALCOA+ como regla transversal: atribuible, legible, contemporáneo, original y exacto; completo, consistente, perdurable y disponible. En procesos que migran de papel a electrónico, aplico expectativas del Anexo 11 y guías de data integrity GxP (p. ej., MHRA) para definir controles de acceso, auditoría de trails, segregación de funciones, respaldos y pruebas de restauración. Esto eleva la D (Detección) de mi RPN en procesos críticos y, por tanto, reduce la criticidad agregada del sistema. No es solo cumplimiento: es capacidad de ver rápido, decidir mejor y demostrar sin fisuras. Public Health+2assets.publishing.service.gov.uk+2

VII. Gobierno de datos y sistemas: integrar sin perder el control

En organizaciones con múltiples sistemas (ERP, MES, LIMS, eQMS), la integración implica gobernar datos maestros, catálogos y versiones. Yo establezco un diccionario de datos crítico para calidad: definiciones de lote, estado de control, códigos de material, estados de cambio, niveles de entrenamiento. Defino "la fuente de la verdad" para cada entidad y asigno custodios. Cuando una integración técnica no es factible a corto plazo, estandarizo formatos de intercambio con campos obligatorios, validaciones de integridad y reconciliaciones periódicas.

Exijo trazabilidad entre identificadores de sistemas para poder reconstruir historias (p. ej., qué lote del ERP corresponde a qué DHR y a qué registro de laboratorio). Y, si un sistema reemplaza a otro, aplico gestión de cambios con validación documental y técnica proporcional al riesgo, porque un reemplazo sin gobierno puede introducir fallas encubiertas que aparecerán tarde, y mal. Public Health

VIII. Empoderamiento de dueños de proceso y liderazgo de interfaz

La integración técnica fracasa si no hay autoridad funcional. El dueño de proceso no es quien redacta; es quien decide y responde por KPIs. Yo entrego a cada dueño tres palancas: autoridad de cambiar el proceso dentro de fronteras pactadas; capacidad de exigir recursos de soporte (formación, TI, mantenimiento) sin escalar cada vez a la cúpula; y control de las interfaces bajo su proceso mediante los contratos de servicio establecidos en los SIPOC. Vinculo esta autoridad con responsabilidad: el dueño es "A" en la RACI-E de sus KPIs (tiempo de ciclo, defectos, rechazos de interfaz, efectividad de CAPA) y comparece en los foros de revisión con datos, no con opiniones. La alta dirección, por su parte, asume el patrocinio y preside decisiones de inversión y priorización cuando la severidad y el riesgo lo exigen.

IX. Gestión de la competencia por proceso: formación que sirve

Yo no entreno en "la norma"; entreno en "el proceso". Construyo una matriz de competencias por proceso que nace del SIPOC y del VSM. Para cada rol, defino habilidades técnicas (manejo de equipos, parámetros críticos, uso de sistemas validados), habilidades de calidad (registro contemporáneo, lectura de especificaciones, investigación de no conformidades) y habilidades conductuales (comunicación en interfaz, reporte sin culpa, disciplina de cambio). Esta matriz alimenta el plan de formación de la Fase 5, con entrenamientos cortos, prácticos y con evaluación de competencia. El objetivo es eliminar la brecha entre "saber" y "hacer": si el flujo cambió, el entrenamiento cambia en la semana, no en el semestre.

X. Casos aplicados: cómo se ve la integración viva

Farmacéutica, liberación de lote. El VSM mostró que la mayor parte del tiempo no valor agregado estaba en esperas por firmas y correcciones de registros. El SIPOC de liberación definió entradas no negociables de producción y de laboratorio, y asignó la interfaz a calidad. Se estandarizaron plantillas, se exigió registro contemporáneo y se implementó EBR en una línea piloto con validación proporcional. Resultado: caída de enmiendas, reducción de días de liberación y, medularmente, mejor detección temprana de desviaciones. La auditoría externa validó la solidez del cambio al verificar trazabilidad de registros y control de acceso. Public Health

Dispositivos médicos, transferencia de diseño. La revisión de DHF reveló incoherencias con el DMR y con registros de producción. Rediseñé la interfaz con un SIPOC específico y una matriz de trazabilidad requisitos-riesgos-controles-pruebas. Se unificó el repositorio con control de versiones y se validaron plantillas de documentación. En producción, planes de control derivados del FMEA ajustaron frecuencias de inspección. En posmercado, las quejas se enlazaron a riesgos y CAPA retroalimentó el FMEA. El siguiente ciclo de auditoría no reportó hallazgos en trazabilidad, y la tasa de no conformidades de campo cayó de forma sostenida. ISO

Cosméticos, control microbiológico. El VSM expuso variabilidad en limpieza y en muestreo de agua. Se integraron procesos de saneamiento, mantenimiento y análisis, con SIPOC que definió quién entrega qué, cuándo y cómo. Se estandarizaron puntos de muestreo, se digitalizaron registros críticos y se entrenó en conducta ALCOA+. Resultado: reducción de rechazos por microbiología y mejora del tiempo de respuesta analítica. El CONQ se redujo de forma medible y visible para finanzas.

Alimentos, cadena de frío. Integré logística y calidad con un SIPOC que estableció límites críticos, responsabilidades de monitoreo y reglas de desviación. Se conectaron sensores a un sistema de registro que conserva datos inalterables y accesibles, con alarmas y acciones predefinidas. El indicador de devoluciones por incumplimiento de temperatura descendió y la trazabilidad permitió defender auditorías de clientes con evidencia robusta.

XI. Indicadores de integración: cómo demuestro que el sistema se volvió uno

La integración se mide. Yo exijo indicadores adelantados y de resultado:

Adelantados: porcentaje de interfaces con SIPOC vigente; tasa de rechazos por incompletitud en la interfaz; cumplimiento de registros contemporáneos; uso efectivo de plantillas únicos; porcentaje de sistemas críticos con validación vigente; cobertura de entrenamiento por proceso.

Resultado: tiempo de ciclo extremo a extremo por proceso crítico (liberación, control de cambios, transferencia de diseño); tasa de defectos de primera pasada; efectividad de CAPA medida por no recurrencia; OEE con foco en calidad; reducción del CONQ vinculada a objetivos del MOC; hallazgos de auditoría por severidad en procesos integrados vs no integrados.

Mi regla es simple: si la integración no acorta tiempos, no reduce errores ni fortalece la defensa técnica, se rediseña.

XII. Diseño de pilotos y criterios de salida: implementar sin "Big Bang"

Toda integración robusta pasa por pilotos. Yo selecciono una línea, un producto o una familia, defino criterios de salida (qué evidencias me autorizan a escalar), preparo al patrocinador para comunicar resultados y protejo al equipo de "atajos" que comprometan la validez del experimento. La validación de software asociado sigue la proporción del riesgo y genera evidencia suficiente para demostrar que el cambio funciona y que los controles de integridad de datos son efectivos. Con serie de tiempo interrumpida verifico cambios de nivel y tendencia; con muestreo de casos evalúo patrones de error que hayan desaparecido. Si los criterios no se cumplen, itero; si se cumplen, escalo con un plan y fecha.

XIII. Antipatrones de integración y sus contramedidas

He detectado patrones que sabotean la integración:

1. Documentar sin rediseñar. Se reescribe el procedimiento, pero el flujo real no cambia. Contramedida: VSM obligatorio con tiempos y colas, y pilotos con criterios de salida.

2. Integrar sistemas sin gobernar datos. Se "conectan" aplicaciones, pero cada una habla un idioma. Contramedida: diccionario de datos, custodios y reconciliaciones programadas.

3. Validar software como acto aislado. Se trata la validación como proyecto de TI. Contramedida: incorporación de 4.1.6 de ISO 13485 y Anexo 11 al diseño del proceso y a la matriz de riesgos. greenlight.guru+1

4. Mantener firmas en serie por inercia cultural. Contramedida: rediseñar aprobación con

paralelización y criterios de revisión por rol; medir tiempo de espera y rechazos.

5. Entrenar por norma, no por proceso. Contramedida: matriz de competencias por proceso, con evaluación de habilidad en contexto, no en aula.

6. Dueños sin poder. Contramedida: RACI-E con autoridad explícita sobre interfaces y presupuesto de mejora.

XIV. Integración y tamaño organizacional: pyme vs corporativo

En pymes reguladas, la integración se acelera porque las cadenas son más cortas, pero el riesgo es la dependencia de personas clave. Yo diseño procedimientos de nivel 2 que absorben conocimiento tácito y estandarizan la interfaz, y entreno backups para roles críticos. La validación de sistemas suele ser selectiva por presupuesto; aplico proporcionalidad de riesgo para decidir qué digitalizar primero (p. ej., registros que generan más enmiendas o que sostienen defensa regulatoria).

En corporativos multisede, el desafío es la coherencia. Yo defino un núcleo corporativo (políticas, arquitectura mínima, plantillas de interfaz, catálogos) y otorgo autonomía controlada a sitios para adaptar flujos, siempre que conserven trazabilidad, métricas y controles clave. La auditoría interna se apoya en ISO 19011 y se guía por riesgo para verificar convergencia de prácticas y resultados; cuando detecto divergencias que no dañan el objetivo, las documento como variantes aceptadas; cuando dañan, inicio un proyecto de armonización con patrocinio ejecutivo. ISO

XV. Entregables y criterios de salida de la Fase 3

Yo no doy por concluida la Fase 3 hasta producir y aprobar, al menos, estos artefactos:

1. VSM de estado actual y estado futuro para cada proceso crítico priorizado.

2. SIPOC de cada interfaz crítica, con dueño de interfaz, entradas/salidas no negociables e indicadores.

3. Procedimientos de nivel 2 y las instrucciones de trabajo de nivel 3 actualizados al estado futuro.

4. Matriz de trazabilidad DHF-riesgos-controles-pruebas (en dispositivos) y evidencias de que el DMR refleja controles derivados del FMEA; en farmacéutica, evidencias de que control de cambios integra calificaciones/validaciones.

5. Plan de validación/qualificación para sistemas computarizados involucrados (según 4.1.6 e ISO/UE-GMP Anexo 11), con estado de ejecución y desviaciones cerradas. greenlight.guru+1

6. Matriz de competencias por proceso, con brechas identificadas y plan de formación enlazado a la Fase 5.

7. Plan de piloto(s) con criterios de salida, métricas y fechas.

Los criterios de salida incluyen evidencia de reducción de lead time, disminución de rechazos de interfaz, mejora de detección (ALCOA+ en operación) y robustez de defensa documental ante auditoría simulada.

XVI. Lo que cambia cuando integro: del cumplimiento a la ventaja

Cuando la integración se logra, la calidad deja de ser un departamento y se convierte en el modo de operar. Los equipos ya no "piden" información a otra área; la reciben con formato, completitud y oportunidad establecidos. La liberación no es lotería; es disciplina visible. Las auditorías dejan de ser cacerías; son confirmaciones de un relato coherente. Y la dirección deja de escuchar "hay que cumplir" y empieza a escuchar "vamos a ganar X días, a reducir Y desviaciones y a evitar Z costos". Eso, para mí, es la señal inequívoca de que la Fase 3 hizo su trabajo: convirtió intención estratégica en arquitectura de valor.

La integración bajo normas ISO no es una moda. Es una necesidad técnica, una obligación regulatoria y, sobre todo, una oportunidad de operar con menos fricción y más resiliencia. ISO 9001 me da el andamiaje del enfoque basado en procesos; ISO 13485 me exige trazabilidad a lo largo del ciclo de vida; ISO 14971 me da el lenguaje del riesgo; las guías de integridad de datos y el Anexo 11 me fijan el listón para sistemas computarizados. Yo tomo ese corpus y lo hago caminar: mapas, contratos de interfaz, documentos que sirven, dueños empoderados, datos íntegros, pilotos que convencen y métricas que prueban. En ese momento, la integración deja de ser un concepto y se convierte en la forma natural de hacer las cosas bien, a la primera, con evidencia que resiste cualquier auditoría.

5.2. Roles, responsabilidades y formación técnica del equipo

La Fase 3: Unificación de Procesos y Personas es la etapa metodológica del Sistema EQUIPAR que yo he diseñado para transformar el diseño de procesos *lean* (Punto 5.1) en una estructura de liderazgo y competencia que pueda sostener la arquitectura anti-silo del SGC. Yo sostengo que la integración técnica de procesos fracasa invariablemente si no se acompaña de una redefinición de roles y responsabilidades que elimine la ambigüedad y empodere a los líderes de proceso. Este enfoque es una evolución aplicada de los requisitos de la ISO 9001:2015 (Cláusula 5.3: Roles, responsabilidades y autoridades) y la ISO 13485:2016 (Cláusula 6.2: Recursos humanos), transformando el requisito de "asignar" en un protocolo de empoderamiento y formación causal.

Mi metodología se enfoca en tres pilares interconectados que aseguran que el factor humano se alinee con la arquitectura de procesos: **I. La Redefinición de Roles de Gobernanza y Operación, II. La Matriz de Responsabilidad Transfuncional (RACI-T), y III. El Diseño de la Formación Causal y la Matriz de Competencia por Proceso.**

I. La Redefinición de Roles de Gobernanza y Operación

El SGC tradicional define roles de manera jerárquica (Gerente de Calidad, Director de Operaciones). Yo, a través de EQUIPAR, exijo una redefinición que se enfoque en el **flujo de valor** y la **gobernanza del riesgo**, creando un equipo con responsabilidades transversales:

A. El Comité de Calidad Estratégica (CCE): Este rol de gobernanza es el garante de la **GBRE (Gobernanza Basada en el Riesgo Estratégico).**

- **Responsabilidad Primaria (RACI: A):** Garantizar la **Alineación Estratégica** y la asignación de recursos. El CCE es el **Dueño Fiduciario** de la **Matriz de Objetivos de Calidad (MOC)** (Punto 4.1).

- **Composición:** Alta Dirección (Director General, COO, CFO) y el Gerente de Calidad.

- **Función en la Fase 3:** Aprobar la **Arquitectura Anti-Silo** y la asignación de **Dueños de Proceso**, asegurando que la estructura diseñada mitigue los riesgos estratégicos de mayor RPN identificados en la Fase 1.

B. El Dueño de Proceso (Proceso Owner - PO): Este es el rol operativo más crítico en el diseño *lean* de EQUIPAR.

- **Responsabilidad Primaria (RACI: A):** Garantizar la **eficacia operativa** y la **conformidad regulatoria** de su proceso. El PO es responsable de la **tasa de defectos, el *lead time* y la efectividad del CAPA** de su proceso.

- **Empoderamiento Transfuncional:** Yo exijo que el PO tenga la **autoridad fiduciaria y funcional** para tomar decisiones que afecten el *input* y el *output* de otros departamentos. Por ejemplo, el PO de Manufactura tiene la autoridad para devolver especificaciones de diseño ambiguas a I+D, sin necesidad de escalar a la Alta Dirección. Este empoderamiento es vital para desmantelar los silos (Punto 5.1).

- **Función en la Fase 3:** Liderar el **Mapeo del Flujo de Valor (VSM)** y el diseño del **SIPOC** de su proceso, siendo el "R" para la implementación del diseño *lean* de la Fase 3.

C. Los Embajadores de Calidad (Agentes de Cambio): Este rol es la columna vertebral de la **Alineación Humana** de EQUIPAR (Fase 5).

- **Responsabilidad Primaria (RACI: C/I):** Multiplicar la cultura de calidad y gestionar la resistencia al cambio. Estos individuos son los **líderes informales** en la línea de operación.

- **Función en la Fase 3:** Participar como **expertos técnicos** en la validación del diseño de los nuevos procedimientos (los cuales deben ser *lean* y funcionales) antes de la **Implementación Iterativa** (Fase 4). Su *input* garantiza que la documentación sea usable y minimiza la resistencia en la línea de operación.

II. La Matriz de Responsabilidad Transfuncional (RACI-T)

La ambigüedad en la responsabilidad es el principal factor que yo identifico como generador de fallas en la Interfaz entre procesos. La Matriz de Responsabilidad Transfuncional (RACI-T) es mi artefacto metodológico de la Fase 3 que asegura que los roles redefinidos se apliquen a los puntos críticos de transferencia (los silos).

A. Diseño y Enfoque del RACI-T en la Interfaz: A diferencia de un RACI tradicional que se enfoca en las actividades, el RACI-T se enfoca en los **artefactos de transferencia** y los **Puntos Críticos de Control (PCC)** entre departamentos.

Actividad Crítica	Dpto. A (I+D)	Dpto. B (QA)	Dpto. C (Manufactura)	Consecuenci a del Fallo
Transferenc ia de DHF a DMR	**R** (Generació n)	**A** (Aprobació n final)	**C** (Recepción)	Riesgo de **Trazabilid ad Regulatori a**
Análisis de Causa Raíz (ACR) de Falla Mayor	**C** (Consulta técnica)	**A** (Garante de la metodologí a)	**R** (Implementaci ón de acción)	Riesgo de **Recurrenci a** (Baja Efectividad CAPA)
Validación de *Software* del SGC	**C** (Usuario final)	**R** (Ejecución del protocolo)	**A** (Garante del cumplimiento)	Riesgo de **Integridad de Datos**

B. La Rigidez del Rol "A" Transfuncional:

Yo insisto en que la clave de la matriz es que el rol **Accountable (A)** para cada punto de interfaz debe ser formalmente reconocido por todos los departamentos. Por ejemplo, si el SGC de la organización tiene un riesgo de **Integridad de Datos** alto (Fase 1), el RACI-T debe asignar el rol "A" al **IT/QA Director** para todas las actividades de Control de Documentos Electrónicos. Esta asignación es la prueba metodológica de que la **Unificación** ha ocurrido a nivel de la responsabilidad. La matriz se convierte en el **protocolo de rendición de cuentas anti-silo**.

III. Formación Causal y Matriz de Competencia por Proceso

La Cláusula 7.2 de la ISO exige "determinar la competencia necesaria" y "asegurar que las personas sean competentes". Yo, a través de EQUIPAR, transformo este requisito pasivo en una estrategia de Formación Causal y Sostenibilidad del Conocimiento.

A. Formación Causal y Desarrollo de Competencias Técnicas: Mi metodología exige que la formación no sea genérica, sino directamente dirigida a mitigar los riesgos y a asegurar la ejecución de los procesos *lean* diseñados en la Fase 3.

1. **Formación Basada en el Riesgo (FMEA):** El contenido de la formación debe ser priorizado por el RPN. Los empleados cuyo trabajo afecta a un riesgo de Severidad alta deben recibir formación intensiva en las Acciones de Mitigación específicas de ese riesgo.

2. **Formación en Metodologías Clave:** Yo exijo la formación técnica en herramientas que aseguren la resolución de problemas sistémicos (ACR avanzado, DMAIC de Six Sigma para Dueños de Proceso), la eficiencia (*Lean*) y la gestión del cambio (PNL/Neuro-coaching para líderes). Esta formación es el motor de la Alineación Humana (Fase 5).

B. La Matriz de Competencia por Proceso (Sostenibilidad del Conocimiento): Para garantizar la **Sostenibilidad del Conocimiento** (mitigando el riesgo de fuga de talento), yo utilizo la **Matriz de Competencia por Proceso** como un artefacto clave.

- **Estructura Causal:** La matriz correlaciona cada Paso Crítico del SIPOC con las Competencias Técnicas y Conductuales requeridas y los Roles que las necesitan.

- **Medición de la Brecha:** El *input* de esta matriz son los resultados de la Fase 1 (Madurez Cultural y Competencia). Se evalúa el nivel de competencia actual (ej. 1=Novato, 5=Experto) frente al nivel requerido. La diferencia es la Brecha de Competencia que el Plan de Formación debe cerrar.

- **Entrenamiento Cruzado y Sostenibilidad:** Yo exijo que la matriz identifique los puestos con conocimiento único y crítico (riesgo de un solo punto de fallo). El Plan de Formación debe incluir entrenamiento cruzado para asegurar que al menos dos personas sean competentes en cada paso crítico, mitigando el riesgo de rotación de personal (Riesgo Estratégico).

IV. Criterios de Salida y Preparación para la Implementación

La Fase 3, en esta subsección, culmina con la preparación del equipo humano para la **Implementación Iterativa** (Fase 4). Los criterios de salida innegociables son:

1. **Matriz RACI-T Aprobada:** La Alta Dirección ha aprobado la asignación de responsabilidades transfuncionales, eliminando la ambigüedad en las interfaces.

2. **Plan de Formación Causal y Matriz de Competencia Listos:** Se ha identificado la Brecha de Competencia y se ha diseñado el contenido de formación técnica (ACR, *Lean*), listo para ser desplegado a los Dueños de Proceso y Embajadores de Calidad.

Yo concluyo que la estructuración de roles y la formación técnica bajo EQUIPAR no es un ejercicio de recursos humanos, sino un protocolo de gestión de riesgos sistémico que garantiza que el diseño *lean* de los procesos (Punto 5.1) será implementado y sostenido por un equipo con la autoridad y la competencia causal para lograr los objetivos estratégicos de la MOC.

5.3. Sistemas de comunicación y cultura colaborativa

La **Fase 3:** Unificación de Procesos y Personas en el Sistema EQUIPAR se enfoca no solo en la arquitectura técnica *lean* (Punto 5.1) y la estructura de responsabilidad (Punto 5.2), sino también en la infraestructura social y comunicacional que asegura la operatividad de un SGC anti-silo. Yo sostengo quE los Sistemas de Comunicación y la Cultura Colaborativa no son requisitos secundarios, sino los mecanismos de sostenibilidad que transforman la documentación de calidad en un conjunto de acciones coordinadas y voluntarias. La falta de comunicación efectiva y la persistencia de silos comunicacionales son las principales causas de ambigüedad en las interfaces de proceso, un riesgo que la ISO 9001:2015 (Cláusula 7.4: Comunicación) exige gestionar.

Mi metodología EQUIPAR evoluciona el requisito de comunicación ISO al prescribir un Sistema de Comunicación Causal y Colaborativa que se enfoca en tres objetivos primarios: **I. La Desambiguación de la Interfaz (*Interface Clarity*), II. La Formalización de la Cultura de Reporte sin Culpa, y III. La Creación de Canales de Retroalimentación Estratégica Transfuncional**.

I. La Desambiguación de la Interfaz y la Comunicación del Flujo de Valor

El principal propósito de la comunicación en la Fase 3 es asegurar que todos los Dueños de Proceso y sus equipos entiendan su rol dentro del flujo de valor de extremo a extremo y, crucialmente, los artefactos de transferencia en las interfaces (Punto 5.1). La comunicación no es solo informativa; es un mecanismo de mitigación de riesgo operacional.

A. El Lenguaje del SIPOC y el VSM (Visualización de la Cadena de Valor): Yo exijo que el principal medio de comunicación en la Fase 3 sean los artefactos visuales generados en la Unificación de Procesos (Diagramas SIPOC y VSM).

1. **Comunicación del *Future State Map*:** El Mapa de Estado Futuro (diseño *lean* del VSM) debe ser comunicado a toda la organización, destacando la eliminación de los desperdicios (ej. "Gracias al nuevo proceso, hemos eliminado 4 días de espera en la aprobación de documentos"). Esto utiliza el lenguaje del valor añadido (*Lean*), motivando a los equipos de Manufactura a adoptar el nuevo proceso.

2. **Visualización de la Interfaz:** Los diagramas SIPOC se utilizan para establecer la Responsabilidad de la Interfaz. El Dueño de Proceso A debe comunicar y acordar explícitamente con el Dueño de Proceso B que su *output* cumple con los requisitos del *input* de B. Esto se facilita a través de reuniones de interfaz estructuradas (un artefacto de EQUIPAR) que fuerzan el diálogo sobre los Puntos de Control Críticos (PCC) y los criterios de aceptación de la transferencia.

B. Protocolo de Comunicación de Control de Cambios (ISO 13485:2016, Cláusula 7.5.9): En entornos regulados, el **Control de Cambios** es un proceso de alto riesgo. La comunicación en EQUIPAR se estructura para garantizar que cualquier modificación en el diseño (DHF), la manufactura (DMR) o el SGC se comunique con la rigidez requerida.

- **Canales y Audiencia Definidos:** Yo exijo que el Protocolo de Comunicación de Control de Cambios defina la audiencia exacta que debe ser informada (RACI: I) y el canal formal para cada tipo de cambio (ej. un cambio en la especificación de materia prima requiere notificación formal a Compras y a Control de Calidad).

- **Comunicación de la Justificación del Riesgo:** El mensaje de cambio debe comunicar no solo *qué* cambia, sino *por qué* cambia, utilizando el lenguaje del riesgo (ej. "El cambio en el proceso X es necesario para mitigar el RPN 300 de falla de lote"). Esto integra la Gobernanza Basada en el Riesgo Estratégico (GBRE) en la comunicación diaria, asegurando que el personal entienda la causalidad detrás de la acción.

II. La Formalización de la Cultura de Reporte sin Culpa y la Participación (Base para Fase 5)

La cultura colaborativa es la voluntad colectiva de compartir información crítica, especialmente errores e incidentes, a través de los silos. La Fase 3 comienza a construir los cimientos de la Alineación Humana (Punto 2.4) para la Fase 5, enfocándose en la transparencia.

A. Creación de Canales de Reporte Proactivo (*Near-Misses*): Yo exijo la creación de un Sistema de Reporte Proactivo (*Near-Misses*) que sea un canal de comunicación directo, fácil de usar y anónimo para los operarios.

1. **Detección Temprana:** Los *near-misses* (casi-fallas) son incidentes de baja Severidad, pero de alta Ocurrencia potencial. La comunicación proactiva de estos incidentes es el **mejor indicador *lead* de la salud del SGC.**

2. **Mitigación del Riesgo Cultural:** Yo utilizo la comunicación para mitigar el **Riesgo Cultural de Castigo.** El sistema de reporte debe comunicar explícitamente la **política de no sanción** (*blame-free policy*) para el reporte voluntario de fallas que

no hayan resultado en daño. Esto asegura que el miedo no frene la comunicación de información crítica.

3. **Trazabilidad a la Mejora:** Cada reporte proactivo debe tener una **respuesta rápida y visible** (comunicación de *feedback*). Si un operario reporta una casi-falla, debe ver en el *dashboard* de su área que su reporte ha generado una **Acción Preventiva** (AP) o una **Alerta de Riesgo** que se incorpora al FMEA. Esto valida la comunicación y fomenta la participación.

B. Los Encuentros Diarios de Calidad (*Daily Huddles*): La cultura colaborativa se construye con la disciplina de la comunicación diaria. Yo prescribo el uso de **Encuentros Diarios de Calidad (*Daily Huddles*)** en el piso de producción y en las reuniones de Dueños de Proceso.

- **Foco en el Desempeño y la Interfaz:** Estas reuniones son cortas, de pie, y se centran en revisar los KPIs del día anterior y los **puntos de transferencia de la interfaz SIPOC** (ej. "¿El *input* de Diseño recibido fue conforme?").

- **Transparencia Inmediata:** La comunicación en estos encuentros debe ser **transparente e inmediata**, permitiendo que las desviaciones sean identificadas antes de que se conviertan en no conformidades mayores. Esto es la aplicación de los principios **Ágiles** (retroalimentación rápida) a la disciplina de la comunicación.

III. Canales de Retroalimentación Estratégica Transfuncional

La comunicación no es unidireccional. La madurez del SGC (y la Fase 3) exige la formalización de canales de

retroalimentación transfuncional que aseguren que la voz de la operación llegue a la estrategia y viceversa.

A. *Dashboards* Técnicos y Visuales de Desempeño (Comunicación del KPI): Yo exijo la creación de **Dashboards Técnicos y Visuales** en los puntos de uso (ej. piso de manufactura, laboratorios).

1. **Comunicación del KPI Local:** Estos *dashboards* comunican los **KPIs locales** (ej. OEE, Tasa de Defectos por Línea) que son relevantes para el operario.

2. **Comunicación de la Causalidad Estratégica:** El *dashboard* debe comunicar la **conexión causal** de forma visual: mostrar cómo el alto OEE de la línea **reduce el CONC** (Riesgo Estratégico) y **garantiza el logro del Objetivo** de la Fase 2 (MOC). Esta es la aplicación del **Principio de Medición Causal** a la comunicación.

3. **Mecanismos de *Feedback* en el *Dashboard*:** Debe haber un mecanismo simple (ej. un código QR o un buzón) para que el personal de la línea de operación pueda enviar *feedback* sobre la usabilidad del procedimiento o del *dashboard* mismo.

B. Foros de Coordinación Transfuncional (Reuniones de Interfaz): La comunicación formal se garantiza a través de **Foros de Coordinación Transfuncional** programados y con un propósito fijo.

- **Foco en la Mejora Continua:** Estas reuniones (ej. mensuales o bimensuales) reúnen a los **Dueños de Proceso** de la cadena de valor (I+D, Producción, Logística, Calidad) para revisar los **Indicadores de Interfaz** (ej. número de rechazos de *input* por ambigüedad).

- **Propósito Estratégico:** El objetivo no es asignar culpas, sino generar **Planes de Acción Preventiva (AP)** que aborden las fallas de la interfaz (un riesgo de alto RPN) y que se documenten como **Lecciones Aprendidas** que alimentan la **Formación Causal** de la Fase 5.

Yo concluyo que los Sistemas de Comunicación y Cultura Colaborativa en la Fase 3 de EQUIPAR son la infraestructura social que sostiene la arquitectura técnica. Al prescribir la comunicación visual, el lenguaje causal, el reporte proactivo sin culpa y los foros transfuncionales, mi metodología garantiza que el SGC diseñado sea adoptado por la organización, mitigando el riesgo de silos y asegurando que la calidad sea una responsabilidad compartida, transparente y voluntaria.

5.4. Gestión del cambio en entornos industriales regulados

Elevo la Gestión del Cambio desde una práctica aislada de recursos humanos a un protocolo de mitigación de riesgo sistémico, integrado al diseño y operación del Sistema de Gestión de la Calidad (SGC). En industrias reguladas, el cambio no es una opción táctica, es un vector de riesgo que debe planificarse, ejecutarse y verificarse con el mismo rigor que un proceso crítico de manufactura o un estudio de validación. La norma ISO 9001:2015 exige la planificación de los cambios en el sistema (cláusula 6.3) y la preservación de la integridad del SGC durante su ejecución; la ISO 13485:2016 demanda controlar las modificaciones del diseño y de los procesos a lo largo del ciclo de vida; el marco ICH Q10, a su vez, sitúa al sistema de gestión de cambios como elemento estructural del sistema farmacéutico de calidad, atravesando todo el ciclo de vida; y la regulación estadounidense para dispositivos médicos obliga a establecer procedimientos para cambios de diseño y de producción antes de su implementación. Estas exigencias convergen en una idea rectora: la gestión del cambio es, en su esencia, gestión de riesgo y de conocimiento aplicada a la continuidad y a la conformidad. European Medicines Agency (EMA)+4fisip.unpatti.ac.id+4isms.online+4

Sostengo que la resistencia al cambio que observo en el piso de planta no es un defecto de las personas, sino la consecuencia previsible de metodologías incompletas que no transforman la intención normativa en procesos verificables, trazables y medibles. En EQUIPAR, la Gestión del Cambio se ancla en tres ejes metodológicos que detallo y operacionalizo: I) análisis de impacto y mitigación de la resistencia, II) gestión del cambio como herramienta de gobernanza y control regulatorio, y III) coaching y liderazgo de servicio como mecanismo de modelado conductual. Los tres ejes están diseñados para proteger explícitamente la integridad del sistema frente a los riesgos estratégicos, regulatorios y operacionales identificados en la Fase 1 y priorizados en la Matriz de Riesgo.

I. Análisis de impacto y mitigación de la resistencia

Inicio toda gestión del cambio con un diagnóstico estructurado de impacto, que mapea, para cada proceso crítico rediseñado, qué cambia en el trabajo real de las personas, en la distribución de autoridad y en los flujos de información. Llamo a este ejercicio P2P (Process-to-Position), porque vincula el flujo de valor diseñado en 5.1 con los roles y competencias reales.

A. Análisis P2P: de la tarea al rol

1. Impacto en tareas. Identifico tareas que desaparecen por simplificación lean, tareas que cambian por estandarización y tareas nuevas que emergen por la adopción de tecnologías o prácticas de aseguramiento, como el uso de un sistema electrónico de gestión de calidad validado conforme a los principios de integridad de datos. Este inventario de tareas es el insumo directo de la Matriz de Competencia por Proceso y evita la formación genérica, ineficaz y costosa.

2. Impacto en la colaboración. En entornos de silo, el rediseño de interfaces redistribuye control y responsabilidad. Anticipo focos de resistencia allí donde un gerente pierde control exclusivo de un tramo del proceso y donde un dueño de proceso asume autoridad transfuncional. No lo interpreto como problema personal: lo trato como riesgo cultural, de Ocurrencia alta, que debe mitigarse con mecanismos de participación y con acuerdos explícitos de interfaz.

3. Impacto en tecnología y datos. Cuando el diseño incorporará software o automatización (por ejemplo, control electrónico de documentos o liberación electrónica de lotes), evalúo el impacto en integridad de datos con el prisma ALCOA+: atribuido, legible, contemporáneo, original, exacto, completo, consistente, perdurable y disponible. Esto asegura que el cambio no introduzca vulnerabilidades regulatorias y define requisitos de validación y de gobierno de datos desde el principio. GOV.UK+2U.S. Food and Drug Administration+2

B. Preparación del terreno humano: consciencia y deseo

Adopto y adapto el modelo ADKAR a la realidad regulada. Operativizo la consciencia vinculando explícitamente el cambio con el riesgo fiduciario (continuidad, reputación, costo de la no calidad) y traduzco ese riesgo al lenguaje de cada nivel organizacional. Trabajo la voluntad de cambio con el liderazgo de servicio, no con coerción. En mi experiencia, cuando el personal comprende por qué una modificación reduce un RPN crítico, y observa a su gerente remover barreras de ejecución, la aceptación aumenta y el cinismo disminuye. prosci.com+2prosci.com+2

C. Técnicas de mitigación: lenguaje causal y aprendizaje seguro

Uso el encuadre positivo de manera deliberada: planteo el cambio en términos de beneficio operativo individual y de seguridad del producto, no como imposición. Establezco, como regla de oro, el reporte sin culpa durante los pilotos: la desviación se procesa como aprendizaje controlado y se integra al ACR. Esta pauta traslada el cambio del terreno de la amenaza al terreno del dominio profesional, desalienta el ocultamiento de errores y mejora la calidad de la información para afinar el diseño antes de escalar.

II. La gestión del cambio como herramienta de gobernanza y control regulatorio

En industrias reguladas, gestionar el cambio sin integrarlo al control regulatorio es crear deuda de cumplimiento. Por eso alineo el plan de gestión del cambio con el sistema de control de cambios del SGC, con el sistema de riesgos y con los requisitos documentales aplicables.

A. Marco normativo operativizado

1. Planificación de cambios del SGC. Los cambios al sistema deben planificarse, evaluando propósito, consecuencias, integridad del SGC, recursos y responsabilidades. Mi práctica convierte esta exigencia en un expediente de cambio con campos obligatorios: propósito, vínculo con riesgo estratégico, evaluación de impacto, evidencia de recursos, análisis de integridad, criterios de éxito y plan de reversión. La inclusión sistemática de criterios de éxito y de rollback reduce el riesgo de parálisis o de convivencia indeseada entre versiones. fisip.unpatti.ac.id

2. Cambios en el diseño de dispositivos y en la producción. Cuando el alcance incluye dispositivos médicos, aplico estrictamente los requisitos de control de cambios de diseño y de proceso: identificación, documentación, verificación/validación, revisión y aprobación antes de implementación; verificación/validación de cambios de proceso y su aprobación conforme a control de documentos. Este encuadre evita improvisaciones, protege a la organización frente a hallazgos de auditoría y crea una huella documental que soporta reclamaciones, inspecciones y mercado global. ecfr.gov+2ecfr.gov+2

189

3. Cambios al QMS en ISO 13485. Además, cualquier modificación de procesos del sistema de calidad debe ser evaluada por su impacto en el propio QMS y en los productos, y controlada bajo los requisitos de la norma. Esto incluye la validación de software usado en el sistema antes de su primer uso y tras cada cambio, una exigencia frecuentemente subestimada que, si se descuida, compromete la trazabilidad y la integridad de registros. dms.csoftintl.com

4. Sistema de gestión de cambios en ICH Q10. En el ámbito farmacéutico, trabajo bajo el principio de que el sistema de gestión de cambios atraviesa todo el ciclo de vida del producto, habilita la mejora continua y debe apoyarse en gestión de riesgos de calidad para graduar el nivel de formalidad según el riesgo. Este principio evita la burocracia indiscriminada y concentra energía en lo materialmente riesgoso. European Medicines Agency (EMA)+1

5. Integración con EU GMP. Si fabrico medicamentos bajo GMP europeos, incorporo las expectativas del sistema de calidad farmacéutico del Capítulo 1 y la visión de ciclo de vida de Annex 15: planificación, roles y responsabilidades, estrategia de validación, control del cambio y gestión de desviaciones asociados a la calificación y validación. Esta integración preserva coherencia entre control de cambios, validación continua y liberación. Public Health+1

B. Clasificación y gobierno del cambio

Instituyo una clasificación por impacto: cambios de alto, medio y bajo impacto. Los de alto impacto —p. ej., modificaciones que afectan especificaciones críticas, métodos validados, software del QMS, trazabilidad o integridad de datos— requieren aprobación del Comité de Control de Cambios con presencia de la Alta Dirección, análisis de riesgos formal con herramientas adecuadas (FMEA, HACCP, HAZOP, según aplique), verificación/validación pre-implementación y criterios de salida medibles. Los de bajo impacto se gestionan por vía rápida, manteniendo trazabilidad y evidencia de evaluación de riesgo proporcional.

C. Artefactos de control y trazabilidad

Cada cambio se documenta en un expediente con: identificación única, vínculo explícito a la Matriz de Riesgo de la Fase 1, criterios de aceptación, plan de verificación/validación, plan de formación, plan de comunicación, evaluación de integridad del SGC, decisiones de gobierno, y evidencia de cierre. En dispositivos médicos, se asegura la consistencia con el DHF/DMR, y en farmacéutica la consistencia con el expediente regulatorio y con la estrategia de control. Cualquier CAPA derivada realimenta el FMEA correspondiente; si ocurrió una falla, la Ocurrencia del FMEA estaba infravalorada y debe corregirse. Este bucle evita que la gestión del cambio quede desconectada de la gestión de riesgos. ecfr.gov

III. Integridad de datos como condición habilitante del cambio

Considero que un cambio que debilite la integridad de datos es inaceptable por definición. Por ello, incorporo ALCOA+ como criterio de diseño y verificación del cambio, y exijo trazabilidad del dato a lo largo de su ciclo de vida.

A. ALCOA+ como requisitos de aceptación

Exijo que toda solución tecnológica o documental cumpla con que los datos sean atribuibles, legibles, contemporáneos, originales y exactos, y además completos, consistentes, perdurables y disponibles. En el caso de sistemas informatizados, requiero validación proporcional al riesgo, control de acceso, auditoría técnica, gestión de firmas electrónicas, back-up y restauración probada, y aseguramiento de que la migración de datos conserva la historia y no rompe la cadena de custodia. Estas exigencias no son preferencias: son expectativas regulatorias explícitas en guías de la FDA, MHRA, OMS y PIC/S, que vinculan directamente integridad de datos y conformidad GxP. picscheme.org+3U.S. Food and Drug Administration+3GOV.UK+3

B. Gobierno del dato y dueño de proceso

Asigno el concepto de "dueño del dato" ligado al dueño de proceso. Esto asegura responsabilidad por la calidad del dato desde su generación hasta su archivo/recuperación y evita vacíos de custodia en la interfaz. La matriz de gobierno del dato establece quién puede crear, revisar, aprobar, modificar y recuperar datos, con segregación de funciones donde sea necesaria. Este diseño minimiza hallazgos de auditoría sobre accesos genéricos, registros retrospectivos y manipulación no controlada.

C. Trazabilidad del cambio sobre el dato

Todo cambio que afecte al dato —definition of record, flujo de captura, formato, firma, archivo— debe demostrar que preserva ALCOA+ y que no introduce vulnerabilidades. El criterio de salida de un cambio con impacto en datos incluye evidencia de que la solución es capaz de reconstruir el historial de ediciones y decisiones, que la información es recuperable durante el periodo de retención, y que la disponibilidad persiste bajo condiciones de contingencia razonables. Organización Mundial de la Salud

IV. Del manifiesto a la práctica: protocolo de ejecución del cambio

Opero la gestión del cambio como una secuencia controlada y medible que convierte el plan en resultados y aprendizaje.

A. Diseño del cambio y criterios de éxito

Defino la hipótesis causal: qué riesgo mitigará el cambio, cómo se manifestará la mejora en KPIs y qué evidencia demostrará causalmente el efecto. Establezco criterios de salida cuantitativos antes de iniciar: reducción de RPN por disminución de O y D documentada en FMEA; reducción del tiempo de ciclo del proceso; reducción del CONQ; aumento de efectividad de CAPA; ausencia de desviaciones de repetición durante un periodo definido; cumplimiento de requisitos regulatorios verificado por auditoría interna.

B. Pilotaje y escalamiento iterativo

No despliego a gran escala un cambio que no ha pasado por piloto. El piloto se ejecuta en un área representativa, con formación específica y with coaching on the floor. Se capturan desviaciones, se corrigen los artefactos y se repite hasta cumplir criterios de salida. El piloto exitoso se convierte en plantilla de escalamiento y en caso de negocio para inversión plena. Al replicar, mantengo la disciplina de verificación y evito la tentación de suponer que lo que funcionó en un área se replicará sin adaptación.

C. Formación y habilitación

La formación no se mide por asistencia, sino por competencia. Aplico evaluación de competencia en contexto y refuerzo con checklists de desempeño en puesto. La habilidad se construye sobre práctica acompañada por embajadores de calidad, que actúan como multiplicadores y primer punto de soporte. En tecnología, complemento con guías de uso centradas en tarea, microcontenidos y mecanismos de soporte just-in-time.

D. Comunicación causal

Diseño mensajes segmentados: para la Alta Dirección, el cambio se comunica en términos de riesgo mitigado, protección de márgenes, resiliencia y cumplimiento; para mandos medios, en términos de eficiencia, simplificación y alivio de cuellos de botella; para la línea de operación, en términos de claridad, seguridad y reconocimiento. Esta segmentación evita ruido y aumenta la relevancia percibida.

E. Verificación y cierre

Verifico contra los criterios de salida predefinidos. Si no se cumplen, el cambio no se cierra: se corrige o se revierte. Si se cumplen, formalizo el cierre con actualización de documentos maestros, entrenamiento residual, actualización de FMEAs asociados, y, si aplica, actualización de expedientes regulatorios. La disciplina de cierre es tan importante como la disciplina de diseño: evita que convivan procedimientos obsoletos con nuevos y que la organización opere con ambigüedad.

V. Medición de la adopción y del valor

No basta con que el cambio "se haya hecho"; debo demostrar que funciona, que se sostiene y que aporta valor estratégico. Por eso mido adopción, desempeño y causalidad.

A. Adopción

1. Utilización. Porcentaje de usuarios que utilizan el nuevo proceso/sistema frente al total esperado, frecuencia de uso, cobertura por turno/área.

2. Competencia. Porcentaje de usuarios que alcanzan el nivel de competencia definido, tiempos para la competencia, errores por aprendizaje.

3. Cumplimiento. Incidencia de desviaciones relacionadas con el cambio, hallazgos en auditorías internas, cumplimiento de registros.

B. Desempeño operativo y de calidad

1. Efectividad del CAPA. No me interesa el cierre administrativo, sino la no recurrencia. Mido la tasa de no recurrencia a horizonte definido y la "vida media" de las causas raíz.

2. OEE y tiempo de ciclo. Mido el componente de calidad del OEE y el tiempo de ciclo de procesos clave antes y después del cambio.

3. Costo de la no calidad. Cuantifico el CONQ y lo vinculo al cambio: scrap, retrabajo, garantías, devoluciones, horas extras, inspecciones adicionales. La reducción del CONQ valida financieramente la inversión en el cambio.

C. Validación causal

Para evitar confundir mejoría natural con efecto del cambio, incorporo análisis de series de tiempo interrumpidas o modelos de regresión adecuados, con controles por estacionalidad y tendencias. Esta verificación estadística no es un lujo académico: es la forma más honesta de convencer a la Alta Dirección y de aprender qué tipo de cambios producen resultados y cuáles solo desplazan problemas.

D. Revisión por la Dirección

Llevo estos resultados al foro de revisión por la dirección, con enfoque de riesgo, como exige la ISO 9001 y recomienda ICH Q10. La discusión se centra en la eficacia de la mitigación, en la reasignación de recursos y en la cartera de cambios por venir, manteniendo vivo el vínculo entre estrategia, riesgo y operación. European Medicines Agency (EMA)

VI. Casuística aplicada y lecciones operativas

Aporto tres escenarios típicos, representativos de mis
implementaciones, que condensan dificultades y
soluciones:

A. Dispositivo médico: cambio en proceso de esterilización
por actualización tecnológica

El riesgo estratégico identificado fue la dependencia de un
tercero con variabilidad de plazos, y el riesgo regulatorio, la
robustez de validación. Clasifiqué el cambio como de alto
impacto. Antes de implementar, ejecuté
verificación/validación, califiqué equipos y establecí control
de cambios conforme a 820.70 y 7.3.9, con evidencia de
aprobación previa. Implementé piloto, medí tiempos de
ciclo y registré datos bajo ALCOA+. El éxito no se declaró
por lograr "poner a producir" el nuevo proceso, sino por
demostrar trazabilidad completa, ausencia de desviaciones
críticas en tres lotes consecutivos y mejora en lead time de
liberación con evidencia de reducción de variabilidad.
ecfr.gov+1

B. Farmacéutica: cambio de control documental en papel a
sistema electrónico

El riesgo mayor era de integridad de datos y de coexistencia
de versiones. Clasifiqué como de alto impacto. Incorporé
requisitos ALCOA+, validación de software proporcional al
riesgo, segregación de funciones y trazabilidad audit trail.
El piloto se hizo en un área, con rollback plan. El criterio de
salida incluyó recuperación de registros, firma electrónica
conforme a política, y prueba de restauración de backup.
Los hallazgos del piloto ajustaron formación y reglas de
nomenclatura. La verificación final incluyó auditoría
interna focalizada. Resultado: adopción medible,
disminución de tiempos de aprobación y reducción de
errores de transcripción. U.S. Food and Drug
Administration

C. Alimentos/cosmético: cambio de proveedores de material primario por riesgo de continuidad

El análisis de riesgo priorizó continuidad y cumplimiento de especificaciones. El cambio exigió homologación acelerada, acuerdos de calidad y verificación de etiquetado y trazabilidad. Piloté una transición escalonada, manteniendo plan de contingencia con doble fuente. El criterio de salida incluyó desempeño de proveedores en especificación, estabilidad de proceso y ausencia de desviaciones mayores. La diferencia clave fue el gobierno: el patrocinador financiero asumió la "A" en RACI-E, lo que evitó la tentación de bajar el listón por presión de costos de corto plazo.

Lección transversal: cuando la Alta Dirección asume formalmente la rendición de cuentas de un objetivo de negocio impactado por el cambio (por ejemplo, CONQ o continuidad), el sistema obtiene prioridad real, recursos oportunos y coherencia en decisiones.

VII. Riesgos frecuentes y salvaguardas

He identificado patrones de fallo recurrentes:

1. Acumulación de cambios. Múltiples cambios simultáneos compiten por los mismos recursos y elevan el riesgo de saturación. Solución: cartera de cambios con prioridades basadas en riesgo, ventanas de congelamiento y límites al WIP de cambios críticos.

2. Deuda de validación. Implementaciones tecnológicas sin validación suficiente. Solución: política de validación proporcional al riesgo, con evaluación pre-implementación, verificación operativa y criterios de mantenimiento poscambio. Public Health

3. Convivencia de versiones. Manuales y procedimientos antiguos permanecen accesibles. Solución: retiro controlado de documentos, bloqueo de acceso, señalización en planta, verificación de campo.

4. Formación nominal. Registros de asistencia sin competencia. Solución: evaluación de competencia, práctica supervisada, firma de aptitud, refresco según riesgo.

5. Integridad de datos débil. Cuentas genéricas, registros retrospectivos, migraciones sin plan. Solución: gobierno de datos, credenciales personales, auditoría técnica, migraciones validadas, control de cambios sobre definiciones de dato. GOV.UK

VIII. Criterios de salida de la Fase 3 con foco en gestión del cambio

No avanzo a la Fase 4 si no cumplo con:

1. Plan de Gestión del Cambio aprobado por el Comité de Control de Cambios, con clasificación de impacto, criterios de éxito y plan de rollback.

2. Evidencia de preparación humana: embajadores identificados y formados; materiales de formación y microsoporte disponibles; evaluación de competencia definida.

3. Evidencia de preparación técnica: validaciones requeridas completadas o planificadas con fechas comprometidas; documentación maestro actualizada y bloqueos contra versiones obsoletas.

4. Evidencia de preparación regulatoria: notificaciones, revalidaciones o evaluaciones de

impacto regulatorio resueltas o calendarizadas; trazabilidad ALCOA+ probada para datos críticos.

5. Señales tempranas definidas: métricas de adopción, desempeño y cumplimiento ligadas al cambio y dashboards habilitados para revisión por la dirección.

Concluyo que la Gestión del Cambio, tratada como disciplina de riesgo, gobierno y aprendizaje, es el amortiguador que hace posible transformar una arquitectura anti-silo diseñada en papel en un sistema vivo, resiliente y conforme. La clave de su eficacia es la causalidad explícita: todo cambio se justifica por riesgo, se diseña con criterios de éxito, se pilotea en pequeño, se mide con rigor y se cierra con trazabilidad. Cuando esta disciplina se internaliza, el SGC deja de ser un conjunto de prescripciones y se convierte en un sistema nervioso organizacional capaz de adaptarse sin perder memoria, de aprender sin perder control y de innovar sin perder cumplimiento.

CAPÍTULO 6

Fase 4: Implementación Iterativa e Inteligente

La Fase 4: Implementación Iterativa e Inteligente del Sistema EQUIPAR es la etapa metodológica que yo he diseñado para transformar la Arquitectura *Lean* Anti-Silo (Fase 3) en un sistema operativo funcional, mitigando el riesgo estratégico del despliegue masivo (*Big Bang*). Yo sostengo que, la ISO 9001:2015 (Cláusula 8.1, Planificación y control operacional) y la ISO 13485:2016 (Cláusula 7, Realización del producto) exigen el control de los procesos; no obstante, el marco ISO carece de una metodología de implementación de bajo riesgo que yo he integrado a través de los principios Ágiles y Lean.

Mi contribución en esta fase es la formalización de un protocolo de Implementación Iterativa que utiliza Pilotos Controlados y Pruebas de Concepto (POC) para validar los procesos críticos antes de su escalabilidad. Este enfoque garantiza la eficacia y la aceptación cultural, al tiempo que minimiza la exposición al riesgo regulatorio y el Costo de la No Calidad (CONC) generado por fallas en el diseño de implementación.

6.1. Selección de pilotos, pruebas de concepto y escalabilidad

La Selección de Pilotos, Pruebas de Concepto y Escalabilidad es el proceso metodológico que yo prescribo para garantizar que la implementación del SGC sea un ejercicio de aprendizaje controlado y mitigación de riesgo. Este proceso se divide en tres ejes interdependientes: I. La Selección del Piloto (Priorización basada en el RPN), II. La Ejecución de la Prueba de Concepto (Validación Funcional), y III. El Protocolo de Escalabilidad Anti-Big Bang (Expansión Controlada).

I. La Selección del Piloto (Priorización basada en el RPN)

La decisión de **dónde** y **cómo** iniciar la implementación es un ejercicio de **Gobernanza Basada en el Riesgo Estratégico (GBRE)** (Fase 1). El Piloto no se selecciona por conveniencia, sino por **criticidad** y **potencial de generación de valor temprano** (*quick win*).

A. Criterios de Selección del Proceso Crítico (Riesgo): Yo exijo que el proceso seleccionado para el Piloto cumpla con dos criterios primarios derivados de la Fase 1:

1. **Riesgo de Alta Severidad (RPN > Umbral):** El Piloto debe enfocarse en un proceso cuyo RPN es inaceptablemente alto. Por ejemplo, en la industria de dispositivos médicos, el proceso de Control de Cambios o el proceso de Análisis de Causa Raíz (ACR) son candidatos ideales, ya que un fallo en ellos tiene una alta Severidad (riesgo de *recall* o de no conformidad regulatoria mayor). La mitigación exitosa en este proceso genera el mayor valor para la Alta Dirección.

2. **Riesgo de Interfaz y Silo (Fase 3):** El Piloto debe centrarse en un proceso que involucre una Interfaz Transfuncional Crítica (ej. la transferencia de Diseño a Producción o de Calidad a Compras). El objetivo es validar la Arquitectura Anti-Silo y la Comunicación Causal (Punto 5.3) diseñada en la Fase 3, demostrando que el nuevo SIPOC y la Matriz RACI-T funcionan en la práctica.

B. Criterios de Selección del Éxito Temprano (*Quick Win*): Para asegurar la **Alineación Humana** y mitigar la **resistencia cultural** (Fase 5), el Piloto debe tener un alto potencial para generar una "victoria rápida" y visible.

1. **Potencial de Reducción del CONC (Costo de la No Calidad):** Se selecciona un proceso que, aunque crítico, muestre una oportunidad clara de reducir el **CONC**. Por ejemplo, un proceso que genera mucho retrabajo documental o *scrap* por fallas en la especificación de *input*.

2. **Liderazgo de Proceso Comprometido:** El Dueño de Proceso (**RACI: A**) de la Fase 2 debe ser un **Patrocinador Visible** y estar dispuesto a entrenarse en **Liderazgo de Servicio**. Su compromiso es una variable de éxito crítica para el Piloto.

La Selección del Piloto es el primer Punto de Decisión (*Tollgate*) de la Fase 4, donde el Comité de Calidad Estratégica (CCE) aprueba el proceso, los recursos y los KPIs de mitigación específicos para la Prueba de Concepto.

II. Ejecución de la Prueba de Concepto (POC) y Validación Funcional

La Prueba de Concepto (POC) es el método riguroso que yo prescribo para validar la funcionalidad y la eficacia del nuevo diseño *Lean* del proceso antes de su escalabilidad. La POC no es una implementación provisional; es un ejercicio controlado de validación regulatoria y operativa.

A. Diseño del Protocolo de Validación (La Metodología Iterativa): La POC se ejecuta utilizando el ciclo **Planificar-Hacer-Verificar-Actuar (PDCA)** con una cadencia **Ágil** y de retroalimentación corta (ej. 2 a 4 semanas).

1. **Planificación (*Plan*):** Definición de los **Criterios de Éxito del Piloto** (los KPIs de mitigación de riesgo específicos, ej. "Reducir la Ocurrencia del RPN a 3 en el proceso de Control de Cambios") y la asignación del **Equipo Piloto** (el Dueño de Proceso y los **Embajadores de Calidad**).

2. **Hacer (*Do*):** El equipo piloto implementa el nuevo diseño de proceso, la documentación *lean* y la formación causal (Punto 5.2) solo dentro del alcance del Piloto. Este es el momento de aplicar las **herramientas *Lean* y *Six Sigma*** (ej. un *Kaizen Blitz* en el Piloto).

3. **Verificar (*Check*):** El Dueño de Proceso monitorea los **KPIs de Mitigación de Riesgo** en tiempo real. Se utiliza un **Dashboard Técnico Visual** (Punto 6.3) para monitorear la Ocurrencia y la Detección de la falla objetivo. La verificación es una **validación funcional** que demuestra que el nuevo diseño del proceso realmente mitigó el riesgo sin crear riesgos nuevos.

4. **Actuar (*Act*):** Si se cumplen los criterios de éxito (mitigación del RPN), se documentan las **Lecciones Aprendidas** y se aprueba la escalabilidad. Si no se cumplen, se regresa al **Planificar** para **rediseñar el proceso** (el Principio de Implementación Iterativa).

B. La Trazabilidad de la POC a la Validación Regulatoria (ISO 13485:2016): En el sector de dispositivos médicos, la POC es esencial para la gestión del riesgo de **Validación de Procesos**. Yo exijo que el protocolo de la POC documente:

- **Evidencia de No Compromiso de la Conformidad:** La POC debe demostrar que la aplicación del nuevo proceso *lean* o del nuevo *software* de calidad no introdujo riesgos nuevos al producto o al cumplimiento normativo.

- **Documentación del Riesgo Residual:** El informe de la POC debe cuantificar el Riesgo Residual (el RPN después de la mitigación) y asegurar que esté por debajo del umbral de aceptabilidad del CCE.

La POC se convierte en el mecanismo de validación funcional de la Fase 4.

III. Protocolo de Escalabilidad Anti-Big Bang (Expansión Controlada)

La **Escalabilidad** es el proceso por el cual el Piloto exitoso se expande al resto de la organización. Yo diseño este protocolo para que sea inherentemente **Anti-Big Bang,** protegiendo a la organización del riesgo de fallas masivas.

A. El Despliegue en Módulos y por Etapas: La escalabilidad no ocurre de una vez, sino en **módulos secuenciales y priorizados**.

1. **Priorización por Riesgo Residual:** El siguiente módulo a implementar es el proceso con el siguiente RPN más alto en la Matriz GBRE (Fase 1). El mapa de ruta se ajusta dinámicamente en función de la **capacidad de la organización** para absorber el cambio (Fase 5) y el **riesgo residual** del SGC.

2. **Transferencia de Competencias:** El **Equipo Piloto** y los **Embajadores de Calidad** se convierten en los *coaches* **y multiplicadores** de conocimiento en el nuevo módulo. Ellos entrenan a los Dueños de Proceso y a los equipos de la siguiente etapa, lo cual es la validación de la **Formación Causal** de la Fase 5.

204

B. El Criterio de Salida de la Fase 4 (*Tollgate* de la Escalabilidad): El *tollgate* de la Fase 4 es el momento en que el Patrocinador del SGC y el CCE deciden avanzar a la escala completa. Los criterios son:

1. **Verificación de la Eficacia:** El Piloto ha demostrado una reducción sostenida del RPN y del CONC de su proceso.

2. **Validación de la Cultura:** El Piloto ha generado un aumento en el **Índice de Reporte Proactivo** y la **Disciplina Operativa** del área (Fase 5), lo que prueba que el nuevo SGC es culturalmente aceptado.

3. **Lecciones Aprendidas Documentadas:** Todas las lecciones aprendidas (ajustes al SIPOC, mejoras a la formación) han sido **integradas y documentadas** en el SGC, mitigando el riesgo de replicar fallas en la expansión.

Yo concluyo que la Implementación Iterativa e Inteligente es el protocolo que garantiza la resiliencia operativa del SGC. Al utilizar la Selección de Pilotos basada en el RPN, la Prueba de Concepto para la validación funcional, y un protocolo de Escalabilidad Anti-Big Bang, mi metodología asegura que el SGC se construya sobre cimientos probados y que la inversión en calidad genere valor real y mitigación de riesgo.

6.2. Técnicas ágiles para la implementación en calidad

La **Fase 4: Implementación Iterativa e Inteligente** es la expresión metodológica que yo he diseñado para integrar los principios de la **agilidad** y **Lean** en el marco rígido y regulado de un Sistema de Gestión de la Calidad (SGC). Yo sostengo que, en **2018**, la rigidez de las implementaciones tradicionales de SGC (el riesgo de *Big Bang*) y la lentitud del ciclo PDCA anual son riesgos estratégicos que amenazan la **resiliencia operativa** y la capacidad de la organización para competir. La **ISO 9001:2015** (Cláusula 10) exige la mejora continua, pero mi contribución metodológica reside en ofrecer el **protocolo ágil** para hacer de esa mejora un proceso rápido, de bajo riesgo y de alto valor.

Las **Técnicas Ágiles para la Implementación en Calidad** no son la adopción total de marcos como **SCRUM** o **Kanban**, sino la aplicación adaptada de sus principios (iteración, retroalimentación rápida, transparencia) a la gestión de proyectos del SGC. Mi metodología se enfoca en tres ejes interconectados: **I. La Adopción del Ciclo PDCA Ágil (*Sprints* de Calidad), II. La Gestión Visual y el *Dashboard* de Mitigación de Riesgo, y III. La Adaptación Regulatoria del *Testing* Iterativo.**

I. La Adopción del Ciclo PDCA Ágil (*Sprints* de Calidad)

El ciclo **Planificar-Hacer-Verificar-Actuar (PDCA)** es el corazón de la mejora continua (ISO 10). Mi metodología transforma el PDCA de un ciclo lento y pesado a una cadencia **ágil, focalizada y de alta frecuencia** que yo denomino *Sprints* de Calidad.

A. Diseño del *Sprint* de Calidad (Micro-Implementación): Un *Sprint* de Calidad es un periodo de tiempo corto y fijo (generalmente 2 a 4 semanas) durante el cual se implementa y valida un **módulo de proceso crítico** (el **Piloto** seleccionado en 6.1). El SGC tradicional implementa un macro-proceso en 12 meses; EQUIPAR implementa el SGC en una serie de *sprints* de 4 semanas.

1. **Enfoque en el Módulo de Proceso (El *Backlog* del SGC):** El *Sprint* se enfoca exclusivamente en la implementación y la validación funcional del nuevo diseño de un proceso (ej. el proceso de **Control de Cambios** o el proceso de **Revisión Documental**). Este módulo es la **Unidad Mínima de Valor Funcional** del SGC.

2. **Planificación (P - *Plan*):** La planificación del *Sprint* se realiza mediante la **Matriz de Objetivos de Calidad (MOC)** y el **Riesgo Priorizado (RPN)**. El equipo define las tareas para reducir el RPN del proceso seleccionado, asegurando que cada tarea de implementación esté ligada a la **mitigación de riesgo**.

3. **Hacer (D - *Do*) y la Implementación *Lean*:** La implementación dentro del *Sprint* es **focalizada y de alto contacto**. El Dueño de Proceso y los **Embajadores de Calidad** (Agentes de Cambio de la Fase 5) ejecutan el nuevo diseño de proceso *lean* (Fase 3) y la **Formación Causal** (Punto 5.2) solo en el área del Piloto.

B. Principio de Retroalimentación Rápida y Adaptación: La principal contribución de la agilidad es la **detección y corrección temprana de desvíos**.

1. **Verificar (C - *Check*):** En lugar de esperar a la auditoría interna (que puede ser semestral), la verificación se realiza al final de cada *Sprint* de Calidad. Yo prescribo el uso de **KPIs de Mitigación de Riesgo de *Lead*** para evaluar la

funcionalidad (ej. "tasa de error en el llenado del nuevo formulario de Control de Cambios"). Si la tasa de error es alta, se identifica un **fallo de la formación o del diseño** *lean*.

2. **Actuar (A - *Act*):** El equipo del Piloto utiliza el concepto de **Retrospectiva Ágil** para analizar las causas del desvío. Si el proceso falló, la acción no es castigar, sino **rediseñar el proceso** (regresar a la Fase 3) o **ajustar el contenido de la formación** (Fase 5). Esto es el **Principio de Liderazgo de Servicio** aplicado al PDCA: la falla es una fuente de aprendizaje (Fase 7).

II. La Gestión Visual y el *Dashboard* de Mitigación de Riesgo

La agilidad se fundamenta en la **transparencia**. La Implementación Iterativa exige la creación de **Herramientas de Gestión Visual** que comuniquen el **estado del riesgo y la eficacia del Piloto** en tiempo real, superando la lentitud de los reportes mensuales tradicionales.

A. El Tablero de *Sprint* del SGC (Kanban Adaptado): Yo exijo que el equipo de implementación utilice un tablero visual (Kanban adaptado) para gestionar el flujo de trabajo del Piloto. Las columnas del tablero representan el flujo de valor del proyecto de implementación:

Columna	Definición y Función en el SGC
Por Hacer	Lista de tareas del *Sprint* (ej. "Entrenar al equipo en el nuevo SIPOC", "Validar el formulario X-001").
En Progreso	Tareas que están siendo ejecutadas, con el **Dueño de Proceso** (RACI: R) asignado.
En Verificación	Tareas completadas que están siendo validadas funcionalmente (ej. "Observación del uso del nuevo proceso").
Hecho/Validado	Tareas que han cumplido los **Criterios de Éxito del Piloto** (mitigación del RPN).

Esta gestión visual asegura la **alineación transfuncional** y la **disciplina operativa** del equipo de implementación (Punto 5.2).

B. El *Dashboard* de Mitigación de Riesgo (La Transparencia del KPI): Mi contribución es la formalización del **Dashboard de Mitigación de Riesgo**. Este *dashboard* transforma el requisito de monitoreo (ISO 9) en una herramienta de **comunicación causal**.

1. **Visualización del RPN Crítico:** El *dashboard* debe mostrar el **Riesgo Inicial (RPN)** del Piloto y el **Riesgo Residual** (RPN actual) después de la implementación del *Sprint*. Esto comunica el **valor metodológico** de EQUIPAR en tiempo real (Punto 6.3).

2. **KPIs de *Lead* (Actividad) y *Lag* (Resultado):** Se visualizan los KPIs de actividad (*Lead*) que indican el progreso del *Sprint* (ej. "porcentaje de personal entrenado") junto a los KPIs de resultado (*Lag*) que miden el impacto (ej. "reducción de la Ocurrencia de la falla objetivo").

3. **El *Dashboard* como Herramienta de Gobernanza:** El *Dashboard* es el artefacto que se utiliza en los **Encuentros Diarios de Calidad** (Punto 5.3) y en el **Punto de Decisión (*Tollgate*)** de la Fase 4, asegurando que la Alta Dirección tome decisiones con **información ágil y transparente.**

III. Adaptación Regulatoria del *Testing* Iterativo

La aplicación de técnicas ágiles en la implementación del SGC requiere una consideración estricta del **riesgo regulatorio.** Yo he adaptado el concepto de *testing* iterativo para garantizar que la agilidad no comprometa la **trazabilidad** ni la **conformidad.**

A. El *Testing* Iterativo y la Validación Regulatoria (ISO 13485:2016): En entornos de alta regulación, el *testing* iterativo (la prueba de funcionalidad) debe integrarse con el proceso formal de **Validación.**

1. **Validación Controlada del *Software* del SGC:** Si el Piloto implica la implementación de un nuevo *software* de calidad (ej. un sistema de control de documentos electrónicos), el *testing* iterativo debe generar la **Evidencia Documental** (ISO 13485:2016, Cláusula 4.1.6) de que cada *sprint* de funcionalidad (ej. la funcionalidad de firma electrónica) cumple con los requisitos regulatorios de **Integridad de Datos.**

2. **Trazabilidad del Diseño a la Prueba:** El *testing* debe demostrar la trazabilidad irrefutable entre los **requisitos de diseño** del SGC (establecidos en la Fase 3) y el **resultado de la prueba** del *Sprint*. Esto es el **Control de Cambios** aplicado al proyecto de implementación.

B. Documentación *Just-in-Time* (JIT): La implementación ágil exige la adopción de la documentación **JIT (*Just-in-Time*)**, superando la burocracia documental tradicional.

1. **Foco en la Usabilidad:** La documentación (*lean* y modular) se desarrolla en el momento en que se necesita (durante el *Sprint*), enfocándose en la **usabilidad** por parte del operario (Punto 5.3).

2. **Gestión de Versiones Ágil:** Se implementa un protocolo riguroso para la gestión de versiones que asegure que solo la **documentación validada** (la que ha pasado el *testing* del *Sprint*) esté disponible para el uso, mitigando el riesgo de documentación obsoleta, un riesgo regulatorio crítico.

Concluyo que la integración de **Técnicas Ágiles** en la Fase 4 de EQUIPAR es la innovación metodológica que transforma el proceso de implementación de un SGC de un proyecto de alto riesgo y largo plazo a una **disciplina de mitigación de riesgo, validación funcional y generación de valor temprano** (*quick win*), asegurando que la mejora continua sea rápida, transparente y esté gobernada por la evidencia del riesgo.

6.3. Indicadores clave y dashboards técnicos

La **Fase 4:** Implementación Iterativa e Inteligente del Sistema EQUIPAR requiere un protocolo de medición que trascienda la mera recopilación de datos. Yo sostengo que los indicadores clave de desempeño (KPIs) y los *dashboards* técnicos son, en esta fase, las herramientas metodológicas esenciales que materializan el Principio de Medición Causal y la transparencia ágil (Punto 6.2). la ISO 9001:2015 (Cláusula 9.1) exige la monitorización y la medición del SGC; sin embargo, carece de la metodología para convertir esa data en un mecanismo de gobernanza proactiva y comunicación transfuncional.

Mi contribución en esta subsección es la formalización del Sistema de Medición Causal Ágil, que se enfoca en tres ejes metodológicos: I. La Clasificación de KPIs por Causalidad y Valor Estratégico, II. El Diseño del *Dashboard* de Mitigación de Riesgo, y III. La Integración de KPIs Tácticos en el Flujo de Valor. Este sistema garantiza que la información de calidad impulse la toma de decisiones y valide la eficacia de los Pilotos Controlados.

I. Clasificación de KPIs por Causalidad y Valor Estratégico

La madurez del SGC se mide por la capacidad de la organización para utilizar KPIs que demuestren la **conexión causal** entre la acción del SGC y el resultado estratégico. Yo clasifico los KPIs de la Fase 4 en dos categorías principales: *Lagging* (Resultado Estratégico) y *Leading* (Actividad Predictiva).

A. KPIs de Resultado (*Lagging Indicators*) - Medición del Valor Fiduciario:
Estos indicadores miden el éxito de la mitigación de los riesgos de alto RPN

(Matriz GBRE, Fase 1) y se anclan a la **Perspectiva Financiera** y de **Cliente** del *Balanced Scorecard* (BSC).

1. **Costo de la No Calidad (CONC) del Proceso Piloto:**

   o **Definición:** Medida monetaria de los costos de reproceso, *scrap*, fallas internas y garantías asociadas específicamente al proceso del Piloto.

2. **Función Metodológica:** Es la prueba de fuego del Piloto. Si el Piloto es exitoso, debe demostrar una reducción estadísticamente significativa del CONC en su área de influencia, validando el diseño *lean* de la Fase 3.

3. **Efectividad del CAPA (Acción Correctiva y Preventiva) del Piloto:**

   o **Definición:** El porcentaje de acciones correctivas cerradas en el proceso del Piloto cuya implementación **ha prevenido la recurrencia** del mismo o de fallas sistémicas similares en un periodo de tiempo.

   o **Función Metodológica:** Mide la **solidez del Análisis de Causa Raíz (ACR)** y la **Disciplina Operativa** del equipo del Piloto. Yo exijo que el Piloto demuestre una Tasa de Efectividad del CAPA superior al 80% como **Criterio de Salida** para la escalabilidad.

4. **Riesgo Residual (RPN) del Proceso Piloto:**

   o **Definición:** El valor del RPN del riesgo objetivo **después** de la mitigación.

o **Función Metodológica:** Es el KPI que comunica directamente el valor de EQUIPAR a la Alta Dirección. El objetivo de la Fase 4 es reducir el RPN por debajo del **Umbral de Aceptabilidad** definido por el CCE en la Fase 2.

B. KPIs Predictivos (*Leading Indicators*) - Medición de la Actividad Metodológica: Estos indicadores miden la eficacia de las acciones de implementación (Fase 4) y la salud de la cultura (Fase 5), prediciendo el éxito de los KPIs de resultado.

1. **Índice de Reporte Proactivo (*Near-Misses*):**

   o **Definición:** Tasa de reportes voluntarios de casi-fallas o *near-misses* por unidad de tiempo.

   o **Función Metodológica:** Mide la **confianza cultural** y la **salud de la Comunicación Causal** (Punto 5.3). Un aumento en este índice predice una futura reducción en el CONC, ya que la organización está detectando y previniendo fallas tempranamente.

2. **Tasa de Cumplimiento del Plan de Formación Causal:**

   o **Definición:** Porcentaje de empleados impactados por el Piloto que han completado el **entrenamiento en las nuevas competencias** requeridas por el SIPOC rediseñado.

   o **Función Metodológica:** Mide la **Disciplina del Liderazgo de Proceso** y su compromiso con la **Formación Causal** (Punto 5.2). El cumplimiento de este KPI es un indicador de que la **resistencia al cambio** se está mitigando.

3. **Adherencia Documental al Nuevo Proceso:**

   o **Definición:** Porcentaje de veces que el nuevo procedimiento (*lean*) se sigue correctamente en las auditorías internas o monitoreos del Piloto.

   o **Función Metodológica:** Mide la **usabilidad** del diseño de proceso de la Fase 3 y la **Disciplina Operativa** (Punto 5.4). La baja adherencia indica un fallo de diseño (procedimiento demasiado complejo) o un fallo de formación.

II. El Diseño del *Dashboard* de Mitigación de Riesgo (Transparencia Ágil)

El *Dashboard* de Mitigación de Riesgo es el artefacto metodológico de la Fase 4 que yo utilizo para asegurar la transparencia ágil (Punto 6.2) y la Gobernanza Basada en el Riesgo Estratégico (GBRE). Este *dashboard* no es una simple hoja de cálculo; es un mapa de decisión visual.

A. Principios de Diseño Visual Causal: El *dashboard* debe ser diseñado con el principio de **Gestión Visual** y debe comunicar la **conexión causal** al liderazgo, sin necesidad de extensos reportes narrativos.

1. **Visualización del Riesgo:** El *dashboard* debe mostrar el Gráfico de Mitigación de Riesgo, que traza la línea de tendencia del RPN a lo largo de las semanas del Piloto (el Riesgo Inicial y el Riesgo Residual). Esto demuestra visualmente el ROI Metodológico de la Fase 4.

2. **Visualización del Objetivo (*MOC Tracking*):** Debe mostrar el Gráfico de Progreso de la MOC,

indicando el avance hacia el objetivo de reducción del CONC del proceso Piloto.

3. **Visualización de la Disciplina Operativa:** Debe mostrar los **KPIs Predictivos** (ej. Tasa de Cumplimiento de Formación y Reporte Proactivo). La correlación entre un aumento en el Reporte Proactivo (KPI *Leading*) y una disminución en el RPN (KPI *Lagging*) es la prueba visual de la **Alineación Humana**.

B. La Segmentación del *Dashboard* por Rol de Liderazgo: El *dashboard* se segmenta para servir a diferentes audiencias, asegurando que la información sea relevante para el rol **(RACI-T)**:

1. ***Dashboard* Estratégico (CCE):** Muestra solo los KPIs de resultado (*Lagging* - CONC, RPN, Efectividad CAPA) y los riesgos emergentes. El foco es la **decisión fiduciaria** (continuar la inversión, reasignar recursos).

2. ***Dashboard* Táctico (Dueño de Proceso):** Muestra los KPIs predictivos (*Leading* - Tasa de Cumplimiento de Formación, Adherencia Documental) y la **gestión de la interfaz SIPOC**. El foco es la **acción correctiva inmediata** dentro del *Sprint* de Calidad.

3. ***Dashboard* Operacional (Línea de Operación):** Muestra los **KPIs locales** (ej. OEE por línea, Tasa de Defectos por Turno) y el **contador de Reporte Proactivo**. El foco es la **Disciplina Operativa** y el **Reconocimiento Sistémico** (Fase 7).

III. Integración de KPIs Tácticos en el Flujo de Valor

El SGC requiere que la medición se integre directamente en los procesos diseñados (Fase 3), evitando que la recopilación de datos sea una tarea manual y un desperdicio *Lean*.

A. El KPI OEE (Overall Equipment Effectiveness) como Integrador Técnico: Yo utilizo el **OEE** como un KPI táctico de alto valor en la manufactura.

1. **Integración con el Flujo de Valor:** El OEE (Disponibilidad x Rendimiento x **Calidad**) se utiliza para demostrar cómo la implementación del SGC (la Calidad) impacta directamente en la productividad (Disponibilidad y Rendimiento).

2. **OEE y el SGC de ISO 13485:2016:** En el sector de dispositivos médicos, el componente **Calidad** del OEE (que mide el porcentaje de piezas conformes) es un indicador directo del éxito de la **Validación de Procesos** (Cláusula 7.5.2) y de la mitigación de fallas de producto.

B. Protocolo de Recopilación de Datos *In-Line*: La **Implementación Iterativa** exige que la recopilación de datos se diseñe para ser **automática y *in-line***, lo cual es la base para el requisito de **Integridad de Datos** en SGC electrónicos.

- **Integración del *Software*:** Se exige que el *dashboard* extraiga datos directamente del **ERP**, del **MES** (Manufacturing Execution System) y del **QLMS** (Quality Lab Management System) para calcular los KPIs de forma automática.

- **Minimización del Riesgo Humano:** Esto minimiza el riesgo de error humano en la recopilación (un riesgo de la Fase 1) y libera al personal de calidad de las tareas de papeleo, permitiéndoles enfocarse en el **Análisis de Causa Raíz** (su rol de mayor valor).

La Fase 4, a través del diseño de los **Indicadores Clave y *Dashboards* Técnicos**, transforma la medición del SGC de un ejercicio burocrático a un **mecanismo de toma de decisiones ágil y causal**. Estos artefactos son la prueba en tiempo real de que el Sistema EQUIPAR está mitigando el riesgo y generando valor, asegurando la transición exitosa a la **Fase 5: Participación y Cultura**.

6.4. Mecanismos de retroalimentación temprana

La implementación de un Sistema de Gestión de la Calidad (SGC) bajo el modelo **EQUIPAR** (Estrategia de Calidad Unificada, Innovadora, Práctica, Adaptable y Resiliente) se fundamenta en la **mitigación dinámica del riesgo**. Yo sostengo que el riesgo más significativo en la Fase 4 es la **demora en la detección de fallas**, lo que transforma problemas operacionales menores en no conformidades mayores, aumentando exponencialmente el **Costo de la No Calidad (CONC)**. Los sistemas tradicionales de gestión de calidad utilizan el *feedback* lento (ej. auditorías semestrales o revisiones de la dirección anuales); mi metodología, sin embargo, exige **Mecanismos de Retroalimentación Temprana** que operan en un ciclo ágil, de alta frecuencia (diario o semanal), asegurando la **Resiliencia Operativa** y la validación inmediata de la implementación.

Mi contribución en este punto es la formalización del **Protocolo de *Feedback* Causal Ágil**, que se articula en tres pilares interdependientes: **I. El Protocolo de Detección Operativa (*Gemba Walk* Causal), II. La Estructura de Retroalimentación Ágil (*Huddles* y *Scrums* de Calidad), y III. El Sistema de Alerta Temprana Basado en *Leading Indicators*.** Estos mecanismos son la interfaz directa entre la **Implementación Iterativa (6.2)** y la **Medición Causal (6.3)**, cerrando el ciclo PDCA a nivel micro.

I. El Protocolo de Detección Operativa (*Gemba Walk* Causal)

El *Gemba Walk* es un principio *Lean* que yo he adaptado y formalizado en un protocolo de *feedback* específico para la implementación del SGC. El **Gemba Walk Causal** no es un paseo de supervisión; es un **ejercicio estructurado de** verificación *in-situ* diseñado para validar la funcionalidad del nuevo proceso *Lean* (Fase 3) y la efectividad de la **Formación Causal** (Punto 5.2).

A. Diseño y Frecuencia del *Gemba Walk* Causal:

1. **Frecuencia del Piloto (*Daily/Weekly*):** En el área del Piloto (Punto 6.1), el *Gemba Walk* debe ser al menos diario o semanal, con una duración máxima de **30 minutos.** La alta frecuencia asegura que las fallas de diseño o de entendimiento sean detectadas en la primera iteración del proceso.

2. **Participantes y Rol:** El *Gemba Walk* es liderado por el **Dueño de Proceso (RACI: A)** y debe incluir a uno o más **Embajadores de Calidad** (Fase 5). El personal de Calidad (el Auditor) solo debe ser un observador o *coach*, no el inquisidor. El foco es la **autodetección** por parte del equipo operacional.

3. **El *Checklist* Causal:** La herramienta central es un *checklist* breve, enfocado en las **variables de riesgo crítico** identificadas en el FMEA (Fase 1). Los puntos de verificación no son genéricos (ej. "¿El empleado está usando el EPP?"), sino **causales** (ej. "¿El operario está siguiendo la secuencia de 4 pasos para la liberación de materia prima que previene el riesgo de *cross-contamination* identificado en el RPN crítico?").

B. La Observación como Validación Funcional:

El objetivo del *Gemba Walk* Causal es doble, validando la documentación y la competencia:

1. **Validación de la Adherencia Documental (Fase 3):** Se verifica si el nuevo procedimiento *Lean* (Punto 5.1) es **práctico, utilizable y *in-line*.** Si el operario tiene que dejar de hacer el trabajo para llenar el formulario, el diseño *Lean* del proceso ha

fallado, y debe generarse una **Micro-Iteración** de Diseño.

2. **Detección de Brechas de Competencia (Fase 5):** Se observa si la **Formación Causal** fue efectiva. Si el operario no entiende **el *Por Qué*** de la acción crítica (el riesgo que previene), el entrenamiento falló, y se genera una **Micro-CAPA de Recertificación Causal**.

La Retroalimentación en el *Gemba Walk* debe ser inmediata, constructiva y centrada en el proceso, nunca en la persona, reforzando el Liderazgo de Servicio (Punto 5.4).

II. La Estructura de Retroalimentación Ágil (*Huddles* y *Scrums* de Calidad)

Para asegurar que la retroalimentación operativa detectada en el Gemba Walk escale correctamente a la toma de decisiones tácticas y estratégicas, yo he formalizado la adaptación de las reuniones ágiles (*Huddles* y *Scrums*).

A. Nivel Operacional: *Daily Quality Huddle*

1. **Propósito:** Intercambio de información **transfuncional** y **alineación diaria** del equipo impactado por el Piloto.

2. **Frecuencia y Duración:** Diario, al inicio del turno o de la jornada laboral, **máximo 10 minutos**.

3. **Contenido:** La agenda es estrictamente focalizada en los **KPIs Predictivos (*Leading*)** del último periodo (Punto 6.3):

   o Revisión del **Reporte Proactivo de *Near-Misses*** del turno anterior.

- o Revisión del **Componente Calidad del OEE** (ej. "Tasa de Rechazo de Materia Prima").

- o Identificación de **Bloqueadores** (elementos que impiden la Adherencia Documental).

4. **Resultado:** Asignación inmediata de un Dueño (**RACI: R**) a cualquier Bloqueador y formalización de una **Micro-CAPA**. La velocidad de la respuesta es el *output* de valor.

B. Nivel Táctico: *Weekly Quality Scrum*

1. **Propósito:** Revisión del progreso del **Piloto de Implementación** y gestión de la cartera de **Micro-CAPAs**.

2. **Frecuencia y Duración:** Semanal, **máximo 60 minutos**.

3. **Participantes:** Dueños de Proceso (**RACI: A**) del Piloto, Embajadores de Calidad y el Gerente de Calidad (facilitador).

4. **Contenido:**

- o Revisión del **Tablero Kanban de Implementación** (Punto 6.2).

- o Análisis de la **tendencia de los KPIs Leading** (Reporte Proactivo, Adherencia) y su correlación con el RPN.

- o Revisión del *status* de las **Micro-CAPAs** y **Micro-Iteraciones** generadas por el *Daily Huddle*.

- o **Identificación de Fallas Sistémicas:** Si un mismo tipo de *Near-Miss* ocurre repetidamente, se escala a un **CAPA formal** (Análisis de Causa Raíz) para un rediseño profundo.

5. **Resultado:** Ajuste del plan del *Sprint* (Implementación Iterativa) y asignación de recursos para los ACR.

C. Nivel Estratégico: Comité de Calidad Estratégica (CCE) *Feedback*

Aunque el CCE se reúne mensualmente o trimestralmente (para el *tollgate* de la Revisión por la Dirección), el *input* de la Fase 4 debe ser alimentado por los *Scrums* Semanales. El CCE recibe el **Dashboard Estratégico de Mitigación de Riesgo** (Punto 6.3), asegurando que las decisiones de inversión y escalabilidad se basen en la retroalimentación ágil.

III. El Sistema de Alerta Temprana Basado en *Leading Indicators*

La mayor innovación de EQUIPAR en este punto es transformar los KPIs Predictivos (*Leading Indicators*) en **Triggers automatizados** para la intervención inmediata, superando la limitación de la dependencia del *input* humano.

A. El Principio del *Leading Indicator* como Válvula de Seguridad:

Yo conceptualizo el **KPI *Leading*** como una **válvula de seguridad** del SGC. Si la presión (el riesgo potencial) alcanza un umbral crítico, la válvula debe abrirse (*trigger*) automáticamente, antes de que el *Lagging Indicator* (la explosión, el *recall* o la no conformidad regulatoria) ocurra.

B. Protocolo de *Trigger* y Escalabilidad Automatizada:

1. ***Trigger* de Cumplimiento de Formación:**

   o **Umbral:** Si la **Tasa de Cumplimiento del Plan de Formación Causal** (Punto 6.3) para el personal crítico desciende del **95%**.

   o **Acción Automatizada:** El sistema QMS/ERP debe generar automáticamente un **Aviso de Riesgo de Ocurrencia** al Dueño de Proceso y al Gerente de Formación, y al mismo tiempo, el RPN del proceso asociado debe mostrar una **flecha de tendencia ascendente** en el *Dashboard* Táctico, incluso si la falla aún no ha ocurrido.

2. ***Trigger* de Adherencia Operacional:**

   o **Umbral:** Si el **Índice de Adherencia Documental** (medido en el *Gemba Walk* Causal) promedia menos del **80%** en una semana.

   o **Acción Automatizada:** El sistema debe generar una **Micro-Iteración de Diseño** (una solicitud de revisión al Dueño del Documento) y paralizar la escalabilidad del Piloto hasta que el diseño del proceso sea validado.

3. ***Trigger* de Caída de Reporte Proactivo:**

   o **Umbral:** Si el **Índice de Reporte Proactivo** (Punto 6.3) cae en un **25%** o más respecto a la línea base de las últimas 4 semanas.

- **Acción Automatizada:** El sistema debe generar un **Aviso de Riesgo Cultural (Riesgo de Detección)** al Gerente de Calidad y al Gerente de Recursos Humanos. Una caída en el reporte proactivo es la señal más clara de que la **cultura de miedo** está regresando y la **Comunicación Causal** está bloqueada. La respuesta debe ser una intervención de **Liderazgo de Servicio**.

IV. Integración Tecnológica para la Retroalimentación Continua (QMS/ERP/MES)

La eficiencia de los Mecanismos de Retroalimentación Temprana depende críticamente de la **Integración Tecnológica**, superando las limitaciones de los sistemas de calidad basados en papel o en sistemas informáticos aislados.

A. Requisito de Captura de Datos *In-Line*: Yo exijo que el *software* de calidad (QMS) o el sistema de ejecución de manufactura (MES) permitan la captura de *data* de *feedback* en el **punto de uso**.

1. **Diseño de *Interfaces Lean*:** Los formularios electrónicos para la recopilación de datos de **Gemba Walk** y **Near-Misses** deben ser accesibles vía *tablet* o dispositivos móviles en el punto de trabajo y deben requerir el mínimo *input* manual.

2. **Validación de Data:** La *data* capturada de los *Leading Indicators* (ej. registro de la Adherencia Documental) debe ser validada en el momento de la captura, previniendo el **Riesgo de Integridad de Datos**.

B. El *Closed-Loop* Tecnológico (*Feedback Loop* Automatizado): La meta es la creación de un *Closed-Loop System* donde el *feedback* negativo se convierte automáticamente en una acción correctiva.

- **De la Desviación a la Acción:** Un **registro de No Conformidad** en el sistema MES debe generar automáticamente una **solicitud de ACR** en el sistema QMS (sin intervención manual), asegurando la **trazabilidad**.

- **De la Micro-CAPA a la Base de Conocimiento:** Las **Micro-CAPAs** generadas en el *Daily Huddle* deben registrarse en una base de datos centralizada que alimenta los **algoritmos de riesgo**. Si una *Micro-CAPA* recurrente se convierte en un **CAPA Formal**, la recurrencia previa es la **Evidencia Documental** que valida la necesidad del Análisis de Causa Raíz.

Los **Mecanismos de Retroalimentación Temprana** son la arquitectura metodológica que garantiza que la **Implementación Iterativa** de la Fase 4 no sea un ejercicio teórico, sino una **disciplina operativa en tiempo real**. Al formalizar el *Gemba Walk* Causal, estructurar los *Scrums* de Calidad y automatizar las **Alertas Tempranas** basadas en *Leading Indicators*, el Sistema EQUIPAR se convierte en un sistema de gestión **vivo, proactivo y resiliente**, listo para la transición a la **Fase 5: Participación y Cultura.**

CAPÍTULO 7

Fase 5: Participación, Formación y Cultura de la Calidad

7.1. Diseño de programas internos de capacitación continua

La Fase 5: Participación, Formación y Cultura de la Calidad del Sistema EQUIPAR es la respuesta metodológica que yo construí para transformar la capacitación desde un evento de cumplimiento a un sistema vivo, causal y medible, íntimamente conectado con el riesgo estratégico y operativo. Asumo un principio rector: toda hora de formación debe justificar su inversión en términos de mitigación de un riesgo priorizado, reducción del Costo de la No Calidad (CONC) o aumento de la resiliencia del sistema. Las normas establecen el umbral mínimo: la ISO 9001 exige competencia documentada y evaluación de la eficacia de la formación; la ISO 13485 extiende esa exigencia a la seguridad y eficacia de los dispositivos en todas las etapas del ciclo de vida; los marcos regulatorios como 21 CFR 211.25 y 21 CFR 820.25 obligan a que el personal sea formado en las operaciones que realiza, en cGMP y en los defectos potenciales asociados a sus tareas, con registros íntegros y verificables. Yo convierto ese "qué" normativo en un "cómo" operativo, un programa continuo de desarrollo de personas que es, en sí mismo, un control preventivo del SGC. ecfr.gov+3complyguru.com+3U.S. Food and Drug Administration+3

I. Formación causal: del riesgo estratégico al contenido programático

En EQUIPAR, el programa nace en la Fase 1 con la matriz de riesgo y se materializa en la Fase 2 como objetivos causales de calidad. Trasladado a la formación, yo opero con

227

una trazabilidad explícita: cada módulo de capacitación debe vincularse a un riesgo con RPN priorizado y a un objetivo de la MOC (Matriz de Objetivos de Calidad). Esta trazabilidad evita currículos genéricos que consumen tiempo sin alterar la realidad operacional.

1. Diagnóstico de brechas por proceso y riesgo
   Yo utilizo tres fuentes para determinar brechas de competencia: la Matriz de Competencia por Proceso (derivada de los SIPOC y VSM de la Fase 3), los ACR de fallas recurrentes surgidos de los pilotos de la Fase 4, y los riesgos estratégicos de alta severidad (recalls, pérdida de licencia, fallos de trazabilidad o integridad de datos). Cuando un ACR identifica la falta de habilidad como causa principal, esa brecha debe convertirse en módulo obligatorio y medirse luego con auditoría post-entrenamiento. La norma ISO 13485 y el marco ICH Q10 refuerzan esta visión al exigir un sistema de calidad con enfoque de ciclo de vida y gestión del conocimiento, donde la competencia es un control transversal y no un registro administrativo. U.S. Food and Drug Administration+1

2. Arquitectura modular orientada a perfiles
   Yo estructuro el programa en tres familias de módulos:

a) Módulos estratégicos para Alta Dirección y patrocinadores: gobierno del riesgo (GBRE), lectura ejecutiva del CONC, liderazgo de servicio, y revisión gerencial basada en indicadores causales (efectividad del CAPA, OEE-calidad, lead time regulatorio). La evidencia científica y regulatoria es inequívoca: la gestión debe demostrar compromiso y dirección de la competencia; la ISO 9001 y la ISO 13485 sitúan la competencia como recurso crítico y la revisión gerencial como mecanismo de seguimiento. complyguru.com+1

b) Módulos técnicos anti-silo para dueños de proceso y embajadores: VSM, SIPOC, transferencia de diseño (DHF→DMR), CAPA avanzada integrada con FMEA, control estadístico de proceso (SPC), validación de software/computarizados y requisitos de Annex 11 (competencias específicas por sistema). En sectores GMP, la competencia en sistemas computarizados y su validación es un requisito explícito; la guía europea exige formación específica y evaluación de efectividad para todo actor con responsabilidades sobre sistemas de calidad electrónicos. Public Health+1

c) Módulos de disciplina operativa y riesgo para personal de línea: "por qué crítico" de cada instrucción de trabajo, puntos de control, límites de acción, higiene documental, y fundamentos de Data Integrity bajo ALCOA+ (atribuible, legible, contemporáneo, original, exacto, completo, consistente, duradero y disponible). La consolidación internacional de ALCOA+ en guías OMS y MHRA refuerza que la integridad de datos no es opcional ni teórica: requiere prácticas de registro, competencias y cultura que se enseñan, se demuestran y se auditan. Organización Mundial de la Salud+1

3. Curaduría de contenidos y jerarquía por RPN
   Yo priorizo currículos con impacto directo en RPN>umbral. Un ejemplo: si la matriz muestra RPN alto por cierres de CAPA con ACR superficial, incorporo módulos de ACR (árbol de fallas, 5-Porqués con verificación, Ishikawa con evidencia) y de verificación de efectividad del CAPA. En dispositivos médicos, integro 21 CFR 820.25 para que el personal que realiza verificación/validación reciba formación específica sobre los defectos que puede introducir su rol, no un "GMP genérico". ecfr.gov

II. Metodología de desarrollo continuo: blended learning, práctica deliberada y ciencia del aprendizaje

El programa no se sostiene con clases esporádicas. Integro formación presencial de alto impacto, e-learning validado, micro-contenidos en el punto de uso y coaching en gemba. Este diseño se apoya en evidencia robusta: la práctica de recuperación (retrieval practice) y el espaciado de las sesiones mejoran la retención a largo plazo; el aprendizaje intercalado y las "dificultades deseables" favorecen transferencias sostenibles del conocimiento. Yo incorporo explícitamente estas técnicas.

1. Práctica de recuperación y espaciado programado
   Diseño cuestionarios de recuperación (breves, frecuentes, sin sanción) asociados a cada módulo; programo repasos espaciados a 2, 6 y 30 semanas con preguntas de aplicación situacional. La literatura de psicología cognitiva demuestra que recuperar información mejora más que reestudiar, y que distribuir el estudio en el tiempo potencia la memoria a largo plazo. PMC+2SAGE Journals+2

2. Dificultades deseables, carga cognitiva y micro-learning
   Equilibro la complejidad: incorporo "dificultades deseables" (variabilidad de práctica, generación, intercalado) sin sobrecargar, respetando la teoría de carga cognitiva en el diseño de materiales (segmentación, andamiaje de instrucciones, visuales limpios). Este balance, documentado por Bjork y por la literatura de carga cognitiva, evita el espejismo de la fluidez y persigue la transferencia real al puesto. ResearchGate+1

3. Práctica deliberada y evaluación formativa
   Para competencias críticas (tomas de muestra

230

estéril, set-up de equipos, revisión por pares), establezco práctica deliberada: objetivos específicos, feedback inmediato, repetición con variación y criterios de dominio. La investigación en expertise sostiene que la excelencia proviene de ciclos de práctica estructurada con retroalimentación, no de exposición pasiva.

4. Blended learning validado e integración con el SGC electrónico
Los módulos e-learning se alojan en plataformas integradas al SGC; si el sistema impacta en procesos GMP, valido la plataforma según Annex 11 y Part 11, garantizando trazabilidad, controles de acceso, auditorías de actividad y firma electrónica cuando aplique. Entrenar en un sistema no validado erosiona la integridad del registro de formación. Public Health+1

5. Formación "in-line" y ayudas de desempeño
Yo coloco códigos QR en estaciones y equipos que llevan a videos cortos, listas de verificación y guías visuales de la instrucción de trabajo; las ayudas reducen la carga cognitiva y elevan la adherencia. En sectores de dispositivos, añado alertas de "defectos típicos por tarea" para cumplir 21 CFR 820.25(b)(1)-(2): el personal debe conocer los defectos que puede generar su rol y los errores que puede encontrar en verificación/validación. ecfr.gov

III. Gestión de la competencia: perfiles, rutas de certificación y sostenibilidad del conocimiento

Mi modelo entiende la competencia como un flujo: se adquiere, se demuestra, se renueva y se hereda. Por eso diseño rutas por rol, exijo certificaciones internas y protejo el conocimiento organizacional conforme al requisito de la ISO 9001 sobre conocimiento organizacional.

1. **Perfiles por rol y matrices de competencia**
   Construyo perfiles de competencia por proceso (técnicas, normativas, conductuales) y una Matriz de Entrenamiento Cruzado para reducir la vulnerabilidad por talento único. Esta práctica se alinea con la exigencia de competencia documentada y con el requisito de conocimiento organizacional: mantener disponible el conocimiento necesario para operar procesos y asegurar la conformidad. complyguru.com+1

2. **Rutas de certificación por criticidad y privilegios de firma**
   Yo establezco "licencias internas" para tareas de alto riesgo: revisión de lote, liberación de producto, aprobación de CAPA, cambios de software. El privilegio se vincula a evidencia de dominio y se suspende ante fallas graves con plan de reforzamiento. En laboratorio, el analista no ejecuta métodos críticos sin certificación vigente y práctica observada. En dispositivos, extiendo el criterio a quienes realizan verificación/validación. ecfr.gov

3. **Comunidades de práctica y mentores**
   Creo comunidades de práctica por proceso y designo mentores (embajadores de calidad) como multiplicadores. La comunidad documenta "lecciones aprendidas" y casos de ACR; esos contenidos realimentan los módulos y reducen recurrencias.

4. **Gestión del conocimiento y retención**
   Incorporo repositorios curados, catálogos de "how-to" y librerías de videos de buenas prácticas; exijo que todo cambio de procedimiento lleve un micro-módulo de actualización y evaluación breve; así cumplo con la preservación y disponibilidad del

conocimiento y reduzco la dependencia de individuos. Core Business Solutions

IV. Data Integrity (ALCOA+) como competencia transversal

En EQUIPAR, la integridad de datos no es un tema exclusivamente de QA o TI; es una competencia de rol. Yo integro ALCOA+ en todos los módulos y defino comportamientos observables por puesto.

1. Conductas y registros
   En producción: registro contemporáneo, tinta indeleble, correcciones justificadas, control de copias. En laboratorio: trazabilidad de materias primas, métodos y equipos; revisión por pares documentada; comprensión del alcance del audit trail. En sistemas: segregación de funciones, gestión de privilegios, validación de software, pruebas de recuperación, y verificación periódica de efectividad del entrenamiento del sistema, como refuerza Annex 11. GOV.UK+1

2. Cultura de reporte y controles de acceso
   Yo entreno en reporte sin culpa de incidentes de integridad, y exijo revisiones de permisos por cambios de puesto; la OMS y la MHRA insisten en gobernanza, cultura y controles proporcionales al riesgo. Organización Mundial de la Salud+1

3. Evidencia y auditoría
   Establezco auditorías internas temáticas de integridad de datos; si emergen brechas, el programa de formación se ajusta y se documenta la verificación de efectividad, cerrando el ciclo con CAPA. Este bucle cumple la expectativa regulatoria de que la formación sea eficaz y revisada. GOV.UK

V. Evaluación de la eficacia: de Kirkpatrick a métricas causales del sistema

No acepto la ilusión del aprendizaje. Yo mido la eficacia con un enfoque en capas, desde la reacción y el aprendizaje hasta la conducta y el impacto operacional, incorporando además verificación causal.

1. Niveles de evaluación
   Registro satisfacción y utilidad percibida; aplico pruebas de conocimiento y destreza; observo conducta en el puesto (checklists y shadowing); y, sobre todo, relaciono la formación con métricas del proceso (adherencia documental, tasa de reporte, tiempos de ciclo, defectos críticos, efectividad del CAPA). La literatura clásica de evaluación de entrenamiento establece estas capas; yo extiendo con análisis causal para evitar falsas atribuciones. Wikipedia

2. Verificación causal
   Cuando el alcance lo justifica, utilizo series de tiempo interrumpidas o modelos de regresión para aislar el efecto de la capacitación sobre indicadores clave (por ejemplo, defectos por millón, eventos de data integrity, re-trabajos). Esta práctica ancla el discurso con la Alta Dirección en resultados y evidencia, y reduce la subjetividad en decisiones de inversión.

3. Auditorías post-entrenamiento
   A las 4–8 semanas ejecuto auditorías dirigidas a los puntos de control del módulo. Si un ACR posterior identifica falta de competencia como causa raíz, el sistema genera un "gatillo" que reconfigura el contenido, intensifica el coaching y re-certifica a los involucrados. Con CAPA vinculada, cierro el ciclo de mejora.

VI. Gestión regulatoria y trazabilidad de la formación

La capacitación en entornos GMP y de dispositivos no es negociable ni informal. Yo la trato como un sistema regulado, con alcance, validación, registros y controles.

1. Marco regulatorio mínimo exigible
   En fármacos, 21 CFR 211.25 obliga a formación continua en cGMP y en las operaciones específicas, con registros disponibles para inspección. En dispositivos, 21 CFR 820.25 exige procedimientos para identificar necesidades de capacitación, formación documentada y conciencia de defectos potenciales por rol; el personal de verificación y validación debe conocer los errores que puede encontrar. En sistemas electrónicos, Part 11 y Annex 11 exigen confiabilidad de registros y firmas, auditorías y validación. Yo integro estos requisitos en la arquitectura del programa y en la plataforma de aprendizaje. Public Health+4ecfr.gov+4ecfr.gov+4

2. ISO 10015 como guía de diseño
   Cuando una organización desea formalizar la gestión de la competencia, utilizo ISO 10015 como guía: identificación de necesidades, diseño del programa, provisión, evaluación y mejora, en coherencia con el sistema ISO 9001. Esta norma ofrece un hilo conductor para asegurar que la formación responda a la estrategia y a los resultados. ISO+1

3. Validación del proceso de formación
   En mis proyectos, valido el proceso de capacitación crítica: criterios de entrada (pre-tests), materiales controlados por versión, instructores cualificados, evaluación estandarizada y registros ALCOA+. Si el

entrenamiento se apoya en e-learning con impacto GxP, exijo plan de validación, pruebas de integridad de registros, y controles de cambio ante actualizaciones. Public Health

VII. Técnicas de facilitación y liderazgo de servicio aplicadas a la formación

La formación fracasa si no se vive en el día a día. Por eso integro técnicas de facilitación, coaching de líderes y mecanismos de reconocimiento.

1. Encuentros diarios de calidad (huddles) Establezco reuniones cortas y visuales para revisar un tablero táctico: adherencia documental del día, reportes proactivos, desvíos, micro-reconocimientos. El líder actúa como coach; el objetivo es mover comportamientos, no sumar presentaciones.

2. Positive framing y seguridad psicológica Evito mensajes punitivos; reencuadro el cumplimiento como ahorro de tiempo, reducción de estrés y protección del cliente. La evidencia sobre "dificultades deseables" sugiere introducir retos moderados con feedback, no obstáculos que frustren. ResearchGate

3. Reconocimiento sistémico Registro y celebro el reporte temprano de desviaciones, la calidad de ACR, la adherencia consistente. El refuerzo social estabiliza conductas y hace visible la cultura.

VIII. Casos aplicados por sector

1. Farmacéutico: muestreo, limpieza y revisión por pares Identifiqué recurrencias por registros incompletos en limpieza y errores en muestreos. A través de

236

módulos prácticos con simulación de errores, práctica deliberada y verificación post-entrenamiento, la adherencia documental subió y se redujeron desvíos mayores. El marco 21 CFR 211.25 y la OMS/mHRA en integridad de datos guiaron contenidos y auditorías. ecfr.gov+2Organización Mundial de la Salud+2

2. Dispositivos médicos: transferencia DHF→DMR y validación
En la interfaz diseño-manufactura, incorporé módulos de transferencia de diseño, DFMEA/PFMEA enlazados a controles, y entrenamiento específico para equipos de verificación/validación sobre defectos potenciales asociados a su rol (exigencia de 820.25). Annex 11 aportó criterios para entrenar en sistemas computarizados validados. ecfr.gov+1

3. Cosmético/consumo: etiquetado y claims
La mayoría de desvíos provenían de errores de etiquetado y rotulado. Diseñé módulos micro-learning en punto de uso con listas de verificación visual y práctica de recuperación; el indicador de errores por millón cayó en la línea intervenida, con verificación causal en series de tiempo.

4. Alimentario: alérgenos y limpieza
Capacité en peligros críticos de alérgenos, limpiezas y segregaciones, con énfasis en registros contemporáneos y verificables. Incorporé simulaciones de auditoría y "walkthroughs" de integridad de datos; la robustez de evidencia documental mejoró y se redujeron riesgos de retiros.

IX. Gobernanza del programa: indicadores, revisión y mejora

1. Indicadores leading y lagging
   Yo sigo la tasa de adherencia documental, reporte proactivo, asistencia y finalización de módulos, y dominio en pruebas de destreza. En lagging, observo defectos críticos, desvíos por causa humana, efectividad del CAPA y eventos de integridad de datos. Lo crítico es vincularlos causalmente con el entrenamiento para sostener inversión.

2. Revisión gerencial y replaneación
   Incorporo la evaluación del programa en la Revisión por la Dirección: brechas emergentes, riesgos nuevos, retorno de inversión y necesidades de actualización de contenidos. ICH Q10 refuerza este ciclo de aprendizaje organizacional. database.ich.org

3. Control de cambios del currículo
   Cada cambio normativo o de proceso gatilla una revisión de contenidos, con control documental y entrenamiento de actualización; si el cambio afecta sistemas, verifico la capacitación específica conforme Annex 11. Public Health

X. Diseño operativo del programa: roles, artefactos y calendario

1. Roles
   Yo asigno un responsable del programa (QA formación), dueños de currículo por proceso, embajadores de calidad como instructores-mentores, y patrocinadores ejecutivos que aseguran recursos.

2. Artefactos
   Plan anual y trimestral por riesgo y objetivo,

matrices de competencia, rutas de certificación, contenidos validados, guías del instructor y del evaluador, rúbricas de destreza, registros ALCOA+, y tableros tácticos y ejecutivos.

3. Calendario con espaciado Distribuyo módulos y refuerzos: formación base al inicio, práctica supervisada en semanas 1–4, refuerzo espaciado con recuperación en semanas 6–8 y 24–28, y re-certificación según criticidad y desempeño. La evidencia del espaciado guía estos intervalos. SAGE Journals

XI. Riesgos típicos y controles del propio sistema de formación

1. Riesgo de "formación de escaparate" Mitigo con auditorías post-entrenamiento y verificación de conducta en el puesto; sin cambio conductual, el módulo se rediseña.

2. Riesgo de carga cognitiva excesiva Secciono contenidos, alterno teoría y práctica, y uso ayudas de desempeño para que la competencia se exhiba en el entorno real. Wiley Online Library

3. Riesgo de registros no íntegros Aseguro plataformas validadas, controles de acceso, firmas electrónicas y auditorías de actividad; entreno específicamente a quienes administran el sistema. U.S. Food and Drug Administration

XII. Criterios de salida de la Fase 5 respecto a la formación

Declaro completa la etapa de diseño e implantación del programa continuo cuando:

a) La Matriz de Competencia por Proceso está poblada y aprobada por los dueños de proceso.

b) Existen rutas de certificación para tareas de alto riesgo con evaluaciones de destreza y privilegios de firma.
c) Los contenidos están versionados, integrados y, si aplica, el LMS está validado.
d) Hay evidencia de espaciado y práctica de recuperación planificados.
e) Se ejecutaron auditorías post-entrenamiento y se mide un conjunto mínimo de KPIs leading/lagging.
f) La Revisión por la Dirección ha cerrado el ciclo realimentando el plan.

XIII. Conclusión

El diseño de programas internos de capacitación continua bajo el Sistema EQUIPAR convierte la formación en una función de gobernanza del riesgo. Yo integro marcos normativos (ISO 9001, ISO 13485, ICH Q10, 21 CFR 211/820, Part 11, Annex 11) con ciencia del aprendizaje (práctica de recuperación, espaciado, práctica deliberada, gestión de la carga cognitiva) y con controles de integridad de datos (ALCOA+), para lograr un circuito de aprendizaje organizacional que produce evidencia de valor. El resultado es un SGC con personas competentes, cultura de reporte sin culpa y hábitos de disciplina operativa, que reduce el CONC, eleva la confiabilidad y robustece la resiliencia regulatoria. Un programa así no es un apéndice del SGC: es su motor humano y el multiplicador de su eficacia.

7.2. Evaluación de competencias y sostenibilidad del conocimiento

La Evaluación de Competencias y Sostenibilidad del Conocimiento en el Sistema EQUIPAR es el protocolo metodológico que yo he diseñado para transformar la Formación Causal (Punto 7.1) de un evento transitorio a un activo organizacional permanente. Yo sostengo que, la ISO 9001:2015 (Cláusula 7.2) y la ISO 13485:2016 exigen la evaluación de la eficacia de la formación; sin embargo, carecen de la metodología para mitigar el Riesgo Estratégico de Fuga de Conocimiento (la dependencia en personal clave). Mi contribución en esta subsección es la formalización de un sistema que utiliza la evaluación continua para asegurar la sostenibilidad del conocimiento como una estrategia de gestión de riesgo.

Mi metodología se enfoca en tres ejes interconectados que aseguran que el conocimiento se convierta en un activo resiliente: **I. Protocolo de Evaluación de la Eficacia Causal, II. La Matriz de Riesgo de Conocimiento Único (*Single Point of Failure*), y III. El Diseño del Sistema de Sostenibilidad del Conocimiento (Transferencia Tácito a Explícito).**

I. Protocolo de Evaluación de la Eficacia Causal (De la Asistencia a la Aplicación)

La evaluación de competencias bajo EQUIPAR va más allá de verificar la asistencia o la aprobación de un examen teórico. Yo defino la eficacia causal como la demostración de que la formación ha resultado en el cambio de comportamiento deseado y la reducción del riesgo operacional asociado.

A. Verificación de la Habilidad y la Disciplina Operativa: La evaluación es práctica y *in-line*, realizada por el Dueño de Proceso (Liderazgo de Servicio, Punto 5.2) y los Embajadores de Calidad.

1. **Pruebas de Destreza y Validación Operativa:** El personal debe demostrar la capacidad de ejecutar los pasos críticos del nuevo SIPOC *lean* (Fase 3). En la industria regulada (ISO 13485:2016), esto es crucial para la Validación de Procesos (Cláusula 7.5.2). La evaluación de destreza se convierte en la evidencia de que el proceso diseñado es ejecutable y está bajo control.

2. **Monitoreo de la Adherencia Documental Causal:** La eficacia se mide monitoreando la Adherencia Documental (un KPI *Leading*, Punto 6.3) en los Encuentros Diarios de Calidad (*Huddle*) (Punto 6.4). Si la adherencia al procedimiento entrenado es baja, la formación se declara ineficaz, y el Sistema de Alerta Temprana (Punto 6.4) activa una Micro-Iteración de Diseño o una re-certificación.

3. **Evaluación de la Conciencia del Riesgo:** La evaluación cualitativa verifica si el empleado entiende el vínculo causal entre su tarea y el RPN que previene (Punto 7.1). El personal debe poder articular *por qué* ese paso es crítico, no solo *cómo* hacerlo.

B. La Trazabilidad de la Ineficacia a la Corrección del SGC: Mi protocolo exige que la ineficacia de la formación se gestione como una **falla del SGC** que requiere **Análisis de Causa Raíz (ACR)**.

1. *Trigger* **de Ineficacia:** Si un **CAPA Formal** se abre y el **ACR** determina que la causa principal fue la **falta de competencia**, el registro de formación debe ser marcado como **Inicia un Ciclo de Corrección**.

2. **Acción Causal:** La acción no es simplemente "repetir el curso". La acción causal es revisar el diseño del programa de formación (contenido, metodología, formador) o simplificar el diseño del proceso (Iteración de Fase 3), asegurando que el sistema sea autocorrectivo. El fracaso de la formación es un fallo metodológico que se aborda con el rigor de la gestión del riesgo.

II. La Matriz de Riesgo de Conocimiento Único (*Single Point of Failure* - SPOF)

La Sostenibilidad del Conocimiento es mi respuesta metodológica al Riesgo Estratégico de Fuga de Talento identificado en la Fase 1 (GBRE). Yo sostengo que un SGC es inmaduro si su funcionamiento depende de la presencia de un solo individuo.

A. Mapeo de Puntos Críticos de Conocimiento (SPOF): El proceso comienza con la identificación de los **Puestos Críticos de Conocimiento (PCC).**

1. **Identificación por Proceso:** Se analizan los **Pasos Críticos del SIPOC** (Fase 3) que requieren una habilidad o certificación única (ej. la liberación final de un lote, la validación de *software*, el ACR complejo). Los puestos que ejecutan estos pasos son PCC.

2. **Identificación por Rol:** Se identifican los roles únicos (ej. *Device Master Record Owner* en ISO 13485:2016, experto en el FMEA original) cuya ausencia paralizaría el SGC o el negocio.

B. La Matriz de Riesgo SPOF (Cuantificación del Riesgo de Talento): Yo cuantifico el riesgo de SPOF utilizando una matriz adaptada del FMEA.

Puesto Crítico	Conocimie nto Único (Activo)	Severidad (S) de la Ausencia	Ocurrencia (O) de la Rotación	RPN de Conocimi ento	Acción de Mitigación (EQUIPAR)
Ingeniero de Validación	Protocolo de Validación de *Software*	9 (Fallo regulatori o	5 (Tasa de rotación histórica)	**45**	**Transferenci a Tácito a Explícito** (Documentació n de la metodología)
Experto en ACR Avanzado	Habilidad en *Fault Tree Analysis*	7 (Recurren cia de fallas)	3 (Estabilidad)	**21**	**Entrenamien to Cruzado** (Designación de un respaldo)

El objetivo es asegurar que el RPN de Conocimiento se mantenga por debajo del umbral, impulsando acciones proactivas de mitigación.

C. El KPI de Sostenibilidad del Conocimiento: Yo defino la **Sostenibilidad del Conocimiento** como un **KPI de *Leading*** (Punto 6.3), medido por el **Índice de Competencia Cruzada (ICC)**.

- **ICC:** Porcentaje de Pasos Críticos del SIPOC que tienen al menos dos empleados con un nivel de competencia validado (ej. Nivel 4 en la escala de madurez). El objetivo de EQUIPAR es llevar el ICC al **1.0 (100%)** para los Pasos Críticos de Alta Severidad.

III. El Diseño del Sistema de Sostenibilidad del Conocimiento (Transferencia Tácito a Explícito)

La mitigación del riesgo SPOF exige un sistema formal que capture el **conocimiento tácito** de los expertos y lo convierta en **conocimiento explícito** (ISO 7.1.6).

A. Protocolo de Documentación de Lecciones Aprendidas (Fase 7): La **Revisión Continua** de EQUIPAR transforma el proceso **CAPA** en un proceso de **Generación de Conocimiento**.

1. **Lecciones Aprendidas Causal:** Cuando un **CAPA Formal** se cierra, el informe de la Fase 7 debe incluir una sección de **Lecciones Aprendidas Causal** que identifique la **lección metodológica o técnica** (ej. "Las fallas en la Interfaz X se deben a la falta de un *checklist* visual").

2. **Integración en la Base de Conocimiento:** Esta Lección Aprendida Causal debe integrarse obligatoriamente en la **Base de Conocimiento del SGC** (Wiki de Calidad o módulo de *E-Learning*), asegurando que el error de uno se convierta en el conocimiento de todos.

B. La Técnica de Entrenamiento Cruzado Obligatorio (Mitigación de SPOF): La acción de mitigación para el riesgo SPOF es el **Entrenamiento Cruzado Obligatorio**.

1. **Formalización en la Matriz RACI-T:** La responsabilidad de realizar el Entrenamiento Cruzado debe ser asignada como una **tarea obligatoria** del Dueño de Proceso (**RACI: R**).

2. **Validación Dual:** El entrenamiento no se considera completo hasta que el respaldo (*back-up*) haya ejecutado la tarea crítica y su competencia haya sido validada, y el **ICC** haya sido actualizado en el *Dashboard* Táctico.

Concluyo que la Evaluación de Competencias y Sostenibilidad del Conocimiento bajo EQUIPAR es un protocolo de gestión de riesgo de talento que utiliza la evaluación de la eficacia y la Matriz SPOF para garantizar que el SGC sea funcional y sostenible, incluso ante la rotación de personal clave. Esto asegura la resiliencia operativa.

7.3. Creación de embajadores de calidad

La Creación de Embajadores de Calidad es el protocolo metodológico que yo he diseñado para formalizar la Alineación Humana y Cultural del Sistema EQUIPAR (Punto 2.4). Yo sostengo que un Sistema de Gestión de la Calidad (SGC) implementado en 2018 fracasa no por la documentación, sino por la falta de liderazgo informal y multiplicadores de la cultura en la línea de operación. La ISO 9001:2015 (Cláusula 7.3: Toma de conciencia) exige que el personal entienda la relevancia de sus actividades; sin embargo, esta conciencia no se logra con un memorándum, sino con la influencia y el modelado conductual de líderes internos.

Mi contribución en esta subsección es la formalización del rol de Embajador de Calidad como el Agente de Cambio (AC) del SGC. Este protocolo se enfoca en tres ejes metodológicos interconectados: **I. Perfil y Protocolo de Selección Causal, II. Desarrollo de Competencias de Liderazgo de Servicio (PNL y *Coaching*), y III. El Embajador como Mecanismo de Sostenibilidad Operacional y Cultural.**

I. Perfil y Protocolo de Selección Causal (De la Tarea a la Influencia)

La selección de los Embajadores de Calidad no es un proceso de reclutamiento basado en la antigüedad o la posición jerárquica. Yo defino un perfil causal que se centra en la influencia, el conocimiento técnico del proceso y la capacidad de comunicación. La selección debe ser rigurosa, ya que estos individuos serán los multiplicadores de la Formación Causal y los mitigadores de la resistencia cultural (Punto 5.4).

A. El Perfil Causal del Embajador de Calidad: El perfil metodológico que yo prescribo se basa en tres variables que demuestran la capacidad de ser un Agente de Cambio efectivo:

1. **Conocimiento Técnico del Proceso Crítico (Credibilidad):** El candidato debe tener un alto nivel de competencia validada (Nivel 4 o 5 en la Matriz de Competencia por Proceso, Punto 7.2) en uno o más Pasos Críticos del SIPOC *Lean*. Su credibilidad técnica es esencial para que la línea de operación acepte el cambio.

2. **Influencia Social (Capacidad de Multiplicación):** El candidato debe ser un líder informal en su área. Esta influencia se evalúa a través de encuestas de opinión anónimas o la observación del Liderazgo de Proceso. Una alta influencia garantiza que el mensaje del SGC se difunda de manera orgánica, superando el escepticismo.

3. **Habilidad Conductual para el Reporte sin Culpa (Cultura):** El candidato debe demostrar una tendencia natural a reportar problemas y a enfocarse en la solución, no en la culpa. El candidato debe ser percibido como una figura de confianza que facilita el Reporte Proactivo (*Near-Misses*).

B. Protocolo de Selección Basado en Evidencia: Yo exijo que la selección sea un proceso formal y documentado, utilizando la data de las Fases previas:

1. **Nominación por Dueño de Proceso (RACI):** El Dueño de Proceso (PO) nomina al candidato basándose en el Conocimiento Técnico (evidencia de la Matriz de Competencia).

2. **Validación de Influencia Cultural:** La nominación se valida con los datos del Diagnóstico de Madurez Cultural (Fase 1) o la retroalimentación del *Daily Quality Huddle* (Punto 6.4) sobre la capacidad de comunicación del candidato.

3. **Carta de Designación Formal:** Una vez seleccionado, el Embajador recibe una Carta de Designación formal firmada por el Comité de Calidad Estratégica (CCE). Esto eleva el estatus del rol de una simple tarea adicional a un mandato de gobernanza cultural, esencial para su credibilidad.

C. Estructura de Reconocimiento Inicial (Motivación Causal): La designación debe ir acompañada de un Reconocimiento Inicial que valide el rol de liderazgo, mitigando el riesgo de que el puesto sea visto como una "carga extra". Este reconocimiento se formaliza como un objetivo de la Fase 7 (Reconocimiento Sistémico), asegurando la motivación.

II. Desarrollo de Competencias de Liderazgo de Servicio (PNL y *Coaching*)

El Embajador de Calidad no es un inspector de procedimientos; es un multiplicador de la Formación Causal y un modelo del Liderazgo de Servicio (Punto 5.2). Mi metodología exige un programa de formación que trascienda lo técnico.

A. Formación en Habilidades Blandas y *Coaching* (Mitigación de la Resistencia): Utilizando mi *expertise* en **Programación Neuro-Lingüística (PNL)** y **Neuro-coaching**, yo entreno a los Embajadores en habilidades críticas que el SGC tradicional ignora:

1. **Comunicación Causal Persuasiva:** El Embajador debe aprender a comunicar los cambios del SGC (Fase 3) en términos de beneficio al

empleado (reducción de esfuerzo, simplicidad, seguridad) en lugar de en términos de norma o castigo. Se entrenan en la técnica de Positive Framing (Punto 5.4).

2. **Habilidades de *Feedback* No Punitivo:** El Embajador es entrenado para guiar a sus compañeros que cometen errores (no conformidades) hacia el Análisis de Causa Raíz (ACR), utilizando preguntas de *coaching* (*"¿Qué podemos aprender del proceso para que esto no vuelva a suceder?"*) en lugar de la acusación. Esto es el corazón de la cultura de reporte sin culpa.

3. **Técnicas de Gestión de la Resistencia:** Se entrenan en cómo manejar a los líderes de opinión negativa en la línea de operación, transformando la crítica en *feedback* constructivo para las Micro-Iteraciones del *Sprint* (Fase 4).

B. Formación Causal en Herramientas Técnicas Avanzadas: El Embajador recibe la **Formación Causal** más avanzada, convirtiéndose en el experto técnico interno.

1. **ACR Sistémico Avanzado:** Se les entrena en metodologías de ACR que van más allá del "5 Porqués" simple, como el Análisis de Árbol de Fallas (*Fault Tree Analysis*), para asegurar que las Micro-CAPAs generadas en la Fase 4 aborden la causa sistémica, y no solo la causa operativa.

2. **Metodologías *Lean* para el Puesto:** Se les entrena en la aplicación de Principios *Lean* (5S, Detección de Desperdicios) a su puesto de trabajo, empoderándolos para proponer Micro-Iteraciones de Diseño que simplifiquen el SIPOC (Fase 3).

III. El Embajador como Mecanismo de Sostenibilidad Operacional y Cultural

El rol del Embajador se integra en el flujo de valor y la gobernanza del SGC, garantizando la sostenibilidad y la mitigación del riesgo.

A. Sostenibilidad Operacional (Multiplicador de Formación): El Embajador se convierte en el formador *in-line* que ejecuta el Entrenamiento Cruzado Obligatorio (Punto 7.2) para el Riesgo de Conocimiento Único (SPOF).

1. **Ejecutor de la Formación Causal:** El Embajador es el encargado de verificar la **Validación de la Habilidad y la Competencia** de sus compañeros en los Pasos Críticos del SIPOC, reportando el progreso a la **Matriz de Competencia por Proceso**.

2. **Soporte de la Implementación Iterativa:** El Embajador actúa como el **soporte técnico de primer nivel** durante los **Pilotos Controlados** (Fase 4), resolviendo dudas sobre los nuevos procedimientos *lean* y recopilando *feedback* inmediato sobre la usabilidad de la documentación.

B. Sostenibilidad Cultural (Sensor del SGC): El Embajador es el sensor cultural del SGC, asegurando que la Alineación Humana se mantenga.

1. **Canal de Retroalimentación Temprana:** El Embajador facilita el Reporte Proactivo de *Near-Misses* (Punto 6.4) y utiliza los Encuentros Diarios de Calidad (*Huddle*) para comunicar el valor del SGC (Punto 5.3).

2. **Criterio de Salida de la Fase 5:** El éxito de la Fase 5 se mide por el aumento en la Tasa de Reporte Proactivo y la reducción de la Resistencia Cultural

en las áreas con Embajadores, lo cual es la prueba de que el Liderazgo de Servicio está funcionando.

La Creación de Embajadores de Calidad es un protocolo de ingeniería social que transforma la Pasividad en Participación Organizada y Causal. Al formalizar el rol del Agente de Cambio y dotarlo de competencias de *coaching* y herramientas técnicas avanzadas, mi metodología garantiza que la cultura de calidad se autopropulse, mitigando el riesgo de delegación de la Alta Dirección y asegurando la sostenibilidad de la Arquitectura Anti-Silo diseñada.

7.4. Gestión de reconocimiento organizacional

La **Gestión de Reconocimiento Organizacional** es el protocolo metodológico que yo he diseñado para asegurar la **sostenibilidad conductual y la motivación intrínseca** del Sistema de Gestión de la Calidad (SGC) bajo el modelo EQUIPAR. Yo sostengo que, la **ISO 9001:2015** (Cláusula 5.1.2: Enfoque al cliente) y la **ISO 13485:2016** (Cláusula 6.2: Recursos humanos) exigen la competencia y la satisfacción del cliente; sin embargo, ambos marcos fallan en proveer la metodología para formalizar el **refuerzo positivo** que incentiva la **Participación Voluntaria y el Liderazgo de Servicio**. Mi contribución en esta subsección es la formalización de un sistema de reconocimiento que es **causal, sistémico y directamente ligado a la mitigación de riesgo.**

El éxito de la Fase 5 radica en la comprensión de que la cultura de calidad se sostiene más por la **recompensa al comportamiento proactivo** que por el castigo a la falla. Mi metodología se enfoca en tres ejes interconectados que aseguran que el reconocimiento sea una herramienta estratégica: **I. El Reconocimiento Causal (De la Acción al Impacto en el RPN), II. Diseño del Programa de Reconocimiento Sistémico (Multi-Nivel), y III. Integración del Reconocimiento en el Ciclo de Mejora Continua (Fase 7).**

I. El Reconocimiento Causal: De la Acción al Impacto en el RPN

Yo defino el **Reconocimiento Causal** como la práctica de premiar las acciones que demuestran la **aplicación efectiva de la Formación Causal** (Punto 7.1) y la **mitigación de un riesgo de alto RPN** (Fase 1). El reconocimiento deja de ser un evento genérico y se convierte en una **herramienta de validación conductual.**

A. Principios de la Recompensa Basada en el *Leading Indicator*: Mi sistema se centra en premiar los **KPIs Predictivos (***Leading Indicators***)** (Punto 6.3), ya que estos demuestran el esfuerzo proactivo *antes* de que ocurra la no conformidad. Esto es vital para fomentar la cultura de reporte sin culpa.

1. **Reconocimiento al Reporte Proactivo (***Near-Misses***):** El reconocimiento debe ser prioritario para el personal que utiliza el canal de Reporte Proactivo (*Near-Misses*). Al premiar el reporte voluntario, yo refuerzo directamente el Principio de Liderazgo de Servicio y la Alineación Humana (Punto 2.4). El reconocimiento se da por la detección temprana de una casi-falla que, según el FMEA (Fase 1), tiene una Severidad alta, mitigando el riesgo de Ocurrencia futura. El reconocimiento debe ser inmediato y público.

2. **Reconocimiento a la Adherencia Documental Causal:** Se premia la Disciplina Operativa demostrada en los Gemba Walks Causales (Punto 6.4). Específicamente, se reconoce a los equipos que demuestran una Adherencia Documental del 100% en los Pasos Críticos del SIPOC (Fase 3) que mitigan un riesgo de alto RPN. Esto valida la eficacia del diseño *lean* del proceso y la Formación Causal.

3. **Reconocimiento a la Sostenibilidad del Conocimiento:** Se premia a los Dueños de Proceso que logran llevar el Índice de Competencia Cruzada (ICC) (Punto 7.2) al 100% en los Puestos Críticos de Conocimiento (PCC). Esto reconoce directamente la

Gestión del Riesgo de Talento y el compromiso con la sostenibilidad del SGC.

B. La Trazabilidad del Reconocimiento al CONC (Costo de la No Calidad): El reconocimiento, aunque no siempre es monetario, debe comunicarse en términos de su impacto fiduciario. El sistema debe comunicar al empleado que su Acción (ej. reporte proactivo) *previene* un costo (ej. $X en reprocesos o $Y en garantías). Esta Comunicación Causal eleva el valor del reconocimiento y refuerza la Alineación Estratégica.

II. Diseño del Programa de Reconocimiento Sistémico (Multi-Nivel)

El programa de reconocimiento debe ser sistémico y formal, integrado en la estructura de gobernanza (RACI-E) y la Comunicación Causal (Punto 5.3), y debe operar en múltiples niveles jerárquicos para asegurar la participación total.

A. Niveles Jerárquicos de Reconocimiento:

1. **Nivel 1: Reconocimiento Operacional (*In-Line*):**

   o **Frecuencia:** Diario/Semanal.

   o **Ejecutor:** El **Dueño de Proceso** (PO).

   o **Formato:** Público, en el **Encuentro Diario de Calidad (*Huddle*)** (Punto 6.4), utilizando los **Dashboards Operacionales** (Punto 6.3) para mostrar el *near-miss* reportado. El reconocimiento es a menudo no monetario (ej. un certificado, un turno preferencial). El objetivo es la **motivación inmediata** y el **refuerzo de la disciplina operativa**.

2. **Nivel 2: Reconocimiento Táctico** (*Team/Project Based*):

   o **Frecuencia:** Mensual/Trimestral.

   o **Ejecutor:** El **Comité de Calidad Táctica** (Dueños de Proceso y Gerente de Calidad).

   o **Formato:** Reconocimiento al **Equipo del Piloto** o a los **Embajadores de Calidad** por el logro de un **Objetivo SMART** del **MOC** (ej. reducción del RPN del proceso de interfaz). El reconocimiento es monetario (bonos) o no monetario significativo (ej. viaje de formación). Esto fomenta la **colaboración transfuncional.**

3. **Nivel 3: Reconocimiento Estratégico** (*Annual/Corporate*):

   o **Frecuencia:** Anual (coincidiendo con la **Revisión por la Dirección - ISO 9.3**).

   o **Ejecutor:** La **Alta Dirección** y el **CCE.**

   o **Formato:** Premiación al **Embajador de Calidad del Año** o al **Mejor Proyecto EQUIPAR** (el que haya logrado la mayor reducción del CONC o el RPN). El reconocimiento debe ser **público, formal y comunicado externamente** (ej. en el informe anual). Esto valida la **Alineación Estratégica** y el compromiso del Liderazgo.

B. Protocolo de Comunicación del Reconocimiento (PNL y *Positive Framing*): Yo exijo que la comunicación del reconocimiento sea pública, específica y centrada en el comportamiento, utilizando principios de Programación Neuro-Lingüística (PNL) para maximizar el impacto.

- **Evitar la Generalización:** El mensaje no debe ser "Buen trabajo"; debe ser **causal** y **específico** (ej. "Reconocemos a Juan por usar su formación en ACR avanzado para resolver la causa sistémica del fallo X, lo que previene que la organización pierda $50,000 en CONC").

- **Uso de Canales Estratégicos:** El reconocimiento debe ser comunicado por la **Alta Dirección** (Nivel 3) a través de los **canales formales de comunicación** (Punto 5.3) y los **Dashboards Estratégicos** (Punto 6.3), elevando la visibilidad del SGC.

III. Integración del Reconocimiento en el Ciclo de Mejora Continua (Fase 7)

La gestión del reconocimiento en EQUIPAR no es una actividad de fin de año; es un **mecanismo de *input* para la Fase 7 (Revisión Continua)**.

A. El Reconocimiento como Evidencia de la Eficacia del SGC: El éxito del programa de reconocimiento se mide por su capacidad para **sostener los KPIs culturales**.

1. **KPI de Causalidad:** El sistema debe monitorear la correlación estadística entre el Reconocimiento Táctico (Nivel 2) y el aumento de la Tasa de Reporte Proactivo en el área que recibió el premio. Si el reconocimiento es efectivo, el KPI *Leading* debe subir.

2. **Validación del SGC:** El éxito del programa de reconocimiento (medido por la sostenibilidad de los KPIs culturales) es presentado en la Revisión por la Dirección (ISO 9.3) como evidencia de que el Liderazgo de Servicio y la Gestión del Cambio (Fase 5) han sido eficaces.

B. Criterios de Salida y Sostenibilidad del Reconocimiento: La Fase 5 concluye con la **formalización y el presupuesto asignado** para el programa de reconocimiento, asegurando que sea un componente permanente del SGC.

1. **Protocolo de Reconocimiento Aprobado por el CCE:** El Comité de Calidad Estratégica debe aprobar la asignación de recursos para los tres niveles de reconocimiento, garantizando que el reconocimiento no sea el primer ítem en ser recortado durante las restricciones presupuestarias.

2. **Integración de la Data en el SGC Electrónico:** El sistema de gestión de calidad (*software*) debe estar configurado para rastrear y archivar los reconocimientos como evidencia del Compromiso y la Conciencia del Personal (ISO 7.3), lo cual es una prueba de la Alineación Humana.

La Gestión de Reconocimiento Organizacional bajo EQUIPAR es la fuerza centrípeta que impulsa la Participación Voluntaria. Al formalizar un sistema de recompensa que es causal y ligado al riesgo, mi metodología asegura que el SGC se sostenga por la motivación intrínseca de los colaboradores y el modelado positivo del liderazgo, garantizando la sostenibilidad cultural de la Arquitectura Anti-Silo diseñada en un entorno industrial regulado.

CAPÍTULO 8

Fase 6: Alineación con Innovación y Sostenibilidad

La Fase 6: Alineación con Innovación y Sostenibilidad es la etapa metodológica del Sistema EQUIPAR que yo he diseñado para asegurar que el Sistema de Gestión de la Calidad (SGC) no sea un freno, sino un catalizador proactivo del crecimiento y la ventaja competitiva de la organización. Yo sostengo que la ISO 9001:2015 exige la mejora continua (Cláusula 10) y la consideración del contexto (Cláusula 4); sin embargo, el marco ISO carece de la metodología para formalizar la integración bidireccional entre los procesos de gestión de la calidad y los procesos de innovación organizacional.

Mi contribución en esta fase es la formalización del Protocolo de Calidad Habilitadora de la Innovación, que transforma la función de calidad de un vigilante de *compliance* a un socio estratégico de la I+D (Investigación y Desarrollo). Este protocolo se enfoca en tres ejes metodológicos interconectados: **I. La Calidad como Arquitectura Habilitadora de la Innovación, II. La Gestión del Riesgo Proactivo en el Ciclo de Vida del Diseño, y III. La Integración de KPIs de Velocidad y Riesgo**.

8.1. Integración de calidad con objetivos de innovación organizacional

La Integración de Calidad con Objetivos de Innovación Organizacional es el proceso metodológico que yo utilizo para asegurar que los nuevos productos, servicios y tecnologías se desarrollen con la conformidad y la resiliencia intrínsecas, minimizando el riesgo de *recall* y el Costo de la No Calidad (CONC) generado por fallas en el diseño. La innovación es un proceso inherente de alto riesgo, y la calidad es la metodología que debe gestionar y mitigar ese riesgo, no eliminarlo.

I. La Calidad como Arquitectura Habilitadora de la Innovación (Mitigación del Riesgo Regulatorio del Diseño)

La principal barrera para la innovación en entornos regulados es el miedo al riesgo regulatorio. Mi metodología transforma el SGC en la arquitectura habilitadora que permite a I+D innovar de forma segura y trazable.

A. El SGC como Marco *Lean* de I+D (Principios de *Design Control*): Yo exijo la aplicación de principios **Lean** al proceso de I+D, utilizando el SGC como el **sistema de gestión de conocimiento** que reduce el *lead time* del diseño.

1. **Eliminación de Burocracia en el Diseño (Desperdicio *Lean*):** El proceso de I+D se optimiza para eliminar los desperdicios de la No Calidad (ej. ciclos de revisión documental excesivamente largos, reescritura de especificaciones). La documentación *lean* del SGC (Fase 3) asegura que el Expediente de Diseño (DHF), crítico en ISO 13485:2016 (Cláusula 7.3), sea ágil, modular y se actualice en el punto de decisión, no al final del proyecto.

2. **La Calidad en las Etapas Tempranas (*Gate Review* Causal):** El SGC interviene en las etapas más tempranas del diseño (las revisiones de puerta o *Gate Reviews*). El rol de Calidad no es vetar, sino utilizar el lenguaje del riesgo (FMEA) para guiar al equipo de I+D en la identificación de fallas potenciales antes de que se inviertan grandes recursos. Esto asegura que los Requisitos de Diseño sean rastreables a las necesidades del cliente y las regulatorias.

B. Integración de la Voz del Cliente (VOC) y el Riesgo Estratégico: La innovación exitosa exige que el **SGC capture y priorice la Voz del Cliente (VOC)** y la conecte con el riesgo.

1. **CAPA como *Input* de Innovación:** El proceso de CAPA (Acción Correctiva y Preventiva) se unifica con I+D. Las fallas recurrentes de producto (Fase 7) se convierten en el *input* obligatorio para la Generación de Nuevos Requisitos de Diseño. Esto garantiza que la innovación se dirija a resolver los problemas más costosos (CONC alto) que el cliente está experimentando, asegurando la Alineación Estratégica.

2. **Índice de Innovación Basada en Riesgo:** Yo propongo el desarrollo de un KPI de Innovación Basada en Riesgo que mida el porcentaje de proyectos de I+D lanzados cuya justificación principal es la mitigación de un riesgo de alto RPN. Esto asegura que la inversión en I+D esté alineada con la Gobernanza Basada en el Riesgo Estratégico (GBRE).

II. La Gestión del Riesgo Proactivo en el Ciclo de Vida del Diseño (El Sello ISO 13485:2016)

En el sector de dispositivos médicos, la integración de calidad e innovación es una exigencia de trazabilidad y control. Mi metodología utiliza la gestión de riesgos para garantizar que la innovación sea conforme en cada etapa.

A. FMEA Dinámico y la Trazabilidad del Diseño (DHF): Yo exijo que el FMEA (Análisis de Modo y Efecto de Falla) del producto se mantenga como un documento vivo y dinámico que se actualice con cada iteración de diseño.

1. **FMEA en la Prueba de Concepto (POC):** La **Implementación Iterativa** (Fase 4) se extiende al diseño. En la POC de un nuevo producto, el **FMEA** se utiliza para identificar y mitigar el riesgo de Ocurrencia y Detección antes de la siguiente fase del *Design Control*.

2. **Trazabilidad Irrefutable:** El DHF debe demostrar la **trazabilidad bidireccional** entre cada **Requisito de Diseño** (Cláusula 7.3.3) y el **Análisis de Riesgo** (Cláusula 7.3.4). La calidad facilita la herramienta para asegurar que no haya requisitos sin mitigación de riesgo asociada, un riesgo regulatorio crítico.

3. **Roles y Responsabilidades Transfuncionales:** El **RACI-T** (Fase 3) debe asignar la **Accountability (A)** del Riesgo de Producto al **Líder de I+D**, y la **Responsibility (R)** de la Metodología FMEA al personal de Calidad, asegurando la **Unificación de Personas**.

B. Integración del Control de Cambios de Diseño y Operaciones: La **Integración de Calidad** permite que el **Control de Cambios** (Cláusula 7.5.9) sea eficiente.

1. **Análisis de Impacto Transfuncional:** Todo cambio en el diseño (por innovación) debe ser evaluado por su **impacto potencial en los procesos de Manufactura (DMR)** y en las **Especificaciones de Materia Prima.** La calidad utiliza el **SIPOC** para asegurar que la notificación y el *feedback* del cambio lleguen a todos los dueños de proceso involucrados, mitigando el riesgo de silos.

2. **Validación de Procesos (Cláusula 7.5.2):** La innovación (ej. un nuevo material o una nueva tecnología de producción) requiere **validación.** El SGC (Fase 6) debe tener un protocolo que integre el **Plan de Validación** del nuevo proceso con el **Plan de Diseño** del producto, asegurando que la velocidad de innovación no comprometa el rigor regulatorio.

III. La Integración de KPIs de Velocidad y Riesgo (Medición de la Calidad Habilitadora)

La medición es la prueba de que la calidad no retrasa, sino que habilita la innovación. Yo diseño los KPIs de Integración de Calidad e Innovación para ser métricas de velocidad y riesgo.

A. KPIs de Velocidad (*Time-to-Market* y *Lead Time*): Estos KPIs miden la eficiencia de los procesos de I+D habilitados por el SGC *lean.*

1. **Reducción del *Lead Time* de Aprobación Documental:** Mide el tiempo que se tarda en aprobar los documentos de diseño clave. Una reducción en este tiempo demuestra que la **Arquitectura Documental *Lean*** de la Fase 3 es efectiva para la innovación.

2. **Tasa de Retrabajo Documental en I+D:** Mide la frecuencia con la que los documentos de diseño

deben ser reescritos debido a la falta de claridad en los **Requisitos de Diseño** o la **Voz del Cliente**. Una reducción demuestra la eficacia de la **Formación Causal** del equipo de I+D.

B. KPIs de Riesgo y Resiliencia (Medición Causal): Estos KPIs son el argumento estratégico para la Alta Dirección.

1. **CONC Atribuible a Fallas de Diseño:** Mide el **Costo de la No Calidad** generado por fallas de diseño que se manifiestan después del lanzamiento. La reducción de este CONC es la prueba de que la **Gestión del Riesgo Proactivo** en el diseño (FMEA Dinámico) fue eficaz.

2. **Tasa de Rechazo Interno en la Transferencia de Diseño:** Mide la frecuencia con la que Manufactura rechaza las especificaciones de diseño por ambigüedad o falta de validación. Una reducción demuestra la eficacia de la **Unificación Transfuncional (SIPOC/RACI-T)** de la Fase 3 y la **Alineación Humana**.

Concluyo que la Integración de Calidad con Objetivos de Innovación Organizacional es la prueba final de la madurez estratégica del SGC. Al formalizar un protocolo de Gestión del Riesgo Proactivo en el Diseño y utilizar KPIs que miden la velocidad y el impacto fiduciario, mi metodología garantiza que la calidad sea el socio estratégico que transforma la innovación de un evento arriesgado a un proceso controlado, trazable y resiliente, fundamental para el crecimiento sostenible de la organización.

8.2. Diseño de procesos sostenibles: reducción de desperdicios y cumplimiento normativo

Yo concibo la sostenibilidad como una propiedad emergente de un Sistema de Gestión de la Calidad (SGC) maduro: cuando el flujo de valor está libre de desperdicios y el riesgo está gobernado de manera explícita, los impactos ambientales y sociales disminuyen de forma natural, y los resultados operativos se vuelven más estables y previsibles. Bajo esta premisa, la Fase 6 de EQUIPAR no añade un "sello verde" tardío a un sistema ya construido; más bien, incorpora desde el diseño las medidas técnicas y de gobernanza que permiten demostrar —con evidencia medible y trazable— que cada mejora de calidad tiene un correlato en eficiencia de recursos, reducción de emisiones y cumplimiento regulatorio. La estructura de alto nivel (HLS) compartida por ISO 9001, ISO 14001, ISO 13485 y otros marcos afines facilita esta integración, porque exige tratar contexto, liderazgo, apoyo, operación, evaluación del desempeño y mejora bajo un mismo esqueleto de gestión. Esta convergencia no es cosmética: es el punto de anclaje que me permite unificar objetivos, riesgos, controles y métricas en un tablero estratégico único, evitando los sistemas paralelos que duplican esfuerzos y generan incoherencias. ISO+1

Yo fundamento el diseño de procesos sostenibles en tres líneas técnicas que se retroalimentan: reducción de desperdicios Lean con mirada ambiental, integración de la gestión ambiental y regulatoria con el SGC de calidad, y medición causal del valor sostenible a través de indicadores que conecten desempeño operativo con impactos ambientales y obligaciones de cumplimiento. Cuando el modelo se aplica en sectores regulados (farmacéutico, dispositivos médicos, cosmético-alimentario), utilizo además marcos complementarios: gestión de energía según

ISO 50001 para controlar la variable energética como costo y como riesgo, inventarios de gases de efecto invernadero (GEI) a nivel organizacional según ISO 14064-1, y métodos de análisis de ciclo de vida (LCA) y huella hídrica (ISO 14044 e ISO 14046) para evitar decisiones locales que transfieran el impacto a otras etapas del ciclo de vida. Estos estándares aportan principios y requisitos compatibles con la HLS, lo que facilita la integración documental y de auditoría. ISO+3ISO+3ISO+3

I. Reducción de desperdicios Lean como estrategia ambiental

En la Fase 6 utilizo el Mapeo de la Cadena de Valor (VSM) con lente ambiental para identificar los puntos donde el desperdicio clásico de Lean coincide con cargas ambientales o riesgos regulatorios. En manufactura regulada, los mayores desperdicios ambientales provienen de scrap, retrabajo, sobreproducción e inventarios elevados; a ello se suman movimientos internos y externos que incrementan consumo energético y riesgo de daño. El VSM ambiental me permite cuantificar tiempos de valor y no valor, pero además vincular cada muda con flujos de materiales, energía y agua, de modo que el "mapa de estado futuro" incorpore metas de calidad y metas ambientales al mismo tiempo. El enfoque no es nuevo en la literatura; la utilidad de combinar Lean con objetivos ambientales está documentada y ofrece técnicas prácticas para incorporar variables de energía, residuos, agua y emisiones en eventos kaizen y en los SIPOC de los procesos críticos. Yo adopto esa convergencia como regla de diseño. EPA+1

Un segundo instrumento técnico que empleo, particularmente en farmacéutica y química fina, es la familia de métricas de química verde para evaluar la intensidad de materiales y el potencial de residuos del proceso. El E-factor (masa de residuos por masa de producto) y el Process Mass Intensity, PMI (masa total utilizada por masa de producto), ofrecen lecturas complementarias sobre cuán "residuo-intensivo" es un proceso; PMI = E-factor + 1. Estas métricas, introducidas y refinadas en la literatura de química verde, son útiles porque trasladan la discusión desde el cumplimiento abstracto hacia números comparables entre rutas de síntesis o condiciones de proceso, permitiendo priorizar mejoras que reduzcan residuos de solventes, reactivos y consumibles. En mi metodología, no las trato como indicadores "sólo de laboratorio"; las integro en la matriz de riesgo y en el tablero de sostenibilidad cuando los procesos críticos incluyen síntesis, formulación o limpieza intensiva, porque correlacionan con costo y con peligro regulatorio por gestión de residuos. RSC Publishing+2TU Delft Research Portal+2

De manera operativa, convierto estas métricas en objetivos SMART de reducción: por ejemplo, reducir el PMI de un proceso de formulación en un 15 % en doce meses mediante sustitución de solventes, intensificación de operaciones unitarias y estandarización de limpieza. El logro del objetivo, si se acompaña de un esquema robusto de control de cambios y validación, impacta el Costo de la No Calidad (CONC) y reduce la exposición a incidentes ambientales. En dispositivos médicos, donde la química de proceso puede ser menor, adapto el enfoque a consumibles de esterilización, embalajes y logística, aplicando el mismo razonamiento de masa total por unidad de producto, pero enfocado a materiales de empaque y energía de proceso. La lógica de "menos pasos, menos entradas, menos residuos" se sostiene en cualquier ámbito y encaja con la evaluación de desempeño y mejora de la ISO 9001 e ISO 13485. ISO

El tercer componente dentro de la reducción de desperdicios es el layout y la gestión de movimientos y transportes internos. En ambientes GMP, los flujos físicos mal diseñados presionan la cadena de valor con esperas y traslados innecesarios y, a la vez, elevan consumos energéticos por climatización y ventilación en salas limpias. El rediseño del layout, basado en el VSM y en datos de consumo energético del área, produce una doble optimización: acorta tiempos de ciclo y reduce kWh por unidad. Cuando dispongo de un sistema de gestión de energía, lo integro al tablero táctico para que el dueño de proceso evalúe en tiempo casi real si un cambio operativo reduce el tiempo de ciclo y también la energía específica; así alineo Lean con energía, evitando localismos. ISO 50001 proporciona el marco para institucionalizar esta integración. ISO+1

II. Integración de la gestión ambiental y regulatoria con el SGC de calidad

La HLS facilita la integración porque define una estructura común para contexto, liderazgo, riesgos, soporte, operación y mejora. En EQUIPAR, uso esa estructura para unificar la matriz de riesgos de calidad (GBRE) con la matriz de aspectos e impactos ambientales, de forma que el análisis de severidad y ocurrencia contemple tanto consecuencias operativas como sanciones o incumplimientos ambientales. La integración permite que un solo foro —la Revisión por la Dirección— gobierne indicadores de calidad y ambientales, y reasigne recursos según los riesgos combinados. Este es un cambio crítico de gobernanza: ya no hay "dos sistemas" que compiten por presupuesto y atención; hay un solo portafolio de riesgos y oportunidades gestionado desde la Alta Dirección. ISO+1

En el plano técnico, ISO 14001 aporta directrices para identificar aspectos ambientales significativos, establecer objetivos y programas y evaluar el desempeño ambiental. Yo traslado esos requisitos al lenguaje del SGC de calidad y los documento en la misma arquitectura de información: control de documentos unificado, registros controlados y flujos de aprobación comunes para procedimientos de calidad y de ambiente. Evito así la duplicidad de

repositorios y minimizo el riesgo de desalineación entre
políticas, objetivos y controles operacionales. La literatura
del comité de ISO TC 207 destaca explícitamente que la HLS
—antes referida como Annex SL— se adoptó para que los
usuarios familiarizados con un estándar de gestión
pudiesen integrar otros con facilidad; esta es la base sobre
la que construyo la documentación y la auditoría interna
integradas. ISO+1

En sectores de dispositivos médicos, la trazabilidad
documental entre diseño y producción (DHF→DMR) se
vuelve el lugar natural para anclar aspectos ambientales del
proceso que impliquen riesgos en limpieza, esterilización,
empaque o disposición final. Yo vinculo las salidas del
análisis de riesgo de proceso (por ejemplo, un FMEA que
identifique riesgos por uso de solventes residuales en
limpieza) con controles operativos ambientales y con los
registros que prueban la conformidad. Esa trazabilidad
evita huecos en auditorías, porque demuestra que el riesgo
técnico y el riesgo ambiental se trataron en el mismo
sistema de decisiones y con los mismos dueños de proceso.
ISO 13485, al exigir control robusto de ciclo de vida y de
registros, es un aliado para demostrar esta armonización.
ISO

El cumplimiento regulatorio ambiental se apoya también en
el SGC como sistema de control: mantengo legislación
aplicable, permisos, manifiestos de residuos y mediciones
críticas bajo el mismo proceso de control de documentos y
de registros, con cambios controlados y trazabilidad de
versiones. La ventaja práctica es obvia en auditorías
combinadas: una única lista maestra de documentos reduce
el riesgo de "documentos sombras" y evita incongruencias
entre procedimientos de ambiente y de calidad. Además, la
formación causal de la Fase 5 incluye módulos ambientales
—por ejemplo, manipulación de residuos, uso de agua y
energía— para que la adherencia documental tenga el
mismo peso cultural que la adherencia en calidad. ISO

14001 refuerza este enfoque al exigir competencia y conciencia ambiental como condición para el desempeño. ISO

III. Energía y carbono: control integrado y trazable

La energía es simultáneamente costo, riesgo y vector ambiental. Por eso integro un sistema de gestión de la energía, conforme a ISO 50001, como subsistema técnico de la Fase 6 cuando la intensidad energética por unidad de producto explica una porción significativa del CONC y de las emisiones. Un EnMS aporta estructura para política, objetivos, línea base, planes de acción y verificación de desempeño energético; lo conecto con el tablero táctico para que los dueños de proceso visualicen energía específica por unidad de producto y detecten desviaciones rápidamente. La guía de ISO 50001 resalta precisamente esa mejora sistemática, y su compatibilidad con otros sistemas bajo HLS simplifica la integración. ISO+1

Para el inventario de GEI, adopto el marco de ISO 14064-1 a nivel organizacional para cuantificar y reportar emisiones de alcance 1 y 2 y, cuando corresponde, de alcance 3, integrando el EnMS como fuente de datos. Esta norma especifica principios y requisitos de diseño y verificación del inventario, y ofrece la base técnica para reportes consistentes. En productos con requerimientos de huella de carbono, complemento con ISO 14067 para cuantificar la huella de carbono de producto de manera coherente con LCA; esta combinación me permite generar indicadores consistentes, auditables y trazables que se pueden convertir en objetivos de la MOC y, al mismo tiempo, en requisitos de clientes o de mercados con exigencias climáticas. ISO+1

El GHG Protocol —de amplia adopción corporativa— proporciona además categorización y guías de alcance 2 y alcance 3 útiles para profundizar las cadenas de valor; lo uso como referencia complementaria para alinearme con expectativas de clientes y plataformas de reporte, sin abandonar la consistencia técnica de ISO 14064-1. Esta alineación me permite, por ejemplo, establecer una métrica causal simple y útil: kg CO_2e por unidad de producto, con desglose de alcances, de modo que el impacto de una mejora Lean o de un cambio de layout sea visible también como reducción de intensidad de carbono. ghgprotocol.org+1

IV. Agua y huella hídrica: prioridad en procesos intensivos

En industrias con uso de agua relevante —limpieza, formulación, sanitización, utilidades— diseño indicadores específicos de agua por unidad de producto y, cuando la exposición lo amerita, implemento evaluaciones de huella hídrica con ISO 14046, que ofrece principios, requisitos y guías para cuantificar y reportar impactos relacionados con el agua basados en LCA. La ventaja de emplear 14046 es metodológica: evita la ilusión de "ahorro local" que traslada impactos a otras etapas del ciclo de vida. En limpieza de equipos, por ejemplo, la reducción de enjuagues debe verse junto con la carga de DQO del efluente y el consumo energético asociado a calentamiento; una evaluación basada en LCA ayuda a equilibrar decisiones y a documentar que el cambio reduce riesgo ambiental sin crear otro. ISO

V. Circularidad y diseño para el ciclo de vida

La transición hacia modelos circulares —mantenimiento, reutilización, remanufactura, reciclaje— encaja naturalmente con un SGC que gobierna riesgos y costos. En embalajes, por ejemplo, priorizo especificaciones que reduzcan masa y volumen por unidad, aumenten contenido reciclado y faciliten desmontaje; en consumibles, busco sustituciones que reduzcan peligrosidad y aumenten reciclabilidad. Esta lógica de diseñar para mantener materiales en circulación, y de desacoplar valor económico

271

de consumo de recursos finitos, ha sido ampliamente argumentada en la literatura de economía circular; yo la traduzco a objetivos técnicos y a criterios de aprobación de materiales y proveedores dentro del SGC. Ellen MacArthur Foundation+1

La circularidad, cuando se implementa con rigor, también contribuye a la mitigación climática: aumentar la vida útil de componentes, reformular empaques y facilitar reciclaje reduce emisiones asociadas a materias primas y fin de vida. Estas conexiones entre circularidad y clima, documentadas por fundaciones especializadas, refuerzan el sentido de unir indicadores operativos y ambientales en un único marco de revisión por la dirección. En EQUIPAR presento explícitamente estas sinergias para que los patrocinios ejecutivos vean la convergencia de beneficios y asignen recursos a proyectos con múltiple retorno. content.ellenmacarthurfoundation.org

VI. Diseño de indicadores de valor sostenible

Un SGC que promete sostenibilidad debe medirla con rigor y atribución causal. Yo diseño un conjunto mínimo pero suficiente de indicadores, alineado con la ISO 14031 sobre evaluación del desempeño ambiental, que distingue indicadores de gestión, operativos y de condición. No replico catálogos extensos; establezco un "núcleo" integrado al tablero estratégico, con trazabilidad a riesgos y objetivos de la MOC. ISO

1. Intensidad de recursos: defino la Tasa de Eficiencia de Recursos (TRE) como unidades conformes divididas entre recursos críticos consumidos (kWh, m³ de agua, kg de insumos no incorporados), y la uso para comparar procesos y evaluar ganancias de Lean con lentes ambientales.

2. Huella de carbono de producto y de organización: kg CO_2e por unidad, con desglose de alcances según

GHG Protocol e ISO 14064-1, y con aplicaciones de ISO 14067 cuando el mercado lo exige.

3. Residuos y peligrosidad: kg de residuos por unidad y porcentaje de peligrosos; en química fina y farmacéutica incluyo PMI y E-factor para obtener una mirada de materiales más granular, con objetivos explícitos de reducción.

4. Agua y efluentes: m³ por unidad y cargas representativas (DQO, conductividad), con metas derivadas de 14046 cuando corresponda.

5. Cumplimiento ambiental: cero incumplimientos regulatorios, auditorías internas integradas y tiempos de cierre de acciones correctivas ambientales en el mismo esquema de CAPA.

6. Cultura y seguridad: tasas de reporte proactivo y de incidentes de seguridad como indicadores sociales que complementan el desempeño ambiental y operacional.

Este set compacto responde a dos criterios: relevancia para los riesgos priorizados y verificabilidad con evidencia objetiva. Para mantener la integridad de los datos, exijo procesos de captura, revisión y protección consistentes con los requisitos de integridad y disponibilidad de la información documentada del SGC; la precisión y trazabilidad son tan importantes en métricas ambientales como en las métricas de calidad. ISO

VII. Procedimiento de implementación en EQUIPAR

Yo traduzco la integración de sostenibilidad en un protocolo de trabajo secuencial que encaja con las fases de EQUIPAR y evita el "big bang".

1. Traducción de riesgo a objetivos. Tomo la matriz GBRE y la matriz de aspectos ambientales, y realizo un ejercicio de trazabilidad causal: cada objetivo de sostenibilidad debe nacer de un riesgo severo o de una oportunidad con ROI claro. Si el RPN por scrap es alto, el objetivo será reducir scrap y con ello reducir residuos y CONC; si la energía específica es alta, el objetivo será intensificar proceso y gestionar energía bajo ISO 50001. ISO

2. Diseño de controles. Para cada objetivo, defino controles de proceso y de medición: procedimientos lean, parámetros operativos críticos, y la instrumentación necesaria para medir recursos y emisiones. Cuando la exposición lo amerita, incluyo protocolos de LCA para comparar alternativas de proceso y evitar el traslado de impactos, siguiendo ISO 14044. ISO

3. Integración documental. Inserto políticas, procedimientos y registros ambientales en la arquitectura documental del SGC, bajo control de cambios unificado. Este paso evita sistemas paralelos y facilita auditorías integradas. ISO

4. Pilotos y verificación. Implemento pilotos controlados que ejerciten a pequeña escala los cambios de proceso, con verificación de efectos en calidad, costo y ambiente. El enfoque iterativo reduce riesgo operativo y regulatorio, en línea con el principio de implementación ágil de EQUIPAR.

5. Medición y revisión. Incorporo indicadores a los tableros tácticos y estratégicos, con revisiones mensuales y trimestrales por los foros previstos. Utilizo análisis de series de tiempo para separar efectos y validar que los cambios causaron la mejora.

6. Escalamiento y estandarización. Solo después de verificar consistencia y capacidad de control, escalo a toda la planta o cadena de valor, con formación causal y controles de energía y carbono activados, y con requisitos de proveedores ajustados a los objetivos de sostenibilidad.

VIII. Aplicación sectorial

Farmacéutica. La higiene documental y el control de cambios son esenciales; por eso inicio por limpieza y formulación. En limpieza, aplico matrices de selección de solventes y validación de procesos de lavado para reducir ciclos y enjuagues, midiendo m^3 de agua por ciclo y kWh asociados, además de PMI para agentes de limpieza. En formulación, reviso el diseño de lote para minimizar pérdidas por arrastre, optimizo viscosidades y temperaturas, e integro control estadístico de proceso. Las métricas de PMI/E-factor ayudan a cuantificar avances y a priorizar sustituciones, y los tableros de energía y agua conectan la mejora con objetivos de clima y recursos. La literatura de química verde respalda el uso de PMI y E-factor como yardsticks comparables para tomar decisiones de diseño de proceso y de síntesis, y yo los empleo precisamente con ese propósito, complementándolos con LCA cuando la comparación exige visión de ciclo de vida. RSC Publishing+2TU Delft Research Portal+2

Dispositivos médicos. El foco está en esterilización, empaque y trazabilidad. En esterilización, un cambio de parámetros o de método puede alterar consumos energéticos y crear residuos; por eso evalúo la energía específica y la huella de carbono de las alternativas antes de aprobar cambios. En empaque, rediseño especificaciones para reducir masa, aumentar contenido reciclado y facilitar reciclaje, y ajusto instrucciones de trabajo y validaciones de empaque. Todo cambio sigue control de cambios integrado y, si procede, una evaluación de huella de carbono de producto conforme a ISO 14067. El marco de ISO 13485, con su fuerte énfasis en ciclo de vida y control de registros, facilita anclar estas decisiones en la documentación. ISO+1

Cosmético-alimentario. La gestión de agua y energía es prioritaria. Implemento mediciones en puntos críticos, rediseño limpiezas para "right-first-time", optimizo CIP/SIP y adopto prácticas de economía circular en envases, incluyendo contenido reciclado y diseño para reciclabilidad. La evaluación de desempeño ambiental según ISO 14031 orienta la selección de indicadores para seguimiento; la huella hídrica es particularmente pertinente cuando la operación se ubica en zonas de estrés hídrico. ISO+1

IX. Cadena de suministro y diseño de requisitos a proveedores

En mi enfoque, sostenibilidad no se limita a la planta; se extiende a proveedores mediante criterios en homologación y evaluación continua. Exijo a proveedores críticos transparencia en contenidos de materiales, fichas ambientales y energéticas, y compromisos de reducción de residuos, energía y emisiones, con métricas comparables (por ejemplo, kg CO2e por unidad suministrada) alineadas con GHG Protocol e ISO 14064-1 a nivel organizacional. Esta alineación me permite integrar impactos de alcance 3 en el tablero estratégico de la compañía sin perder consistencia técnica. ghgprotocol.org+1

X. Riesgos, controles y auditoría integrada

Todo diseño sostenible debe contemplar riesgos. Identifico cinco riesgos típicos y los controlo con acciones explícitas:

1. Traslado de impactos. Reducir un residuo puede incrementar consumo energético o viceversa. Contramedida: aplicar LCA conforme a ISO 14044

en cambios significativos para capturar efectos colaterales. ISO

2. Fragmentación documental. Un EMS paralelo crea incongruencias. Contramedida: control documental unificado bajo HLS, una lista maestra, y auditorías internas integradas. ISO

3. Datos no verificables. Sin integridad y trazabilidad, los KPIs pierden credibilidad. Contramedida: procesos de captura y validación alineados con requisitos de información documentada del SGC, registros energéticos y ambientales con controles y revisiones periódicas.

4. Desalineación cultural. Sin formación causal, sostenibilidad se percibe como carga. Contramedida: formación continua orientada a riesgos y beneficios, con coaching y tableros visuales que vinculen acción operativa con impacto ambiental y económico.

5. Cumplimiento dinámico. La normativa ambiental cambia. Contramedida: vigilancia regulatoria y actualización de matrices de requisitos, con revisión por la dirección que trate ambiente y calidad en el mismo foro.

XI. Ejecución digital y control de la información

Los tableros que integran calidad, energía, agua, residuos y carbono exigen una base digital confiable. Yo integro capas de datos en el SGC electrónico validado, con trazabilidad de versiones, controles de acceso, auditoría de cambios y resguardo, de forma que cada cifra reportada tenga fuente identificable. El beneficio no es sólo operativo; en auditorías, la capacidad de navegar desde un KPI hasta el registro primario demuestra control y reduce incertidumbre.

XII. Cierre: sostenibilidad como propiedad sistémica demostrable

La Fase 6 de EQUIPAR no promete "ser sostenible" por adhesión retórica a principios genéricos; diseña procesos que, por construcción, reducen desperdicios, cumplen normas y generan evidencia verificable de valor. La reducción de scrap y retrabajo baja el CONC y, a la vez, reduce residuos peligrosos. La mejora de layout y el control de energía disminuyen tiempo de ciclo y kWh por unidad. La homologación de proveedores con criterios de huella y circularidad estabiliza calidad y reduce emisiones upstream. La evaluación de desempeño ambiental, la medición de carbono y la huella hídrica, cuando se usan con criterio, evitan trampas de optimización local y orientan decisiones a lo largo del ciclo de vida. Y todo ello sucede dentro de un único marco de gobernanza, habilitado por la HLS de ISO, que integra objetivos, riesgos, controles y métricas en la misma conversación directiva. Esta coherencia es la razón por la que, en mi práctica, la sostenibilidad deja de ser "otro sistema" y se convierte en el comportamiento natural de un SGC que piensa en riesgo y que actúa con evidencia.

8.3. Métricas ambientales y responsabilidad social asociadas al sistema

La Fase 6: Alineación con Innovación y Sostenibilidad del Sistema EQUIPAR exige la formalización de la gestión de la calidad más allá de su ámbito tradicional. Yo sostengo que un Sistema de Gestión de la Calidad (SGC) implementado en 2018 debe ser capaz de demostrar su valor estratégico y su resiliencia corporativa mediante la integración de Métricas Ambientales y de Responsabilidad Social Corporativa (RSC). Esto es la manifestación del Principio de Medición Causal aplicado a la sostenibilidad, transformando el SGC en un marco de Gestión de Valor Integral.

Mi contribución en esta subsección es el diseño del Protocolo de Medición de Sostenibilidad Causal, el cual asegura que el SGC no solo se beneficie de la eficiencia *Lean* (Punto 8.2), sino que también cuantifique y comunique su impacto positivo en el entorno. Este protocolo se enfoca en tres ejes metodológicos interconectados: **I. Métricas Ambientales de Convergencia (CONC y Reducción de Desperdicios), II. Indicadores de Responsabilidad Social (Factor Humano y Ética), y III. La Integración de la Data de Sostenibilidad en la Gobernanza (CCE y *Reporting*).**

I. Métricas Ambientales de Convergencia (La Calidad como Guardián de los Recursos)

Yo defino las Métricas Ambientales de Convergencia como aquellos Indicadores Clave de Desempeño (KPIs) que demuestran cómo la eficiencia del SGC reduce simultáneamente el Costo de la No Calidad (CONC) y la Huella Ambiental de la organización. La clave metodológica es establecer la conexión causal entre la mejora del proceso de calidad y el ahorro de recursos naturales.

A. El KPI TRE (Tasa de Eficiencia de Recursos) - Un Indicador Compuesto: Yo propongo el TRE (Tasa de Eficiencia de Recursos) como un KPI sintético de alto nivel para el *Dashboard* Estratégico (Punto 6.3), que unifica la producción con el consumo crítico.

TRE=Consumo Total de un Recurso Crítico (Ej. kWh, Litros de Agua, Kg de Materia Prima)Unidades de Producto Conforme Producidas

1. **Función Metodológica:** El TRE mide el desempeño *Lean* **con impacto ambiental.** Una mejora en el TRE demuestra que la **Unificación de Procesos** (Fase 3) ha minimizado los desperdicios, permitiendo a la organización producir más con menos recursos. Este es un argumento de **rentabilidad y sostenibilidad** que resuena con la Alta Dirección (GBRE).

2. **Trazabilidad Causal:** Si el Piloto de la Fase 4 logró una reducción del **CONC** del 20% al disminuir el reproceso, el TRE debe reflejar un aumento en la eficiencia energética y de materia prima por unidad de producto. El SGC es el **mecanismo de control** de este resultado.

B. Cuantificación del *Scrap* y el Desperdicio (Métricas de Impacto Directo): El **CONC** es la métrica monetaria, pero se requieren métricas de volumen para el *reporting* ambiental.

1. **Kg/Litros de Residuos Peligrosos Generados por Lote:** Esta métrica es crítica en la industria química y farmacéutica. La Tasa de Residuos Peligrosos se vincula al RPN de las fallas de producción. La mitigación de fallas (Fase 7) reduce este volumen, lo que yo defino como la contribución directa del SGC a la ISO 14001 (gestión de riesgos ambientales).

2. **Reducción del Uso de Papel en el SGC:** El **SGC electrónico validado** (Implementación Iterativa, Fase 4) debe cuantificar el ahorro de papel y los costos de archivo. Este es un KPI simple, pero de alto impacto cultural.

C. El Riesgo de Cumplimiento Ambiental como RPN: Mi metodología exige que la Matriz de Riesgo Estratégico (GBRE) (Fase 1) incluya los Riesgos de Penalización Ambiental (ej. multas por incumplimiento de límites de vertido). La Formación Causal (Fase 5) para el personal de operaciones debe enfocarse en los Pasos Críticos del SIPOC que evitan el riesgo de contaminación, unificando la Disciplina Operativa con la Responsabilidad Ambiental.

II. Indicadores de Responsabilidad Social (Factor Humano y Ética)

La Responsabilidad Social Corporativa (RSC) se enfoca en el factor humano, el mercado y la comunidad. Yo utilizo los KPIs Culturales de EQUIPAR (Fase 5) como la base metodológica para medir la RSC interna, mientras que se complementan con métricas éticas y de seguridad.

A. Indicadores de RSC Interna (El SGC como Marco Ético): El SGC es el sistema que garantiza la seguridad y la equidad dentro de la organización.

1. **Tasa de Incidentes de Salud y Seguridad Ocupacional (SSO):** Un SGC maduro (alta **Disciplina Operativa** y **Formación Causal**) reduce la tasa de incidentes y accidentes laborales. Esta métrica es la prueba de que el SGC valora la **seguridad del empleado** tanto como la seguridad del producto.

2. **Índice de Reporte Proactivo como Métrica Ética:** El Índice de Reporte Proactivo (*Near-*

Misses) (Punto 6.3) mide la confianza cultural. Una alta tasa de reporte es la prueba de que el Liderazgo de Servicio (Punto 7.3) ha creado un entorno de transparencia y ética donde el error se aborda de forma constructiva, lo cual es la base de la RSC.

3. **Índice de Competencia Cruzada (ICC) y Equidad:** El **ICC** (Punto 7.2) no solo mitiga el riesgo de SPOF, sino que garantiza que la organización invierta en el **desarrollo equitativo de competencias** para el personal operativo, una métrica clave de **desarrollo social interno.**

B. Indicadores de RSC Externa (Cadena de Suministro y Comunidad): El SGC extiende su influencia a la cadena de suministro, mitigando el riesgo ético.

1. **Rendimiento de Proveedores de Alto Riesgo:** El SGC (ISO 9001/13485) exige la evaluación de proveedores. Yo extiendo esta evaluación para incluir el cumplimiento de los estándares laborales y ambientales por parte de los proveedores críticos. La mejora en el Rendimiento del Proveedor (calidad de *input*) se alinea con la reducción del riesgo ético en la cadena de suministro.

2. **Participación Comunitaria (*Pro Bono* de Calidad):** Se mide el tiempo de Liderazgo de Proceso y Embajadores de Calidad dedicado a la transferencia de conocimiento de gestión de calidad a la comunidad (ej. PyMES locales). Esto es una métrica de Responsabilidad Social del SGC que utiliza el conocimiento como un activo de valor social.

III. La Integración de la Data de Sostenibilidad en la Gobernanza

La utilidad de estas métricas es nula si no se integran en la **Gobernanza Estratégica (GBRE)** y en el ciclo de mejora continua.

A. El *Dashboard* Estratégico y el *Reporting* Integrado: Yo exijo que el Dashboard Estratégico (Punto 6.3) incorpore los KPIs de Sostenibilidad (TRE, CONC Ambiental) como Gráficos de Mitigación de Riesgo.

1. **Revisión por la Dirección Unificada:** La **Revisión por la Dirección (ISO 9.3)** se transforma en un **Foro de Gobernanza de Sostenibilidad**, donde las métricas de calidad y ambiente se presentan de forma unificada, asegurando que la Alta Dirección tome decisiones que resuelvan la tensión entre el beneficio financiero y el impacto ambiental.

2. **Comunicación Causal al *Stakeholder* Externo:** La comunicación de los KPIs de Sostenibilidad debe ser **trazable** a las acciones del SGC (ej. "La reducción del 15% en el consumo de energía (TRE) se debe a la optimización *lean* del Proceso X realizada en la Fase 3 de EQUIPAR"). Esto valida la contribución de la calidad.

B. Criterios de Salida de la Fase 6 (Alineación y Resiliencia): La Fase 6 no concluye hasta que se demuestre la **Alineación del SGC** con el valor sostenible. Los criterios de salida son:

1. **Protocolo de Medición de Sostenibilidad Aprobado:** El CCE ha aprobado el **TRE** y los **KPIs de RSC** como indicadores permanentes del *Dashboard* Estratégico.

2. **Integración Normativa Verificada:** Se ha verificado que la documentación del SGC (Fase 3) cumple con los requisitos de **ISO 14001** en las áreas de control de procesos críticos (unificación de controles ambientales y de calidad).

La integración de **Métricas Ambientales y de Responsabilidad Social** bajo EQUIPAR eleva el SGC a un **sistema de gestión de valor integral**. Al formalizar la medición de la eficiencia *Lean* como un activo ambiental y al vincular la cultura de calidad a la ética corporativa, mi metodología garantiza que el SGC sea un **motor de rentabilidad, resiliencia y ventaja competitiva**.

8.4. EQUIPAR como catalizador de cultura organizacional sostenible

Yo sostengo que la Alineación con Innovación y Sostenibilidad no puede limitarse a un conjunto de métricas, ni siquiera cuando dichas métricas están sólidamente sustentadas por estándares como los que cito en el Punto 8.3. Si el Sistema de Gestión de la Calidad (SGC) no transforma la manera en que pensamos, decidimos y nos comportamos, las métricas devienen indicadores inertes. El propósito de esta subsección es formalizar el mecanismo por el cual, bajo el modelo EQUIPAR, el SGC actúa como catalizador de una Cultura Organizacional Sostenible (COS), entendida como el conjunto de creencias, símbolos y prácticas que integran eficiencia operacional (Lean), responsabilidad social y ética (RSC) y resiliencia estratégica basada en riesgo (GBRE) en el día a día de cada colaborador. La sostenibilidad, en mi práctica, es la capacidad de perdurar generando valor económico, social y ambiental; esa capacidad no se decreta, se cultiva como un hábito colectivo reforzado por gobernanza, procesos, incentivos y aprendizaje.

I. Convergencia de Lean y la cultura de eficiencia ética

Yo trato el desperdicio como un fenómeno simultáneamente operativo y moral. En entornos regulados, cada kilogramo de scrap, cada hora de espera o cada reproceso innecesario implican consumo de materias primas, energía y tiempo humano que no aportan valor y, además, exponen a la organización a riesgos ambientales y reputacionales. Por ello, cuando despliego la arquitectura Lean anti-silo en la Fase 3, mi intención no es solo comprimir ciclos o reducir costos: busco instaurar una ética de cuidado de los recursos. Ese cuidado se comunica explícitamente por medio del Mecanismo de Comunicación

Causal que implemento desde la planificación: no basta con decir "hay que reducir el reproceso"; yo vínculo el comportamiento esperado con su impacto operativo y ambiental, de modo que cada instrucción de trabajo explicite el porqué y el para qué de cada paso. La experiencia me confirma que, cuando la persona comprende la causalidad, la adherencia deja de ser frágil.

Para que esta ética de la eficiencia arraigue, anclo la conversación en indicadores que conecten flujo de valor con consumo de recursos. El indicador que yo empleo como refuerzo cultural en piso es la Tasa de Eficiencia de Recursos (TRE), definida como unidades conformes divididas por recursos críticos (kWh, m³ de agua, kg de insumo no incorporado). Lo presento en el dashboard operativo junto a defectos por hora y tiempo de ciclo, y lo celebro en las ceremonias de reconocimiento. Este indicador no sustituye a los KPIs de calidad; los complementa, haciendo visible la relación entre "hacerlo bien a la primera" y el ahorro de energía, agua y materiales. La literatura y los marcos de gestión ambiental bajo ISO 14001, así como los enfoques de gestión de energía de ISO 50001, legitiman esta integración metodológica porque exigen definiciones claras de objetivos, línea base, medición y revisión directiva; el valor para la cultura es que el equipo ve en una sola pantalla el efecto operativo y ambiental de su trabajo, y lo conecta con la estrategia. gpp.golocal-ukraine.com+1

El VSM con lente ambiental que utilizo en la Fase 6 refuerza el mensaje: mapeo tiempos y lotes, pero también flujos de materiales, energía y agua asociados a cada etapa, y ubico visualmente los mudas que erosionan valor y sostenibilidad. Las guías prácticas de Lean con objetivo ambiental muestran cómo incorporar variables de residuos, energía y emisiones en los eventos kaizen; yo adapto esas prácticas a contextos regulados, con controles documentales y de cambios robustos para no vulnerar el "estado validado" de procesos, y con evidencia que la revisión por la dirección puede auditar. El resultado es pedagógico: el equipo deja de pensar en "cumplir el procedimiento" y comienza a pensar en "optimizar el flujo de valor con responsabilidad de recursos", porque el mapa de estado futuro incorpora metas técnicas y ambientales coherentes. GOV.UK+1

En farmacéutica y química fina, donde el flujo de materiales es crítico, integro métricas de química verde en el discurso cultural. PMI y E-factor permiten comparar rutas, solventes y condiciones de operación con un lenguaje comprensible: masa usada por masa de producto, o masa de residuo por masa de producto. Su potencia cultural reside en que revelan ineficiencias invisibles en horas-hombre: clarifican que un lote con mayor PMI probablemente consume más energía, genera más residuos y, por tanto, aumenta el CONC y la exposición regulatoria por gestión de residuos. Cuando el equipo observa cómo un cambio controlado en formulación, limpieza o transferencia reduce el PMI y el TRE mejora en paralelo, la ética de la eficiencia se vuelve palpable.

También considero el factor humano como dimensión de sostenibilidad. Procesos más simples y flujos más cortos reducen estrés y fatiga, dos causas frecuentes de error. No es retórica: la simplificación documentada en SIPOC y la estandarización visual aminoran la carga cognitiva, disminuyendo la probabilidad de desviaciones. A nivel directivo, esa menor variabilidad reduce la necesidad de sprint reactivo ante auditorías o quejas, estabilizando el clima laboral. Conecto esta evidencia con el enfoque de gestión de personas en calidad que recoge ISO 10018: involucrar y comprometer al personal en el SGC es condición para el desempeño sostenido; no se trata de "convencer" con carteles, sino de rediseñar el trabajo para que la excelencia sea la ruta de menor fricción. ISO

II. Integración de la ética y la RSC en la disciplina operativa

Una COS no existe si la ética no habita la operación. Por eso incorporo la responsabilidad social en el propio tejido del SGC, y no como informe paralelo. Mi marco de referencia es ISO 26000: no establezco un sistema certificable, porque ISO 26000 no lo es, sino un conjunto de orientaciones para integrar materias fundamentales como prácticas laborales, medio ambiente, prácticas justas de operación y asuntos de consumidores en los procesos, decisiones y controles cotidianos. Este anclaje es crucial: me permite traducir valores y expectativas de partes interesadas en requisitos operativos, con trazabilidad a políticas, procedimientos y KPIs, y evitar el divorcio entre "lo que decimos en RSC" y "lo que hacemos en planta". ISO+1

Yo operativizo esta integración a través de tres mecanismos.

Primero, convierto el reporte proactivo sin culpa en indicador líder de madurez ética. A mayor seguridad psicológica, mayor disposición a reportar incidentes y casi-fallas; la evidencia académica es consistente: los equipos con seguridad psicológica aprenden más y corrigen antes. Yo construyo ese clima mediante el Liderazgo de Servicio y una política explícita de "Just Culture": juzgamos comportamientos, no consecuencias accidentales del sistema. En la práctica, esto significa investigar causas sistémicas antes que culpas personales, y diseñar respuestas diferenciales según la intencionalidad y el control de la conducta. La literatura en psicología organizacional y seguridad del paciente muestra cómo la seguridad psicológica y la cultura justa incrementan el reporte temprano y el aprendizaje; yo incorporo esa lógica al tablero, estableciendo umbrales de reporte por equipo y reconociendo explícitamente a quienes elevan señales de riesgo. dash.harvard.edu+2Harvard Business School+2

Segundo, extiendo la ética a la integridad de datos. En 2018, las guías de MHRA consolidaron expectativas GxP para integridad de datos y ALCOA+, y la OMS complementó con lineamientos de buenas prácticas de datos y registros. Incorporo ese cuerpo normativo en la disciplina operativa: privilegios de usuario mínimos, trazas de auditoría activas, revisión independiente de entradas críticas, reconciliaciones, y formación específica en comportamiento ético frente al dato. Ética y calidad se tocan aquí con nitidez: un operario que entiende que la veracidad del registro es un acto de responsabilidad con el paciente y con la sociedad, y que además se siente protegido al reportar un error, es menos propenso a "corregir" ilícitamente un dato. El SGC, entonces, protege la integridad de los datos por diseño técnico y por cultura. GOV.UK+2GOV.UK+2

Tercero, extiendo la ética a la cadena de suministro. Sustento la homologación de proveedores con ISO 20400 e ISO 26000, introduciendo criterios de sostenibilidad y prácticas justas de operación en la evaluación y re-evaluación, y exigiendo evidencias verificables de cumplimiento social y ambiental. Cuando clasifico a un proveedor por riesgo, no sólo pondero su capacidad técnica y de calidad, sino su riesgo ético: señalizaciones por trabajo forzoso, cumplimiento de seguridad y salud, transparencia ambiental, y gobernanza anticorrupción. ISO 20400 ofrece el lenguaje para integrar estos factores en el proceso de compras, y estándares como ISO 37001 refuerzan la dimensión de integridad en contrapartes y relaciones comerciales. La consecuencia cultural es que compras deja de ser "conseguir al mejor precio" y pasa a ser "asegurar valor sostenible", y esta semántica se fija en matrices, KPIs y decisiones cotidianas. ISO+2ISO+2

III. Sostenibilidad del cambio mediante causalidad y reconocimiento sistémico

Una cultura no se estabiliza con una campaña; se sostiene con un circuito de aprendizaje que convierte la experiencia en conocimiento codificado y en refuerzo positivo. En EQUIPAR, ese circuito se institucionaliza en la Fase 7 y se alimenta, de manera continua, de la operación.

Mi premisa es que el CAPA es un generador de conocimiento, no un expediente de cierre. Cuando una causa raíz revela falla de competencia, el disparador automático es la revisión del programa formativo y de la instrucción de trabajo; cuando revela falla de diseño, la actualización del FMEA y del control de cambios. Esta lógica causal se documenta y se comparte transversalmente, de modo que la lección aprendida no quede confinada al área donde emergió. En términos culturales, esto envía dos mensajes: el error analizado con rigor es bienvenido como insumo de mejora, y el conocimiento se socializa para proteger a toda la organización. En paralelo, monitorizo señales culturales en el dashboard: el índice de reporte proactivo, la participación en auditorías internas, la tasa de cierre efectivo de CAPA sin recurrencia. Una caída en esos indicadores activa un "trigger" de sostenibilidad cultural: intervención de liderazgo, refuerzo del reconocimiento y, si corresponde, ajuste del discurso causal para reconectar los porqués. La literatura en cultura de seguridad respalda este enfoque de señales tempranas y respuestas no punitivas para sostener aprendizajes; no es complacencia, es diseño de justicia. psnet.ahrq.gov

El reconocimiento sistémico es el otro ancla. Yo distingo tres niveles: cotidiano, táctico y estratégico. El cotidiano ocurre en el gemba, en los huddles, y premia microcomportamientos que consolidan la cultura: adherencia impecable a pasos críticos, levantamiento de mano ante una ambigüedad, propuesta de simplificación que elimina desperdicio o riesgos de datos. El reconocimiento táctico, mensual, destaca logros de equipos: mejora del TRE, reducción de scrap asociada a una mejora validada, cumplimiento sostenido de tiempos de ciclo, incrementos de reporte proactivo. El reconocimiento estratégico, trimestral o semestral, premia resiliencia: equipos que, enfrentando procesos con alto RPN, redujeron CONC y mejoraron indicadores ambientales sin sacrificar cumplimiento, o embajadores que lideraron transformaciones de interfaz entre áreas históricamente fragmentadas. Este escalamiento del reconocimiento desplaza el foco desde el héroe individual hacia el sistema, y reafirma que la sostenibilidad es un deporte de equipo.

IV. Mecanismos de anclaje: políticas, procesos y métricas integradas

Toda cultura necesita artefactos que la sostengan. En EQUIPAR, los artefactos de anclaje son políticas explícitas, procesos integrados y tableros con indicadores coherentes.

Políticas. Declaro por escrito dos políticas no negociables: la de reporte sin culpa y la de integridad de datos. La primera define el marco de la cultura justa: diferencia errores humanos, conductas de riesgo y actos intencionales, y detalla respuestas organizacionales para cada caso; la segunda fija expectativas ALCOA+, controles técnicos del SGC electrónico y consecuencias de violaciones deliberadas. La existencia de políticas claras no sustituye el liderazgo; lo respaldan, evitando arbitrariedades. GOV.UK+1

Procesos. Inserto RSC y sostenibilidad en procesos de negocio: compras con criterios de ISO 20400 e integridad, diseño con consideraciones de materiales, energía y fin de vida, logística con optimización de embalajes y rutas. A nivel de SGC, integro auditorías internas para cubrir simultáneamente calidad, ambiente y ética de operación; integro control de cambios para que modificaciones con impacto social o ambiental significativo tengan gobernanza equivalente a cambios de proceso críticos. Este diseño evita sistemas paralelos y reduce el riesgo de incoherencia entre lo que defendemos y lo que hacemos. ISO

Métricas. Combino indicadores de desempeño de calidad con indicadores ambientales y sociales en un único tablero: defectos por millón, tiempo de ciclo, TRE, kg de residuo por unidad, incidentes reportados, índice de reporte proactivo, efectividad del CAPA, e indicadores básicos de cumplimiento ambiental (sin incumplimientos, auditorías superadas, tiempos de cierre de acciones correctivas). Para transparencia externa, remito a marcos de reporte como GRI, que estructuran divulgación de impactos económicos, ambientales y sociales; esta coherencia entre lo interno y lo público protege la integridad de la narrativa y reduce el riesgo reputacional. globalreporting.org+1

V. Liderazgo de servicio y seguridad psicológica: la ecuación humana de la COS

Yo no delego la cultura al departamento de calidad ni al de recursos humanos. La Alta Dirección y los dueños de proceso modelan comportamientos. Apoyo esa modelación con entrenamiento específico en coaching, escucha activa y comunicación causal. La seguridad psicológica no surge de discursos, sino de experiencias: cuando un supervisor responde a un error con preguntas de proceso en lugar de reproches, cuando un gerente celebra un near-miss bien reportado, cuando una lección aprendida se convierte en instrucción revisada y en formación, las personas internalizan que la organización se interesa por el aprendizaje más que por el castigo. La evidencia de Edmondson sobre seguridad psicológica y aprendizaje en equipos, y los marcos de "Just Culture" de Reason y Dekker, ofrecen el respaldo conceptual: culturas que aprenden responsabilizan sin humillar y distinguen entre fallo del sistema y negligencia intencional. Yo convierto esa filosofía en protocolo. Massachusetts Institute of Technology+1

VI. Cadena de suministro: ética extendida y compras sostenibles

Elevar la COS exige irradiarla hacia proveedores. Por eso he hecho de compras un canal de cultura. Con ISO 20400, diseño criterios para que la homologación y evaluación continua integren: cumplimiento social, ambiental y anticorrupción; trazabilidad de materias primas; huellas de producto cuando son pertinentes; y transparencia de prácticas. El efecto cultural es doble: en la organización, compras gana estatus estratégico; en la cadena, se incentiva la mejora continua de proveedores y se disuaden prácticas riesgosas. Cuando además conecto estos criterios con ISO 26000 y con la política de integridad empresarial que puede articularse bajo ISO 37001, la narrativa de "cómo compramos" se vuelve consistente, auditable y defendible. ISO+2ISO+2

VII. Resiliencia estratégica: de los valores a la continuidad del negocio

La COS no es sólo "ser buenos ciudadanos"; es asegurar la continuidad del negocio bajo estrés. La resiliencia que persigo con GBRE depende de una cultura que reaccione bien al imprevisto: que reporte temprano, que comparta información entre áreas, que documente con integridad, que entienda la prioridad estratégica de los recursos. Cuando un evento de riesgo se materializa —interrupción de proveedor clave, alerta de integridad de datos, no conformidad mayor— la diferencia entre crisis y control suele estar en el tejido cultural. Por eso insisto en que la sostenibilidad de EQUIPAR reside en la cultura: sin ella, ningún estándar evita el colapso de la disciplina; con ella, la organización navega cambios regulatorios y tecnológicos sin sacrificar desempeño ni principios.

VIII. Gobernanza integrada: una sola mesa, una sola historia

El último componente de mi mecanismo es la gobernanza: una sola mesa —la Revisión por la Dirección— que evalúa riesgos y desempeño de calidad, ambientales y éticos, y reasigna recursos donde la criticidad lo exige. La HLS fue creada para facilitar esta integración; yo la llevo a su consecuencia lógica: un tablero, una agenda, una toma de decisiones. La ventaja cultural es inmensa: desaparecen los mensajes contradictorios, y el personal percibe coherencia entre lo que se prioriza, lo que se mide y lo que se reconoce. Cuando la Alta Dirección celebra simultáneamente la reducción del CONC, la mejora del TRE y el aumento del reporte proactivo, ancla el aprendizaje en los tres ejes de la COS. gpp.golocal-ukraine.com

IX. Implementación práctica: del papel al hábito

Para que todo lo anterior pase del papel al hábito, estructuro la ejecución en cinco movimientos que atraviesan Fases 3, 5, 6 y 7 de EQUIPAR.

1. Traducción causal de riesgos a comportamientos. A cada riesgo crítico le corresponde uno o más comportamientos observables que, practicados con disciplina, lo mitigan. "Riesgo de integridad de datos" se traduce en "doble verificación independiente en puntos críticos" y "reporte inmediato de discrepancias". "Riesgo de scrap alto" se traduce en "poka-yokes de etiquetado, 5S estricta, y verificación de parámetros antes de lote". Esos comportamientos se codifican en instrucciones breves, visuales, con el porqué visible.

2. Formación distinta por rol. Dirijo módulos causales para liderazgo (GBRE, valores, seguridad psicológica, cultura justa), dueños de proceso (SIPOC, VSM, análisis de causa raíz, integridad de

datos) y operación (disciplina operativa, porqués, señales de alerta, reporte sin culpa). La formación en compras incluye ISO 20400, riesgos de la cadena y anticorrupción. Los Embajadores de Calidad se forman para multiplicar y sostener la cultura en su equipo.

3. Tableros visibles y rutinas de conversación. Coloco indicadores en el punto de uso: TRE, defectos, reportes proactivos, energía y agua por unidad cuando es pertinente. Establezco huddles diarios con una pauta que siempre incluye un minuto para "lo que aprendimos ayer" y "lo que podemos simplificar hoy".

4. Reconocimiento con narrativa. Cada reconocimiento incluye la conexión causal: "El equipo X mejoró el TRE 12 % al eliminar reintroducciones de datos en el sistema Y; esto redujo 8 % el tiempo de ciclo y 6 % el consumo mensual de energía del área. Impacto: CONC a la baja y mejor cumplimiento ambiental". Esta gramática refuerza valores.

5. Auditoría como coaching. Las auditorías internas integradas no buscan "cazar fallas", sino reforzar comportamientos, aclarar ambigüedades y detectar fricciones. El hallazgo se convierte en acción de mejora y, donde aplica, en lección aprendida compartida. Esta reconfiguración de la auditoría como foro de aprendizaje ha incrementado consistentemente el reporte proactivo y la calidad de los CAPA.

X. Indicadores culturales y verificación externa

Toda cultura madura se evalúa. Además de los indicadores operativos, conservo un set compacto de indicadores culturales: índice de reporte proactivo, tasa de participación en auditorías y eventos de mejora, rotación voluntaria en áreas críticas, proporción de acciones de reconocimiento vinculadas a causalidad, y resultados de pulsos breves sobre seguridad psicológica. En paralelo, alinear la divulgación externa con GRI me permite validar hacia afuera lo que internamente sostengo: impacto económico, ambiental y social presentado con consistencia. Cuando reporto sobre ética e integridad, prácticas laborales, medio ambiente y consumidores siguiendo la estructura GRI, refuerzo la transparencia y evito divergencias entre discurso y práctica. globalreporting.org

XI. Lecciones de implementación en sectores regulados

En farmacéutica he aprendido que la COS se acelera cuando inicio por integridad de datos y limpieza. La combinación de ALCOA+, validación de sistemas informatizados y rutinas de reporte sin culpa crea rápidamente evidencia de confiabilidad. En dispositivos médicos, la narrativa se fortalece al conectar DHF-DMR con trazabilidad ética en proveedores de componentes críticos; la cultura capta con claridad que "lo que recibimos" también expresa nuestros valores. En cosmético-alimentario, la conversación sobre agua y energía tiene alta tracción en piso, y si se acompaña de simplificación documental y pull visual, produce mejoras rápidas y sostenibles.

XII. Cierre: cultura como garantía de perdurabilidad

Mi tesis es que EQUIPAR, al integrar Lean, RSC y GBRE en los hábitos de trabajo, convierte la calidad en cultura y la cultura en sostenibilidad. El resultado verificable no es sólo un KPI estable: es una organización más confiable, más ética y más resiliente. Los estándares internacionales nos dan lenguaje, principios y estructuras compatibles; la metodología nos da camino; la cultura nos da permanencia. Si la COS existe, la innovación se convierte en rutina, la sostenibilidad deja de ser un proyecto y la calidad se vuelve, sencillamente, "la forma de trabajar".

CAPÍTULO 9

Fase 7: Revisión Continua y Reconocimiento Sistémico

La Fase 7: Revisión Continua y Reconocimiento Sistémico es la culminación metodológica del Sistema EQUIPAR. Yo he diseñado esta fase para asegurar que el Sistema de Gestión de la Calidad (SGC) se convierta en un sistema autopropulsado que aprende y se corrige a sí mismo, garantizando la sostenibilidad y la resiliencia operativa a largo plazo. Yo sostengo que, la ISO 9001:2015 (Cláusula 9.2: Auditoría interna, y 9.3: Revisión por la dirección) exige estas actividades; sin embargo, el marco ISO carece de la metodología para transformar la auditoría de un evento punitivo y reactivo a un motor de mejora continua y aprendizaje organizacional.

Mi contribución en esta subsección es la formalización de la Auditoría Causal y Estratégica, que transforma al auditor de un inspector de *compliance* a un consultor interno de mitigación de riesgo. Este protocolo se enfoca en tres ejes metodológicos interconectados: **I. El Protocolo de la Auditoría Causal (Enfoque en el Riesgo y el Proceso), II. La Conversión de Hallazgos en Activos de Conocimiento (Aprendizaje Organizacional), y III. La Auditoría como Mecanismo de Refuerzo del Liderazgo de Servicio.**

9.1. Auditoría como herramienta de mejora, no solo de control

La Auditoría Causal y Estratégica bajo EQUIPAR es el proceso metodológico que yo prescribo para asegurar que la actividad de auditoría interna se alinee con los objetivos de la Matriz de Objetivos de Calidad (MOC) (Fase 2) y la cultura de reporte sin culpa (Fase 5). La auditoría se convierte en el mecanismo principal para validar la eficacia de las acciones de mitigación de riesgo y para asegurar la sostenibilidad del cambio cultural.

I. El Protocolo de la Auditoría Causal (Enfoque en el Riesgo y el Proceso)

La auditoría tradicional se enfoca en la búsqueda de la no conformidad documental. Yo exijo que la auditoría bajo EQUIPAR sea causal y basada en el riesgo, utilizando los artefactos metodológicos generados en las fases previas para definir su alcance y sus objetivos.

A. Planificación de la Auditoría Basada en la Matriz GBRE: El plan de auditoría interna (ISO 9.2) se diseña con un **enfoque de riesgo dinámico**.

1. **Priorización del Alcance por RPN:** La frecuencia y el alcance de las auditorías internas se dirigen a los Procesos Críticos que aún mantienen un Riesgo Residual (RPN) por encima del umbral de aceptabilidad (Matriz GBRE, Fase 1). Los procesos con mayor Costo de la No Calidad (CONC) y mayor Severidad Regulatoria son auditados con mayor frecuencia y profundidad, garantizando que la auditoría sea una función de mitigación de riesgo fiduciario.

2. **Objetivos Causalmente Definidos:** El objetivo de la auditoría no es solo "verificar el cumplimiento del procedimiento X", sino "verificar la eficacia de la

mitigación de la Ocurrencia del RPN Y, mediante la observación de la Adherencia Documental Causal". Esto asegura que el auditor esté buscando la evidencia de la eficacia de la implementación de EQUIPAR, no solo la documentación.

B. Ejecución de la Auditoría Causal (*Audit Walk Causal*): El auditor de EQUIPAR actúa como un consultor de mejora, utilizando un protocolo de observación y entrevista que refuerza la cultura de reporte sin culpa.

1. **Verificación de la Trazabilidad del Riesgo:** El auditor debe verificar la trazabilidad bidireccional entre la Política de Calidad (Fase 2), el SIPOC *Lean* (Fase 3), y la Acción Operativa del empleado. Si un empleado no puede articular el vínculo causal de su tarea (el *por qué* de su acción), se registra una Oportunidad de Mejora en la Formación Causal (Fase 5), no necesariamente una no conformidad.

2. **Validación de la Interfaz Anti-Silo:** La auditoría se enfoca en las Interfaces Transfuncionales (Punto 5.1), verificando si los Protocolos de Comunicación y el RACI-T (Punto 5.2) están funcionando efectivamente. Un fallo en la transferencia de información se registra como una falla metodológica del diseño (Fase 3) que requiere una Iteración (Fase 4).

3. **Monitoreo del Reporte Proactivo:** El auditor evalúa el Índice de Reporte Proactivo (*Leading Indicator*) (Punto 6.3) del área auditada. Una baja tasa de reporte puede ser un hallazgo cultural que indica que la Gestión del Reconocimiento (Punto 7.4) está fallando.

C. El Hallazgo como Oportunidad de Mejora Causal

(OMC): El resultado primario de la auditoría causal es la Oportunidad de Mejora Causal (OMC), no la No Conformidad (NC).

- **NC (No Conformidad):** Se reserva para el **incumplimiento claro y objetivo** de un requisito normativo o legal (ej. falta de registro de calibración, uso de documentación obsoleta). La NC es un **fallo de disciplina.**

- **OMC (Oportunidad de Mejora Causal):** Se emite cuando el cumplimiento existe, pero el proceso es **ineficiente, burocrático o propenso a errores** (ej. un formulario requiere 5 firmas innecesarias). La OMC es un **fallo de diseño metodológico** que requiere una **Iteración *Lean*** de Fase 3.

Yo insisto en que el enfoque en la OMC promueve la Alineación Humana, transformando la auditoría de un evento temido a un servicio de consultoría interna.

II. La Conversión de Hallazgos en Activos de Conocimiento (Aprendizaje Organizacional)

La auditoría en EQUIPAR es el mecanismo de *input* más formal para la Generación de Conocimiento Sostenible (ISO 7.1.6). Los hallazgos se convierten en el fundamento del Ciclo de Corrección Autopropulsada del SGC.

A. El Proceso de Análisis de Causa Raíz (ACR)

Obligatorio: Toda No Conformidad (NC) y toda Oportunidad de Mejora Crítica debe pasar por un **ACR.**

1. **ACR Sistémico (La Búsqueda de la Causa Cultural/Metodológica):** El ACR no debe detenerse en la causa operativa ("el operario cometió un error"), sino que debe utilizar el Análisis de Árbol de Fallas o Ishikawa Avanzado para

encontrar la causa sistémica (ej. la falta de un *checklist* visual en el puesto, la formación ineficaz o el diseño de proceso ambiguo).

2. **El ACR como *Input* de Formación:** Si el ACR determina que la causa es la falta de competencia (Punto 7.2), el sistema activa una revisión obligatoria del programa de Formación Causal (Fase 5) para corregir el contenido.

B. Integración de las Lecciones Aprendidas en el SGC: Las acciones correctivas resultantes de los hallazgos deben alimentar directamente la arquitectura del SGC.

1. **Actualización del Riesgo (FMEA):** La NC o la OMC demuestra que el RPN del riesgo asociado es incorrecto. El cierre del CAPA debe incluir la actualización obligatoria de la Ocurrencia y la Detección en el FMEA (Fase 1), garantizando que el SGC sea un sistema de riesgo dinámico.

2. **Integración en la Base de Conocimiento:** Las Lecciones Aprendidas Causales se documentan como un Activo de Conocimiento que se integra al sistema de *e-learning* (Fase 5), asegurando que el error de un área se convierta en la prevención para toda la organización, mitigando el Riesgo de Conocimiento Único (SPOF).

III. La Auditoría como Mecanismo de Refuerzo del Liderazgo de Servicio

La Auditoría Causal es el foro más formal que yo utilizo para reforzar el Principio del Liderazgo de Servicio y el Reconocimiento Sistémico (Punto 7.4). El informe de auditoría se convierte en un documento de gestión gerencial, no de penalización.

A. El Informe de Auditoría como Documento de Gobernanza: El informe de auditoría debe reflejar la **Alineación Estratégica** (Fase 2) y la **Eficacia del SGC**.

1. **Medición de la Efectividad del CAPA:** El informe evalúa si los CAPA previos del área auditada han sido efectivos (no ha habido recurrencia de la falla). La baja Efectividad del CAPA es un fallo de gobernanza que el CCE (Comité de Calidad Estratégica) debe abordar en la Revisión por la Dirección.

2. **Cuantificación del Impacto (CONC y RPN):** El informe debe comunicar los hallazgos en términos de Riesgo Residual y Impacto Potencial en el CONC, asegurando que el liderazgo (RACI: A) entienda las implicaciones fiduciarias de los hallazgos.

B. Refuerzo de la Cultura de Reconocimiento: La auditoría se utiliza para identificar y validar las buenas prácticas de las Fases 3, 4 y 5.

1. **Reconocimiento Causal en el Informe:** El informe debe incluir una sección de "Fortalezas y Buenas Prácticas" que identifique a los equipos o Embajadores de Calidad que demostraron una Adherencia Documental Causal o que implementaron una Iteración Lean exitosa.

2. **Vinculación a la Fase 7:** Las buenas prácticas son el *input* directo para el Programa de Reconocimiento Estratégico (Punto 7.4), donde la Alta Dirección premia públicamente a los Agentes de Cambio identificados por la auditoría. Esto valida la cultura de reporte sin culpa.

La Auditoría como herramienta de mejora es la disciplina metodológica que garantiza la sostenibilidad, el aprendizaje y la resiliencia operativa del SGC. Al transformar el proceso de un ejercicio de control a una función de consultoría de riesgo y refuerzo cultural, mi metodología asegura que el SGC bajo EQUIPAR evolucione continuamente, superando las limitaciones del marco ISO en 2018.

9.2. *Medición del impacto: KPIs y benchmark en industrias ISO*

La Fase 7: Revisión Continua y Reconocimiento Sistémico culmina con la Medición del Impacto, el proceso metodológico que yo he diseñado para cuantificar el Retorno de Inversión (ROI) y la eficacia causal del Sistema EQUIPAR. Yo sostengo que, en 2018, la ISO 9001:2015 (Cláusula 9.1: Seguimiento, medición, análisis y evaluación) exige la monitorización del desempeño; sin embargo, el SGC tradicional falla al limitarse a la recopilación de métricas reactivas (ej. número de no conformidades) que no demuestran el valor estratégico o la resiliencia operativa.

Mi contribución en esta subsección es la formalización del Protocolo de Medición Causal Estratégica, el cual utiliza los Indicadores Clave de Desempeño (KPIs) del sistema para el análisis de la causalidad y el establecimiento de *benchmark* en industrias reguladas. Este protocolo se enfoca en tres ejes metodológicos interconectados: **I. La Metodología de los KPIs de Impacto Causal (De *Lagging* a Estratégico), II. El Protocolo de *Benchmark* Basado en el Riesgo y la Resiliencia, y III. La Integración de la Medición en la Revisión por la Dirección (ISO 9.3).**

I. La Metodología de los KPIs de Impacto Causal (De *Lagging* a Estratégico)

La medición del impacto bajo EQUIPAR se centra en demostrar la eficacia de la mitigación de riesgo y la generación de valor fiduciario que se definió en la Matriz de Objetivos de Calidad (MOC) (Fase 2). Yo exijo que los KPIs de impacto sean cuantitativos, trazables y causales.

A. El Costo de la No Calidad (CONC) - El KPI Estratégico Rector: El CONC es el indicador de impacto final y el principal argumento de **ROI** para la Alta Dirección. La medición en la Fase 7 se centra en:

1. **Cuantificación del CONC Evitado (Valor Generado):** Se mide el ahorro monetario generado por la reducción de las fallas internas (*scrap*, reproceso) y externas (garantías, multas) atribuibles a la implementación de EQUIPAR. Yo utilizo un modelo de atribución causal para vincular las mejoras de proceso (*lean*, Fase 3) a la reducción del CONC en el proceso Piloto (Fase 4). La reducción del CONC es la prueba de que la Gobernanza Basada en el Riesgo Estratégico (GBRE) fue efectiva.

2. **CONC vs. Inversión en SGC:** La Fase 7 presenta un análisis formal del ROI del proyecto EQUIPAR, comparando el CONC evitado (el beneficio) con el costo total de implementación (Formación Causal, Validación de *Software*, tiempo de *coaching* gerencial). Yo considero que un SGC es maduro si demuestra un ROI positivo y creciente a lo largo del tiempo.

B. La Tasa de Efectividad del CAPA (Acción Correctiva y Preventiva) - El KPI de Resiliencia: Este KPI es el indicador más riguroso de la madurez sistémica del SGC en industrias ISO. Yo exijo que la Fase 7 lo mida como el porcentaje de acciones correctivas cerradas que han prevenido la recurrencia del fallo original en un periodo de tiempo definido.

1. **Medición de la Resiliencia:** Una alta Efectividad del CAPA demuestra que el SGC tiene una cultura de Análisis de Causa Raíz (ACR) profundo (Fase 9.1) y que las Acciones Causales fueron correctamente implementadas. La baja Efectividad del CAPA indica un Riesgo Regulatorio (incumplimiento del requisito de mejora) y un fallo en la gobernanza.

2. **Trazabilidad a la Formación:** La Fase 7 utiliza la Tasa de Efectividad del CAPA para validar la eficacia de la Formación Causal (Punto 7.1). Si los CAPAs recurrentes están ligados a la falta de competencia, el programa de formación debe ser ajustado (el sistema se auto-corrige).

C. KPIs Predictivos (*Leading Indicators*) - Medición de la Cultura: La Fase 7 consolida los KPIs culturales (Fase 5) como indicadores de impacto a largo plazo, ya que la cultura es el **activo más sostenible** del SGC.

1. **Índice de Reporte Proactivo (*Near-Misses*):** El monitoreo sostenido de este índice es la prueba de que la **cultura de reporte sin culpa** y el **Liderazgo de Servicio** (Punto 7.3) han sido adoptados. Una tendencia ascendente en el reporte proactivo en los 12-18 meses posteriores a la implementación predice una futura **reducción sostenida del CONC**.

2. **Índice de Competencia Cruzada (ICC):** Mide la **Sostenibilidad del Conocimiento** (Punto 7.2) y la mitigación del **Riesgo de Conocimiento Único (SPOF)**. La Fase 7 utiliza esta métrica para justificar la inversión continua en el **Entrenamiento Cruzado Obligatorio**.

II. El Protocolo de *Benchmark* Basado en el Riesgo y la Resiliencia

El *benchmark* tradicional se enfoca en métricas de productividad (ej. volumen de producción). Mi metodología exige un *benchmark* que compare la Resiliencia Operativa y la Madurez Metodológica del SGC con las mejores prácticas de las industrias ISO.

A. El *Benchmark* de RPN de Procesos Críticos: Yo exijo que el *benchmark* se centre en la Severidad y Ocurrencia de los riesgos en los Procesos Críticos (Control de Cambios, CAPA, Diseño y Desarrollo) que son comunes en industrias ISO 9001:2015 y 13485:2016.

1. **Comparación de RPN Residual:** La organización compara el RPN Residual (el riesgo después de la mitigación) de sus 5 riesgos de mayor Severidad con el de organizaciones líderes en la industria. Si el RPN Residual es significativamente más bajo, se demuestra la superioridad metodológica del diseño de proceso *lean* de EQUIPAR.

2. ***Benchmark* de Eficacia del CAPA:** Se compara la Tasa de Efectividad del CAPA con la tasa promedio de la industria. Una tasa superior al 85% es un indicador de madurez sistémica y una ventaja competitiva en resiliencia.

B. El *Benchmark* de Madurez Cultural y Liderazgo: El *benchmark* debe incluir la comparación de los **KPIs culturales** (Fase 5), que yo considero los más difíciles de replicar.

1. **Benchmark de Reporte Proactivo:** Se compara la Tasa de Reporte Proactivo con la de organizaciones de clase mundial que practican el *blame-free reporting*. Un alto índice demuestra que la Gestión del Cambio y el Reconocimiento Sistémico son efectivos.

2. ***Benchmark* de Disciplina Operativa:** Se compara la **Adherencia Documental Causal** en los Pasos Críticos con la de los competidores. Una alta adherencia prueba que el diseño de proceso *lean* y la Formación Causal son superiores a los enfoques tradicionales.

C. *Benchmark* de Sostenibilidad (TRE y RSC): Se comparan los **KPIs de Convergencia Ambiental** (TRE, CONC Ambiental) con los de la competencia, demostrando que el SGC es un **motor de eficiencia ética** (Punto 8.3).

III. La Integración de la Medición en la Revisión por la Dirección (ISO 9.3)

La **Revisión por la Dirección (ISO 9.3)** es el foro de gobernanza que yo utilizo para formalizar la medición del impacto y el *benchmark*. Mi metodología transforma esta revisión de un resumen de datos históricos a un **Foro de Decisión Estratégica**.

A. Agenda de la Revisión Causal: La agenda se centra en la **evaluación de la eficacia** y la **asignación de recursos** para los riesgos emergentes.

1. **Revisión del Impacto Causal:** El CCE revisa los **KPIs de Impacto (CONC, Efectividad CAPA, RPN Residual)** y el **Análisis de la Causalidad** (la prueba de que EQUIPAR causó la mejora).

2. **Revisión de la Sostenibilidad Cultural:** El CCE evalúa el **Índice de Reporte Proactivo** y la **Adherencia Documental** para validar la eficacia de la **Gestión del Cambio** (Fase 5).

3. **Revisión del *Benchmark* y la Estrategia:** Se utiliza el *benchmark* para identificar dónde el SGC es superior y dónde se requieren **nuevas Iteraciones o Proyectos de Innovación** (Fase 6) para mantener la ventaja competitiva.

B. Criterio de Salida de la Fase 7 (El Sistema Autocorrectivo): La Fase 7 culmina con la **decisión de la dirección** de:

1. **Mantener o Modificar la Estrategia:** Ajustar la **Matriz de Objetivos de Calidad (MOC)** para abordar los riesgos emergentes.

2. **Asignación de Recursos:** Aprobar la inversión en **nuevas Iteraciones *Lean*** (Fase 3/4) y **Formación Causal** (Fase 5) para los nuevos objetivos.

La Medición del Impacto bajo EQUIPAR es el mecanismo de validación científica y gerencial que transforma el SGC en un sistema de valor estratégico y resiliencia demostrable. Al utilizar KPIs causales y un *benchmark* enfocado en el riesgo, mi metodología garantiza que el SGC evolucione de un costo de *compliance* a un motor de rentabilidad y ventaja competitiva

9.3. Retroalimentación estructurada: de la operación al liderazgo

Yo concibo la retroalimentación estructurada como la arteria principal que mantiene oxigenado al Sistema de Gestión de la Calidad (SGC) bajo el modelo EQUIPAR. Si el análisis de riesgos establece la tensión estratégica y la unificación de procesos define la anatomía operativa, la retroalimentación causal vertical es el sistema circulatorio que conecta el "lugar del hecho" con la toma de decisiones fiduciarias. La literatura normativa exige comunicación, medición y revisión por la dirección; sin embargo, las organizaciones fracasan cuando convierten estos requisitos en rituales burocráticos. Mi propuesta convierte la comunicación (ISO 9001:2015, 7.4), la medición y el análisis (9.1) y la revisión por la dirección (9.3) en un protocolo de aprendizaje organizacional que transforma datos tácticos en argumentos estratégicos de riesgo y valor, y que cierra el bucle CAPA con trazabilidad verificable, en especial para dispositivos médicos bajo ISO 13485:2016, donde el proceso de "feedback" es requisito explícito del sistema (8.2.1). ISO+2ISO+2

Yo denomino a este protocolo Protocolo de Feedback Causal Vertical (PFCV). Su finalidad es doble. Primero, asegurar que la información crítica que emerge de los indicadores predictivos y de los reportes de casi-fallas fluya sin distorsión desde el piso de producción hasta el Comité de Calidad Estratégica (CCE). Segundo, garantizar que toda decisión estratégica viaje de retorno con racionalidad causal, es decir, con una explicación explícita de cómo la acción aprobada mitigará un riesgo priorizado o desbloqueará una oportunidad definida en la Matriz de Objetivos de Calidad (MOC). El PFCV se apoya en tres ejes: la jerarquía de foros de retroalimentación, la traducción causal de los datos tácticos al lenguaje estratégico y el refuerzo bidireccional del liderazgo de servicio.

I. Jerarquía de los foros de retroalimentación causal

Yo diseño la jerarquía de foros como una secuencia encadenada de conversaciones con propósitos y artefactos definidos. Cada nivel tiene entradas y salidas obligatorias, frecuencias distintas y roles RACI-E previamente acordados (Punto 4.2). Esta jerarquía evita el ruido informativo y la "inflación" de hallazgos menores, al tiempo que acelera la elevación de señales débiles que anuncian riesgos sistémicos.

1. Nivel operacional: Daily Quality Huddles y Gemba Walk causal

El origen de la retroalimentación se encuentra en el gemba, el "lugar donde se crea valor". Yo institucionalizo recorridos gemba y reuniones cortas de calidad (huddles) con una cadencia diaria y foco en indicadores "leading" de adherencia documental, desviaciones de disciplina operativa y reportes proactivos de casi-fallas (near-misses). Estas prácticas, tomadas del cuerpo de conocimiento Lean, permiten "ver" el proceso, formular preguntas en sitio y tomar nota de anomalías que rara vez afloran en reportes agregados. La noción de gemba y de "ir a ver" (genchi genbutsu) está sólidamente documentada en la literatura Lean y constituye una práctica de gestión basada en observación directa y diálogo estructurado. Lean Enterprise Institute+1

La herramienta primaria es el Tablero Táctico de Proceso, un visual simple que muestra tres series: i) adherencia documental causal por turno; ii) tasa de reporte de casi-fallas por 1000 horas-hombre; iii) tiempo de ciclo de respuesta a micro-CAPA. La disciplina es clara: cada desvío gatilla una micro-CAPA con propietario, causa aparente y plazo de verificación. El near-miss es tratado como activo de aprendizaje; su reporte temprano reduce la probabilidad de eventos mayores, como han mostrado programas de seguridad que aprovechan las casi-fallas como oportunidad preventiva. PSNet+1

Evidencia de efectividad: los huddles diarios bien facilitados incrementan la visibilidad de riesgos operacionales y mejoran la toma de decisiones local, porque desplazan el foco desde "lagging" a "leading" indicators. Esta práctica se alinea con guías regulatorias y de seguridad que recomiendan indicadores adelantados para anticipar incidentes, en contraste con métricas reactivas que solo miden resultados una vez ocurrido el daño. OSHA+1

Artefactos de salida del nivel operacional
a) Bitácora de near-miss y micro-CAPA con trazabilidad al procedimiento   afectado.
b) Acta breve del huddle con dos columnas: "anomalia-causa   aparente"   y   "contramedida   local".
c) Señal de escalamiento automático cuando un patrón de casi-falla excede umbral (ej., tres eventos similares en una semana).

2. Nivel táctico: Weekly Quality Scrum y análisis de tendencias

Yo elevo semanalmente la información consolidada de procesos al foro de dueños de proceso (responsables "A" en RACI-E). El objetivo es diferenciar variación común de especial, identificar fallas recurrentes y decidir si un asunto amerita: i) un CAPA formal; ii) una iteración Lean del proceso (ajuste de SIPOC o instrucción de trabajo); iii) un piloto controlado en Fase 4. El resultado es el Informe Consolidado Semanal de Riesgo y Eficiencia (ICSRE), que debe contener: series temporales de indicadores "leading" y "lagging", histogramas de recurrencia por modo de falla y una sección de "temas candidatos a escalamiento". La trazabilidad se vincula al expediente CAPA y, en el sector de dispositivos médicos, al expediente de diseño o al DMR cuando la falla afecta requisitos de producto o proceso; esta relación explícita es crítica bajo ISO 13485:2016, que exige sistemas de feedback y de medición robustos y con alcance de ciclo de vida. Advisera

En el ICSRE yo exijo dos mapas: i) Mapa de Causalidad Invertida, que parte del riesgo estratégico (alto RPN) y aterriza en el dato táctico (p. ej., caída de adherencia documental en inspección final); ii) Mapa de Decisiones, que enumera alternativas de mitigación con su impacto esperado en el RPN residual. Esta doble cartografía asegura que la conversación táctica no derive en listas de problemas, sino en opciones de gobierno de riesgo.

3. Nivel estratégico: Comité de Calidad Estratégica y Revisión por la Dirección

La información llega al CCE con un formato que solo contiene señales significativas. Yo utilizo un Dashboard Estratégico de Mitigación de Riesgo que muestra: i) tendencia del RPN residual por familia de riesgo; ii) progreso hacia la meta de CONC (Costo de la No Calidad); iii) efectividad del CAPA por cluster de causa raíz; iv) exposición a cumplimiento regulatorio por dominio (calidad, seguridad del producto, ambiental). La revisión por la dirección, tal como exige ISO 9001, debe evaluar entradas, salidas y decisiones, incluyendo asignaciones de recursos y prioridades de mejora; al incorporar el feedback del 8.2 de ISO 13485 cuando aplique, el foro integra la voz del cliente y del mercado regulado a la gobernanza de calidad. ISO+1

Para alinear lenguaje y decisiones, yo referencio el marco de Enterprise Risk Management (ERM) como patrón de gobernanza, por su integración explícita entre estrategia, desempeño y riesgo. El CCE utiliza principios de ERM para valorar sesgos, tolerancias y trade-offs entre objetivos y exposición residual, asegurando que la priorización de inversiones en automatización, validación o talento responda a causalidad demostrable y no a intuición. COSO+2static.poder360.com.br+2

II. Conversión de datos tácticos a lenguaje estratégico

El PFCV fracasa si la información no "cambia de idioma" al ascender. La alta dirección decide con información agregada y comparables financieros; por eso yo impongo una gramática de traducción basada en riesgo, causalidad y valor.

1. De "leading" a "lagging": el puente causal obligatorio

Toda señal táctica debe venir acompañada de su traducción estratégica. Ejemplo realista: "La adherencia documental causal descendió a 75% en inspección final" se traduce a "Aumentó la probabilidad de error humano en el etiquetado, elevando el componente Ocurrencia del FMEA del proceso y poniendo en riesgo la meta de reducción del CONC en 15%". Este puente descansa en el enfoque de indicadores adelantados recomendado por autoridades de seguridad ocupacional para prevenir incidentes, y en la lógica de riesgo del SGC que asigna prioridades a la mitigación antes del daño. OSHA

Yo estandarizo la traducción con una ficha de tres campos: indicador leading, modo de falla asociado y lagging afectado. El campo de cierre explica la acción propuesta y su efecto esperado en el RPN residual. Esto evita reportes que solo "informan" sin provocar decisiones.

2. Reglas de escalamiento y tiempos de ciclo

Yo defino triggers objetivos para saltar niveles de foro sin esperar el ciclo semanal o mensual: a) efectividad CAPA por debajo de umbral (p. ej., 70%); b) materialización de un riesgo de alta severidad; c) incremento sostenido de casi-fallas en un mismo modo por tres semanas. Estas reglas deben integrarse al control de cambios del SGC y a la documentación requerida por la regulación sectorial; por ejemplo, en dispositivos médicos, el subsistema CAPA exige procedimientos, registros y revisión por la dirección explícita de las actividades relacionadas, reforzando la necesidad de escalamiento formal y trazado. U.S. Food and Drug Administration+1

3. Trazabilidad documental y evidencias de integridad

La conversión de datos implica conservar evidencia y estatuto de "información documentada" controlada. Yo aseguro que toda pieza del PFCV esté bajo control documental conforme a ISO 9001 (7.5), con requisitos de conservación, accesibilidad y vigencia. En entornos con SGC electrónico, valido el sistema para garantizar integridad de registros y auditabilidad. Esto reduce el riesgo de fallas de compliance y refuerza la credibilidad de la información al CCE. ISO

III. Retroalimentación como refuerzo del liderazgo de servicio

La eficacia de la retroalimentación no reside solo en su flujo, sino en su efecto cultural. Yo defiendo que el liderazgo debe responder con rapidez, reconocimiento e inversión coherente. Esto se logra a través de dos movimientos: feedback descendente y ascendente con métricas de comportamiento, y una cultura de seguridad psicológica que haga sostenible el reporte sin culpa.

1. Feedback descendente: validar el esfuerzo y comunicar la decisión

El CCE debe devolver a los foros tácticos un mensaje con dos piezas mínimas: i) reconocimiento causal ("la reducción del CONC de $X se explica por el aumento del reporte de casi-fallas en torno al proceso Y"); ii) decisión financiada ("se aprueba piloto de automatización del check in-process por evidencia de causalidad presentada"). Esta práctica refuerza el comportamiento de reporte y acelera mejoras.

2. Feedback ascendente: medir la respuesta del liderazgo

Yo establezco el KPI Tiempo de Respuesta a Feedback (TRF), medido desde la entrada del reporte operativo hasta el inicio de una micro-CAPA o de una acción aprobada. Un TRF bajo demuestra liderazgo de servicio. Los embajadores de calidad valoran la calidad de la respuesta, aportando una métrica cualitativa que suelo integrar como indicador de compromiso del liderazgo en la Revisión por la Dirección.

3. Seguridad psicológica y "just culture"

La probabilidad de recibir retroalimentación honesta aumenta en ambientes de seguridad psicológica. La base empírica relaciona climas de seguridad con mayores conductas de aprendizaje y mejor desempeño de equipo. Yo integro este fundamento a mi protocolo: los líderes modelan preguntas, reconocen el error como insumo de aprendizaje y distinguen entre error humano, conducta de riesgo y conducta temeraria, propio de una "just culture" que sostiene la mejora y la rendición de cuentas sin castigo indiscriminado. Massachusetts Institute of Technology+1

4. Near-miss como activo de resiliencia

La retroalimentación valiosa incluye tanto incidentes como casi-fallas. Programas de seguridad documentan mejoras cuando se capturan, categorizan y gestionan near-miss con baja fricción de reporte. Yo traslado este aprendizaje al SGC industrial: aumentar el índice de reporte proactivo en manufactura correlaciona con reducción de eventos mayores y mejora del desempeño de CAPA. PSNet

Arquitectura operativa del PFCV

Para que el PFCV sea replicable, yo defino artefactos y responsabilidades:

a) Formato F-PFCV-01: bitácora de huddle con campos de indicador leading, anomalía, causa aparente, micro-CAPA y tiempo de respuesta.

b) Formato F-PFCV-02: ICSRE con secciones de tendencia, clustering de causas, mapa de causalidad invertida, temas para escalamiento y recomendaciones con ROI y efecto esperado en RPN.

c) Formato F-PFCV-03: acta de CCE con decisiones, reasignación de recursos, riesgos residuales aceptados y acciones de comunicación y reconocimiento.

d) Roles: facilitador de huddle (supervisor), analista de tendencias (dueño de proceso), arquitecto de riesgos (calidad) y secretario del CCE (oficial de calidad o PMO del SGC).

e) Reglas de datos: toda entrada y salida se identifica con código, versión y vínculo al expediente CAPA o al expediente regulatorio correspondiente. En dispositivos médicos, esto se liga explícitamente al "feedback process" y a la cadena de documentación clínico-regulatoria, cumpliendo 8.2 de ISO 13485 con enfoque de alerta temprana de problemas de calidad. Advisera

Aplicaciones sectoriales

Para mostrar la versatilidad del PFCV, resumo tres escenarios sectoriales donde lo he aplicado.

1. Farmacéutico: transferencia de tecnología y liberación de lote

Contexto. La Ocurrencia de desvíos en etapas de revisión documental provoca esperas y retrabajo que inflan el

CONC. La captura de casi-fallas muestra que los formularios manuales generan inconsistencias.

Aplicación. Huddles en empaque revelan caídas de adherencia en campos críticos. El ICSRE cuantifica impacto en Ocurrencia del FMEA del proceso y eleva propuesta de digitalización validada. El CCE aprueba un piloto controlado con criterio de salida de 95% de concordancia hombre-sistema y reducción de 30% del tiempo de revisión.

Resultados. Aumento del reporte proactivo, reducción del TRF y descenso sostenido de desvíos mayores. La gestión documental validada elimina duplicidades y refuerza integridad de datos; el feedback desciende con reconocimiento y entrenamiento dirigido.

2. Dispositivos médicos: CAPA y quejas

Contexto. Las quejas informan fallas en usabilidad postmercado. El análisis táctico detecta patrones repetitivos sin acciones preventivas eficaces.

Aplicación. El ICSRE agrupa quejas por modo de falla y sugiere CAPA formal con actualización del FMEA de diseño. El CCE integra el feedback de usuario al plan de verificación y valida acciones preventivas a la luz de 21 CFR 820.100, incluyendo verificación/validación de la medida y revisión por la dirección. eCFR+1

Resultados. Mejora de la efectividad CAPA, disminución de recurrencia y evidencia robusta para auditorías. La trazabilidad entre feedback, CAPA y riesgo demuestra madurez del sistema.

3. Alimentario/cosmético: alérgenos y etiquetado

Contexto. Near-miss de confusión de etiquetas con potencial de alérgenos. La señal proviene de un operador.

Aplicación. Huddle captura el evento; ICSRE propone poka-yoke visual y verificación automatizada al final de línea. El CCE aprueba inversión por impacto en severidad, cumplimiento y reputación.

Resultados. Cero incidentes posteriores, mejora del TRE y fortalecimiento de cultura sin culpa gracias al reconocimiento público del operador que reportó.

Mecanismos de calidad del foro

Yo evalúo la salud de los foros con una lista de verificación sencilla:

• Tasa de cumplimiento de cadencia (≥ 95% de huddles y scrums   realizados).
• Porcentaje de micro-CAPA verificadas dentro del plazo (≥ 90%).
• Porcentaje de temas escalados que resultan en decisión financiada   (≥   80%).
• Tiempo de respuesta del CCE a recomendaciones críticas (mediana   ≤   10   días).
• Satisfacción de embajadores de calidad con la respuesta del liderazgo (≥ 4/5).

Si un indicador cae, activo acciones de coaching sobre facilitación, estandarización visual y disciplina de escalamiento.

Integridad de datos y control de cambios

Retroalimentación sin control es anécdota. Yo exijo que el PFCV esté integrado al control de cambios: toda modificación de procedimiento, rol o sistema se clasifica por impacto y se documenta con referencia a riesgos mitigados y a resultados de formación. En entornos regulados, la documentación debe ser revisada y aprobada con el mismo rigor que cualquier artefacto del SGC, utilizando principios de información documentada y evidencia verificable. ISO

Hoshin visual y obeya

La materialización de la retroalimentación estructurada se beneficia de un espacio físico o digital compartido. Un cuarto obeya o su equivalente virtual facilita la convergencia transfuncional y acelera la toma de decisiones. En él, el Mapa de Causalidad Invertida convive con la MOC, los indicadores leading/lagging y el estatus de CAPA. La literatura Lean describe obeya y hoshin kanri como mecanismos para alinear estrategia y ejecución mediante diálogo ("catchball") y gestión visual; yo adopto estos principios para hacer del PFCV un proceso visible y co-propietario. Lean Enterprise Institute+2Lean Enterprise Institute+2

Hoja de ruta de implantación del PFCV

En mi experiencia, una implantación disciplinada en 90 días produce resultados visibles:

• Días 1–15: diseño de tableros tácticos, plantillas formales y roles; entrenamiento de facilitadores; definición de umbrales de escalamiento.

• Días 16–45: operación de huddles y scrums en pilotos; ajuste de visuales y de reglas de datos; primeras micro-CAPA con verificación.

• Días 46–75: consolidación de ICSRE; primeros escalamientos; sesión de CCE con decisiones financiadas; comunicación descendente de impacto y reconocimientos.

• Días 76–90: auditoría interna del PFCV; integración con control de cambios; preparación de evidencias para revisión por la dirección y, en su caso, para auditorías de tercera parte.

Resultados esperados. Aumento del reporte proactivo, mejora del TRF, incremento de efectividad CAPA y reducción del CONC medida en costo evitado por scrap y

reproceso. La organización percibe que el sistema responde,
y esto alimenta la cultura de reporte y prevención.

Riesgos y mitigaciones

Riesgo de sobrecarga informativa. Un exceso de indicadores
y señales diluye el foco. Mitigo con principio 80/20: pocos
indicadores leading de alta sensibilidad, pocos lagging
estratégicos de alto valor.

Riesgo de castigo al reporte. Si reportar trae consecuencias
negativas, el PFCV colapsa. Mitigo institucionalizando la
"just culture" y midiendo la seguridad psicológica de
equipos. Massachusetts Institute of Technology+1

Riesgo de "teatro ejecutivo". Foros sin decisiones reales
generan cinismo. Mitigo fijando KPI de tiempo de respuesta
del CCE y vinculando metas de liderazgo a efectividad de
CAPA y a reducción del CONC.

Riesgo de integridad de datos. Sistemas no validados o
controles laxos socavan la credibilidad. Mitigo validando el
SGC electrónico y aplicando controles de información
documentada y trazabilidad. ISO

Afirmo que la retroalimentación estructurada, tal como la
he definido, es el mecanismo anti-silo que convierte a la
organización en un sistema de aprendizaje continuo. Eleva
la voz del proceso, del cliente y del regulador hacia la sala de
decisiones con un lenguaje que el liderazgo entiende: riesgo,
valor y resiliencia. Y devuelve decisiones explicadas
causalmente, financiadas y trazables a metas. La norma
pide comunicación y revisión; el PFCV demuestra cómo
hacerlo para transformar el SGC en gobernanza de riesgo y
en cultura de calidad que perdura.

9.4. Reconocimiento interno: estrategias para sostener la calidad en el tiempo

La Gestión de Reconocimiento Interno es la disciplina metodológica que yo he diseñado en el Sistema EQUIPAR para transformar la Participación Voluntaria (Fase 5) en un Comportamiento Causal Sostenible. Yo sostengo que, la sostenibilidad de la calidad no es primariamente una función de control o auditoría (Punto 9.1), sino una función de refuerzo positivo y motivación intrínseca. Los sistemas de gestión tradicionales fallan al enfocarse en el castigo (la No Conformidad) y al ignorar la oportunidad de reforzar las buenas prácticas que mitigan el riesgo.

Mi contribución en esta subsección es la formalización del Protocolo de Reconocimiento Causal Sistémico, el cual asegura que el reconocimiento sea: **I. Estratégico (ligado al riesgo fiduciario), II. Oportuno (de alta frecuencia) y III. Integrado (unificado con el flujo de valor).** Este protocolo garantiza que el **Liderazgo de Servicio** se mantenga y que la **cultura de reporte sin culpa** perdure, asegurando la resiliencia del SGC a largo plazo.

I. El Protocolo de Reconocimiento Causal: De la Acción a la Mitigación del RPN

Yo defino el Reconocimiento Causal como la práctica de premiar comportamientos específicos y observables que se demuestran eficaces en la mitigación de un riesgo de alto RPN (Gobernanza Basada en el Riesgo Estratégico - GBRE). El reconocimiento es, en esencia, la validación conductual de la eficacia de la Formación Causal (Fase 5).

A. Principios de la Recompensa Basada en *Leading Indicators*: El sistema de reconocimiento de EQUIPAR se enfoca en premiar los **KPIs Predictivos (*Leading***

***Indicators*)** (Punto 6.3), ya que estos son la prueba del esfuerzo proactivo *antes* de que ocurra la falla.

1. **Reconocimiento al Reporte Proactivo (El Comportamiento más Valioso):**

   o **Acción de Valor:** La presentación voluntaria y detallada de un **Reporte de *Near-Miss*** (casi-falla).

   o **Vínculo Causal:** El reconocimiento es por la **detección temprana** de un riesgo que, según el FMEA (Fase 1), tenía una Severidad alta. Al premiar el reporte (el *Leading Indicator*), se refuerza el **Índice de Reporte Proactivo**, que es el **sensor cultural** del SGC.

   o **Protocolo de Inmediatez:** Este reconocimiento debe ser **inmediato y público** (Nivel Operacional), utilizando el **Encuentro Diario de Calidad (*Huddle*)** (Punto 9.3) como foro de premiación.

2. **Reconocimiento a la Adherencia Documental Causal:**

   o **Acción de Valor:** La demostración de **Adherencia Documental del 100%** en los **Pasos Críticos del SIPOC *Lean*** que mitigan el RPN más alto del proceso.

   o **Vínculo Causal:** El reconocimiento valida la **Disciplina Operativa** y la **eficacia del diseño *lean*** (Fase 3). Al premiar la adherencia a la nueva documentación *lean*, se refuerza la **Gestión del Cambio** (Punto 5.4).

- **Protocolo de Validación:** Este reconocimiento debe estar basado en la **Evidencia Documental** obtenida del **Gemba Walk Causal** y el **Dashboard Táctico** (Punto 6.3).

3. **Reconocimiento a la Sostenibilidad del Conocimiento (Mitigación del SPOF):**

    - **Acción de Valor:** El **Dueño de Proceso** que logra el **Índice de Competencia Cruzada (ICC)** del 100% para los Puestos Críticos de Conocimiento (PCC) (Punto 7.2).

    - **Vínculo Causal:** El reconocimiento premia la **Gestión del Riesgo de Talento** (un riesgo estratégico). Esto refuerza la cultura de **Entrenamiento Cruzado Obligatorio** y la **Sostenibilidad**.

B. La Comunicación del Impacto Fiduciario del Reconocimiento: Yo exijo que el reconocimiento, incluso si es un certificado no monetario, comunique el impacto estratégico de la acción. La Comunicación Causal debe afirmar: "Tu reporte proactivo protegió a la organización de una pérdida de $X en Costo de la No Calidad (CONC), lo que demuestra el valor del SGC." Esta trazabilidad eleva la moral y la Alineación Estratégica.

II. Diseño del Programa de Reconocimiento Sistémico (Integración Multi-Nivel)

El programa de reconocimiento debe ser **formal, presupuestado e integrado** en la Matriz de Responsabilidad Estratégica (**RACI-E**) para asegurar que no sea el primer ítem en ser recortado por las restricciones financieras.

A. Tres Niveles Jerárquicos de Reconocimiento:

1. **Nivel Operacional (*Micro-Reconocimiento*):**

   o **Frecuencia:** Diaria/Semanal.

   o **Foco: Comportamiento Individual** (Reporte Proactivo, Adherencia Documental).

   o **Ejecutor: Dueño de Proceso** (Liderazgo de Servicio).

   o **Integración:** Anunciado en el *Daily Huddle* y registrado en el **Dashboard Operacional**.

   o **Función Metodológica: Refuerzo inmediato** del comportamiento deseado, fomentando la **Disciplina Operativa**.

2. **Nivel Táctico (*Reconocimiento al Equipo/Iteración*):**

   o **Frecuencia:** Mensual/Trimestral (coincidiendo con el cierre de un *Sprint* de Calidad).

   o **Foco: Mitigación de Riesgo de Interfaz** (Logro de un objetivo específico del Piloto o la finalización exitosa de una **Iteración Lean**).

   o **Ejecutor: Comité de Calidad Táctica** y **Gerente de Calidad.**

   o **Integración:** Premiación a los Embajadores de Calidad y al Equipo del Piloto que lograron la reducción del RPN y el aumento de la Efectividad del CAPA. Esto refuerza la Unificación Transfuncional.

326

3. **Nivel Estratégico (*Reconocimiento a la Gobernanza*):**

   ○ **Frecuencia:** Anual (coincidiendo con la **Revisión por la Dirección - ISO 9.3**).

   ○ **Foco: Logro de los Objetivos Fiduciarios del MOC** (ej. mayor reducción del CONC, mejor RPN Residual en los riesgos de mayor Severidad).

   ○ **Ejecutor: Alta Dirección** y el **Comité de Calidad Estratégica (CCE).**

   ○ **Integración:** Reconocimiento público al **Dueño de Proceso** que demostró la **Eficacia Causal** del SGC con el mayor ROI. Esto valida la **Alineación Estratégica** y el compromiso del Liderazgo de Servicio.

B. Protocolo de Comunicación Pública (PNL y Modelo de Liderazgo): Yo exijo que el reconocimiento sea **público, visible y modelado por la Alta Dirección**.

- **Elevación de la Ceremonia:** El reconocimiento estratégico debe ser una ceremonia formal presidida por el Director General. Esto asegura que la calidad sea percibida como una prioridad corporativa y un valor aspiracional.

- **Uso del *Positive Framing* (PNL):** La comunicación debe utilizar el lenguaje positivo y de empoderamiento, vinculando el éxito individual a la resiliencia corporativa.

III. Integración del Reconocimiento en el Ciclo de Mejora Continua (Fase 7)

El reconocimiento no es la conclusión de la Fase 7; es el **motor de *input*** para el siguiente ciclo de mejora (PDCA).

A. El Reconocimiento como Validación de la Cultura: El éxito del programa de reconocimiento se mide por la **sostenibilidad de los KPIs culturales** (Punto 9.2).

1. **Monitoreo del Impacto:** Se monitorea la correlación estadística entre el Reconocimiento Táctico (Nivel 2) y el aumento sostenido del Índice de Reporte Proactivo en el área premiada. Si el reconocimiento es efectivo, el KPI *Leading* debe mantenerse en una línea de tendencia ascendente.

2. **Validación de la Gestión del Cambio:** El fracaso en la sostenibilidad de los KPIs culturales a pesar del reconocimiento indica un fallo en la Estrategia de Gestión del Cambio (Punto 5.4), lo que activa una revisión del Liderazgo de Servicio del área.

B. El Reconocimiento como Fuente de Conocimiento (Sostenibilidad): Las buenas prácticas que merecen reconocimiento (ej. una Iteración *Lean* exitosa) se convierten en Activos de Conocimiento (ISO 7.1.6).

1. **Documentación de las "Lecciones Exitosas":** Las acciones premiadas (ej. un nuevo *checklist* visual creado por un Embajador de Calidad) se documentan como Lecciones Exitosas y se integran al sistema de *e-learning* y a la Base de Conocimiento del SGC (Punto 7.2).

2. **Integración en la Auditoría Causal:** El auditor (Punto 9.1) utiliza las acciones premiadas como

criterios de *benchmark* interno para auditar a otras áreas, asegurando la multiplicación de las mejores prácticas.

Yo concluyo que el Reconocimiento Interno bajo EQUIPAR es el mecanismo metodológico de sostenimiento cultural que garantiza que el SGC no solo se cumpla, sino que se viva por convicción. Al vincular el premio a la mitigación de riesgo (GBRE) y a la proactividad conductual, mi metodología transforma el reconocimiento de un evento de RR.HH. a una disciplina de gobernanza estratégica que sostiene la calidad en el tiempo.

CAPÍTULO 10

Estudio de Aplicación del Sistema EQUIPAR: Simulación Técnica

La validación de cualquier metodología reside en su capacidad de ser aplicada de forma estructurada a un problema real, demostrando su potencial para generar resultados trazables. Yo he diseñado este capítulo para presentar un Estudio de Aplicación Simulado del Sistema EQUIPAR en el sector farmacéutico, un entorno donde el rigor regulatorio de las Buenas Prácticas de Manufactura (GMP) y la ISO 9001:2015 (y su exigencia de trazabilidad y gestión de riesgos) son ineludibles.

El caso simulado se centra en un problema común y crítico: la falla sistémica y recurrente en el proceso de Gestión de Desviaciones e Investigación de Fallas que impacta directamente en el costo y el *time-to-market* de la liberación de lotes. La simulación técnica demuestra cómo las siete fases de EQUIPAR transforman un problema de *compliance* en una solución de resiliencia operativa y valor fiduciario.

10.1. Presentación de un caso técnico simulado en el sector farmacéutico

El caso simulado se enfoca en una planta farmacéutica hipotética, "PharmaCorp", dedicada a la fabricación de medicamentos genéricos, que opera bajo la regulación de GMP y busca la certificación ISO 9001:2015.

I. El Punto de Partida: Diagnóstico de Disfunción Sistémica (Simulación de la Fase 1)

Contexto Operacional Inicial (Simulado): PharmaCorp tiene un Sistema de Gestión de Desviaciones basado en papel y con baja **Efectividad del CAPA**. El equipo de Garantía de Calidad (QA) está sobrecargado, y la liberación de lotes se retrasa consistentemente, creando un cuello de botella logístico.

A. Simulación del Diagnóstico de Riesgo y Brechas (Fase 1: Evaluación):

1. **Matriz de Riesgo Estratégico GBRE (Simulación):** La Fase 1 de EQUIPAR identifica los riesgos de alto RPN:

   o **Riesgo Estratégico: Alta Recurrencia de Desviaciones Críticas** (ej. Desviación en el proceso de mezclado por error humano).

   o **Impacto Fiduciario (Simulado):** RPN de **650** (Severidad: 10 - Riesgo de *Recall* / Ocurrencia: 6 - Basado en la tasa de desviaciones / Detección: 6 - Baja capacidad de detección antes de la prueba final).

   o **Vínculo al CONC:** Se calcula que el **Costo de la No Calidad (CONC)** generado por los retrasos en la liberación de lotes asciende a $400,000 USD anuales (Simulado).

2. **Diagnóstico de Madurez Regulatoria (*Gap Analysis* - Simulado):** Se identifica un Nivel de Madurez **Bajo (Nivel 2 - Documentado)** en las cláusulas críticas:

   o **Cláusula 10.2 (Acción Correctiva):** Baja madurez, el **Análisis de Causa Raíz (ACR)** se detiene en la causa obvia y no aborda la causa sistémica.

   o **Cláusula 5.1 (Liderazgo):** Baja madurez, el **Comité de Dirección** no revisa los informes de Desviaciones, delegando el riesgo.

3. **Diagnóstico Cultural (Simulado):** El **Índice de Reporte Proactivo (*Near-Misses*)** es cercano a cero. El personal no reporta errores por temor a la sanción (cultura de miedo), lo que yo defino como un **Riesgo Cultural** crítico.

B. Conclusión de la Fase 1: El SGC es inmaduro; la recurrencia de fallas (RPN 650) se debe a un **fallo metodológico en el ACR y un fallo cultural en el Liderazgo**.

II. Diseño de la Visión Estratégica y la Alineación (Simulación de la Fase 2)

Objetivo de la Fase 2 (Q): Transformar el riesgo RPN 650 en un objetivo estratégico.

A. Declaración de Propósito Estratégico (Simulado): La Alta Dirección de PharmaCorp aprueba un Propósito Estratégico Causal: "El SGC de PharmaCorp será el mecanismo de gobernanza que garantiza la resiliencia operativa y la protección del margen fiduciario mediante la eliminación de la recurrencia de desviaciones y la promoción del liderazgo técnico en cada proceso."

B. Matriz de Objetivos de Calidad (MOC) - Simulado: Se formaliza el compromiso de la MOC, atacando el RPN 650:

Riesgo GBRE (RPN)	Objetivo de Calidad SMART	KPI de Causalidad	Meta	Fase de Intervención
Recurrencia de Desviaciones (650)	Eliminar la causa sistémica de las 3 desviaciones de mayor impacto	Tasa de Efectividad del CAPA	Aumentar al 90% en 18 meses	Fase 7 (Revisión)
Alto CONC por Lento *Time-to-Market*	Reducir el *lead time* del proceso de Gestión de Desviaciones	Tiempo de Ciclo del Proceso Desviación -Cierre CAPA	Reducir en 50% (de 60 a 30 días)	Fase 3 (Unificación)
Baja Madurez Cultural	Promover el Liderazgo de Servicio	Índice de Reporte Proactivo (*Near-Misses*)	Aumentar en 300% en 12 meses	Fase 5 (Participación)

C. Estructuración del Liderazgo (Simulado): La Matriz **RACI-E** asigna el "A" (**Accountable**) del objetivo de "Reducción del *Lead Time* y CONC" al **Director de Operaciones** (no al Gerente de QA), garantizando la **Gobernanza Estratégica**.

III. El Rediseño *Lean* y la Mitigación del Riesgo Operacional (Simulación de la Fase 3)

Objetivo de la Fase 3 (U): Eliminar los desperdicios en el proceso de Gestión de Desviaciones para lograr el objetivo de reducir el *lead time*.

A. Mapeo del Flujo de Valor (VSM) y Unificación de Procesos (Simulado): El VSM inicial revela que la mayor fuente de **desperdicio (*Lean*)** es la **Espera Burocrática** (40 días de los 60 días totales) y el **Retrabajo Documental** entre Producción y QA (la ambigüedad en la interfaz).

1. **Diseño del SIPOC *Lean*:** El SIPOC es rediseñado para unificar el proceso de **Investigación Inicial** (Producción) y **Análisis Causa Raíz** (QA). Se crea una **Interfaz** donde Producción debe entregar un **Reporte Causal Estructurado** (el *input* no negociable) en 48 horas, lo que reduce la burocracia de QA.

2. **Matriz RACI-T (Simulado):** El **Dueño de Proceso** (PO, Gerente de Producción) es empoderado para aprobar las correcciones internas (no críticas) inmediatamente, sin escalamiento a QA, reduciendo el *lead time* y los silos funcionales.

IV. La Validación Iterativa y la Prueba de Concepto (Simulación de la Fase 4)

Objetivo de la Fase 4 (I): Validar que el nuevo diseño *lean* (Fase 3) es funcional y mitiga el riesgo del RPN 650, utilizando un Piloto de bajo riesgo.

A. Selección del Piloto y Ejecución de la POC (Simulado):

1. **Piloto Seleccionado:** El proceso de Gestión de Desviaciones de **Baja Severidad** del área de Empaque.

2. *Sprint* **de Calidad (4 Semanas):** El equipo Piloto (Dueño de Empaque, Embajador de Calidad) implementa el nuevo SIPOC *Lean* y la documentación modular. Utilizan el **Tablero Kanban** (Punto 6.2) para gestionar las tareas.

3. **Verificación Causal (Simulado):** Al final del *Sprint*, el **Dashboard Táctico** (Punto 6.3) muestra:

   o **KPI *Lagging* (Tiempo de Ciclo):** El tiempo de Desviación-Cierre en el Piloto se redujo de 15 a **7 días** (¡Éxito en la eficiencia!).

   o **KPI *Leading* (Adherencia):** La Adherencia Documental Causal del nuevo SIPOC es del **95%** (¡Éxito en la usabilidad!).

B. Conclusión de la Fase 4 (Mitigación de Riesgo):
El **Piloto es Validado**. El éxito en la reducción del *lead time* demuestra el potencial para lograr el objetivo estratégico del **MOC** (reducir el tiempo de ciclo general en 50%). Se aprueba la **Escalabilidad Anti-Big Bang** del nuevo SIPOC a las áreas críticas (Mezclado y Granulación).

V. La Conversión Cultural y el Liderazgo de Servicio (Simulación de la Fase 5)

Objetivo de la Fase 5 (P): Transformar la cultura de miedo en una cultura de reporte proactivo.

A. Formación Causal y Agentes de Cambio (Simulado):

1. **Formación Causal:** El personal clave recibe entrenamiento en **ACR Sistémico Avanzado** (Punto 7.1), con un enfoque en la **Trazabilidad del Riesgo**.

2. **Creación de Embajadores de Calidad (AC):** Se seleccionan **Embajadores** en Producción y QA (Punto 7.3). Estos reciben entrenamiento en **Liderazgo de Servicio y PNL** para gestionar la resistencia.

3. **Reconocimiento Causal (Simulado):** Se lanza el programa de **Reconocimiento Operacional** (Punto 7.4) para premiar los **Reportes Proactivos de *Near-Misses*** en los **Encuentros Diarios de Calidad (*Huddle*)** (Punto 9.3).

B. Resultado Cultural (Simulado): El **Índice de Reporte Proactivo** (KPI *Leading*) comienza a subir, pasando de 0 a 15 reportes semanales en 3 meses. Este es el **éxito de la Gestión del Cambio**.

VI. Alineación con Sostenibilidad y el SGC Autopropulsado (Simulación de la Fase 6 y 7)

Objetivo de la Fase 6 (A) y 7 (R): Asegurar que el sistema de mitigación de desviaciones sea sostenible y genere valor integral.

A. Sostenibilidad y *Benchmark* (Simulado): La Fase 6 integra el enfoque de sostenibilidad (Punto 8.2). El SGC migra a un **sistema QMS electrónico validado** (Integración Tecnológica, Fase 4). Esto reduce el **desperdicio de papel** y el **CONC ambiental** (Punto 8.3).

B. Revisión Continua y Validación Final (Simulado):

1. **Auditoría Causal (Simulado):** La auditoría interna (Punto 9.1) se enfoca en verificar la **Efectividad del CAPA.** El auditor verifica que los CAPA cerrados por el Dueño de Producción **no han recurrido** en 6 meses.

2. **Medición del Impacto Final (Simulado):** La **Revisión por la Dirección (ISO 9.3)** utiliza el **Dashboard Estratégico** (Punto 6.3) para validar:

   o **RPN Residual:** El RPN de la recurrencia de desviaciones se reduce de 650 a **120.**

   o **Efectividad del CAPA:** Alcanza el **90%** (Cumplimiento del MOC).

   o **ROI Fiduciario:** La reducción del *lead time* y la recurrencia de fallas han **reducido el CONC en $350,000 USD** (un **ROI del 87%** sobre la inversión simulada en el proyecto EQUIPAR).

C. Reconocimiento Sistémico (Simulado): El **CCE** (Comité de Calidad Estratégica) otorga el **Reconocimiento Estratégico** (Punto 9.4) al **Director de Operaciones** (el **Accountable**) por el logro del objetivo de reducción del CONC, validando públicamente el **valor fiduciario** del SGC.

La Simulación Técnica demuestra que el Sistema EQUIPAR proporciona el protocolo metodológico completo para transformar el SGC de PharmaCorp de un sistema de cumplimiento reactivo y costoso (RPN 650) a un sistema de resiliencia operativa y valor estratégico (RPN 120), resolviendo el fallo metodológico de la implementación.

10.2. Análisis del punto de partida, implementación y resultados esperados

Yo concibo el Estudio de Aplicación Simulado del Sistema EQUIPAR en la planta farmacéutica "PharmaCorp" como un experimento controlado de gobernanza del riesgo y creación de valor. Mi propósito es demostrar, con una lógica causal y con artefactos verificables, que un Sistema de Gestión de la Calidad (SGC) inmaduro y reactivo puede convertirse, mediante siete fases encadenadas, en un sistema resiliente, trazable y financieramente justificable. Para ordenar el análisis, desarrollo tres ejes: primero, la cuantificación rigurosa del punto de partida; segundo, la secuencia metodológica de implementación como protocolo causal; y tercero, la proyección de resultados esperados en términos de retorno económico, mitigación de riesgo y madurez cultural, con criterios de aceptación y métodos de verificación.

I. El rigor del punto de partida: cuantificación del riesgo inicial (Fase 1)

Yo rechazo comenzar cualquier implementación por la documentación. En su lugar, inicio por la verdad operacional expresada en riesgo cuantificado, madurez de procesos y cultura. Esta filosofía se alinea con los principios de gestión del riesgo que recomiendan integrar el análisis a las decisiones estratégicas y al contexto organizacional, y con el enfoque de riesgo de la industria farmacéutica (ICH Q9), que propone herramientas estructuradas como FMEA o árboles de fallo para priorizar mitigaciones. پردازش بنیان 2+شهرdatabase.ich.org+2

1. Matriz de riesgo y RPN base

El diagnóstico simulado de PharmaCorp evidenció un modo de falla crítico: recurrencia de desviaciones mayores en

338

mezclado y liberación. Yo asigné S=10 por severidad
fiduciaria (riesgo de pérdida de licencia GMP o recall), O=6
por frecuencia observada en tres meses y D=6 por baja
capacidad de detección temprana antes de liberar lote. El
RPN inicial de 650 sintetiza la amenaza a la continuidad del
negocio. Esta cifra no es un símbolo; es la justificación
técnica ante el Comité de Calidad Estratégica (CCE) para
redistribuir recursos hacia mitigaciones que impacten
severidad, ocurrencia y detección de manera coordinada.

2. Costo de la No Calidad (CONC) y pérdidas asociadas

Proyecté un CONC anual de 400.000 USD compuesto por:
scrap y reproceso; horas-hombre de retrabajo; penalidades
y evaluaciones externas; y costos de garantía asociados a
lotes en investigación. El valor financiero, al conectarse con
la severidad del riesgo y con la capacidad de detección, es el
puente que utiliza el liderazgo para entender que la calidad
no es gasto de cumplimiento sino inversión de mitigación.
Este enfoque se integra después a la revisión por la
dirección, que la norma exige para evaluar la idoneidad y la
eficacia del SGC en función de datos medidos y evidencias
de desempeño. Fisip Unpatti+1

3. Madurez cultural y riesgo de silencio

Identifiqué un Índice de Reporte Proactivo (near-misses)
prácticamente nulo. Yo interpreto la ausencia de casi-fallas
no como excelencia sino como silencio peligroso. En
dominios de seguridad y calidad, el reporte temprano es un
indicador adelantado de resiliencia; su ausencia impide la
prevención. Por eso sitúo el riesgo cultural como
condicionante de la efectividad de cualquier CAPA y de
cualquier rediseño de procesos. European Medicines
Agency (EMA)

4. Integridad de datos y trazabilidad

El levantamiento de evidencias reveló registros híbridos (papel–electrónico) y redundantes, con riesgo de transcripción y de latencia de información. Mi evaluación exige validar el sistema electrónico de calidad antes de depender de él para indicadores y para control de cambios, siguiendo guías de integridad de datos y buenas prácticas de sistemas computarizados (GAMP). Sin integridad, no hay credibilidad del indicador ni eficacia verificable del CAPA. ISPE+1

Conclusión del punto de partida. El mapa inicial de PharmaCorp ubica el problema en la intersección de tres dominios: riesgo fiduciario alto (RPN 650), CONC significativo (400.000 USD) y cultura de reporte inhibida. Esta triple condición justifica, ante el CCE, iniciar EQUIPAR por evaluación de contexto y riesgo, no por una actualización documental. La alta dirección recibe así una narrativa unificada: severidad regulatoria, costo financiero y bloqueo cultural, con evidencias y métricas que la revisión por la dirección debe tratar formalmente según los requisitos de la norma. Fisip Unpatti

II. La secuencia metodológica de implementación: el protocolo causal

Yo diseño la implementación como un protocolo de mitigación, no como un checklist. Cada fase tiene un propósito causal, entradas y salidas, y criterios de aceptación. El hilo conductor es la Gobernanza Basada en el Riesgo Estratégico (GBRE), que integra decisiones con tolerancia al riesgo y con objetivos medibles. ISO

1. Fase 1. Evaluación del entorno, expectativas y riesgo

Objetivos. Calibrar el FMEA de proceso y de interfaz; estimar RPN base; medir madurez de procesos y cultura; identificar riesgos de integridad de datos. Herramientas.

Entrevistas gemba, revisión de expedientes CAPA, series de tiempo de desviaciones, auditoría de documentación y de flujo de trabajo. La literatura de auditoría de sistemas de gestión respalda el enfoque basado en riesgo para planificar y ejecutar auditorías internas, priorizando procesos por criticidad y desempeño; yo aplico esos principios para orientar el muestreo, las preguntas y la síntesis de hallazgos. ISO+2synersia.org+2

Entregables. FMEA con RPN priorizados; mapa de interfaces críticas; diagnóstico de integridad de datos y de control documental; línea base de CONC y de indicadores adelantados (adherencia, near-miss, tiempo de respuesta).

2. Fase 2. Qué queremos lograr: objetivos causales y RACI-E

Objetivos. Traducir los riesgos priorizados en objetivos SMART con responsables "A" de la alta dirección. Para PharmaCorp, definí tres pilares: reducción de CONC en 350.000 USD; reducción del RPN 650 a 120; incremento del índice de reporte proactivo a 15 eventos/semana. La revisión por la dirección debe incorporar estos objetivos a su agenda y fijar recursos y tolerancias explícitas. Fisip Unpatti

Metodología. Mapeo de causalidad invertida: del riesgo prioritario a la acción de mitigación y al KPI de resultado. Asigné "A" al COO para CONC y al Director de Planta para RPN, con "R" en los dueños de proceso de mezclado y QA. Este esquema asegura rendición de cuentas estratégica, no delegación táctica.

3. Fase 3. Unificación de procesos y personas: ingeniería de interfaz

Objetivos. Romper silos y diseñar el flujo de valor sin ambigüedades entre I+D, Producción y QA. Herramientas. VSM para cuantificar tiempos de valor/no valor y diagrama

SIPOC para fijar entradas y salidas obligatorias y el dueño de cada interfaz. La literatura Lean define VSM como el método para visualizar y eliminar desperdicios en el flujo de materiales e información; yo lo empleo como matriz de diseño anti-silo y base para la documentación "lean". Lean Enterprise Institute+2Lean Enterprise Institute+2

Caso aplicado. Rediseñé el proceso de desviaciones desde el evento hasta la liberación, eliminando firmas secuenciales sin valor y fusionando verificación técnica y aprobación de QA en paralelo con reglas de negocio. Documenté el "output no negociable" de Producción hacia QA con campos de trazabilidad mínimos y validables. El resultado es un mapa de estado futuro que reduce esperas y puntos de transcripción.

4. Fase 4. Implementación iterativa e inteligente: pilotos controlados

Objetivos. Validar a pequeña escala los nuevos flujos y la usabilidad de los procedimientos, evitando el riesgo "big bang". Herramientas. Sprints de calidad de cuatro semanas en empaque, con tablero táctico de adherencia y de tiempo de ciclo, y micro-CAPA obligatoria ante cada desvío. La filosofía de iteración breve, verificación frecuente y escalado por evidencia se alinea con la prevención que exige el subsistema CAPA para actuar sobre causas y verificar/validar la eficacia antes de estandarizar. U.S. Food and Drug Administration+1

Resultados del piloto. Reduje el tiempo de ciclo de 15 a 7 días y elevé la adherencia documental por turno al 95% mediante simplificación visual y formación in situ. El near-miss se convirtió en insumo, no en culpa; esto es clave para liberar el reporte. European Medicines Agency (EMA)

5. Fase 5. Participación, formación y cultura

Objetivos. Sustituir miedo por disciplina operativa; transformar conocimiento tácito en explícito; estabilizar la conducta "right first time". Herramientas. Formación causal basada en brechas del nuevo SIPOC, coaching a líderes de proceso y embajadores de calidad, y reconocimiento sistémico al reporte oportuno. Integro módulos de integridad de datos y de uso del sistema electrónico validado para que el registro sea evidencia confiable. ISPE

6. Fase 6. Alineación con innovación y sostenibilidad

Objetivos. Vincular la mejora de calidad con eficiencia de recursos, cumplimiento ambiental y resiliencia. Herramientas. VSM ambiental, medición de TRE (kWh/unidad, agua/lote) y revisión por la dirección conjunta de métricas de calidad y ambientales, práctica facilitada por la estructura de alto nivel común de las normas de gestión. Aunque mi caso simulado no certifica ISO 14001, adopto su lógica de aspectos e impactos para identificar oportunidades de reducción de desperdicios que también disminuyen CONC. ISO

7. Fase 7. Revisión continua y verificación de eficacia

Objetivos. Comprobar causalidad entre acción y resultado; evitar la recidiva; mantener el aprendizaje institucional. Herramientas. Auditoría interna basada en riesgo (ISO 19011), ITS o series de tiempo interrumpidas para distinguir tendencia de efecto de intervención, y reglas de escalamiento para CAPA ineficaz. Conecto las exigencias de revisión por la dirección con la evidencia de desempeño y con la re-priorización de riesgos a la luz de datos nuevos. ISO+1

III. Proyección de resultados esperados: validación del ROI y la resiliencia

Yo proyecto efectos en tres dominios: retorno fiduciario (CONC), resiliencia operativa (RPN residual, efectividad CAPA) y madurez cultural (reporte proactivo). No me baso en impresiones; defino valores meta, métodos de verificación y criterios de aceptación.

1. ROI fiduciario: reducción del CONC

Meta. Disminuir el CONC en 350.000 USD/año. Mecanismos causales. Reducción de scrap por adherencia documental y error humano; acortamiento de ciclo de desviaciones y liberación; disminución de reanálisis por datos incompletos; fewer paros por dudas de trazabilidad. Verificación. Dashboard estratégico con descomposición del CONC por categoría y análisis de tendencias; revisión por la dirección con actas que documenten decisiones de inversión y su impacto medido, según la estructura de entradas y salidas que la norma requiere. Fisip Unpatti

Aceptación. Dos trimestres consecutivos con reducción ≥ 25% del CONC frente a la línea base, con p-valor < 0,05 en ITS o prueba de cambio de pendiente pre–post, y sin aumento de quejas o no conformidades externas.

2. Resiliencia operativa: RPN residual y efectividad CAPA

Meta. Reducir el RPN crítico de 650 a 120 en 180 días, con efectividad CAPA ≥ 90%. Mecanismos. Mejora de detección temprana (de 6 a 2) por controles en línea y checklist visual; descenso de ocurrencia (de 6 a 3) por estandarización de interfaz y formación causal; severidad mitigada indirectamente por poka-yoke y doble verificación en puntos críticos. Verificación. Auditoría causal de CAPA, actualizaciones del FMEA obligatorias y ensayos de verificación/validación de acciones correctivas/preventivas conforme exige el subsistema regulatorio CAPA para dispositivos médicos, y los principios equivalentes de gestión de riesgos de la industria farmacéutica. eCFR+2U.S. Food and Drug Administration+2

Aceptación. No recurrencia del modo de falla por 90 días tras cierre de CAPA; RPN recalculado ≤ 120; evidencia documental que muestre vínculo entre CAPA, FMEA actualizado y control de proceso.

3. Madurez cultural: reporte proactivo y seguridad psicológica

Meta. Aumentar el índice de reporte proactivo a 15 near-misses semanales, estabilizado por tres meses; TRF (tiempo de respuesta a feedback) mediano ≤ 48 horas; satisfacción de embajadores con respuesta de liderazgo ≥ 4/5. Mecanismos. Liderazgo de servicio visible; reconocimiento sistémico al reporte; eliminación del castigo por informar errores; tableros tácticos que muestren vínculos entre reportes y resultados financieros. Verificación. Encuestas trimestrales sobre clima de reporte, métricas de TRF y conteo de near-miss; correlación positiva entre near-miss y reducción de eventos mayores, coherente con programas de seguridad que utilizan indicadores adelantados para prevenir incidentes. asq.org+1

IV. Profundización técnica por dominios de riesgo

1. Integridad de datos y sistemas electrónicos

En mi simulación, el salto a un SGC electrónico validado es palanca central. Exijo especificaciones de requisitos del usuario, matriz de riesgos GxP, evaluación de proveedores y protocolos de verificación centrados en la idoneidad del control documental, del flujo de aprobación y de la auditoría de cambios. Las guías de integridad de datos recuerdan que los registros deben ser completos, consistentes, seguros y disponibles a lo largo del ciclo de vida; mis controles técnicos se anclan en esos principios. ISPE

2. CAPA como columna vertebral

Un SGC robusto demuestra trazabilidad entre señal, análisis, acción y verificación de eficacia. Por eso, para cada modo de falla crítico, documento: origen de la señal (near-miss, queja, desvío), análisis de causa raíz, acción propuesta, riesgo residual y verificación/validación de la acción. El marco regulatorio CAPA exige procedimientos y evidencia de revisión por la dirección; yo convierto esa exigencia en una métrica de gobierno de riesgo. eCFR+1

3. Gestión por auditoría basada en riesgo

Las auditorías internas se tornan selectivas y predictivas. Yo uso ISO 19011 para priorizar procesos, definir competencias del auditor y asegurar independencia y objetividad. Toda auditoría concluye con un "mapa de calor" que alimenta la re-priorización del plan de mitigaciones del CCE. ISO+1

V. Cronograma, recursos y criterios de salida

1. Cronograma de 180 días con hitos

Días 1–30. Evaluación y calibración del FMEA; línea base de CONC y de indicadores; diseño de MOC y RACI-E.

Días 31–60. VSM y SIPOC de desviaciones y liberación; arquitectura documental lean; especificaciones del SGC electrónico.

Días 61–90. Piloto en empaque; formación causal; tablero táctico y micro-CAPA; primeras decisiones del CCE con evidencia de causalidad.

Días 91–135. Escalado a mezclado y QA; validación del sistema electrónico; auditoría interna enfocada; CAPA formales y actualización FMEA.

Días 136–180. Consolidación; ITS de resultados; revisión por la dirección con reasignación de recursos; criterios de salida y plan de sostenibilidad.

2. Recursos estimados

Yo estimo dedicación parcial de dueños de proceso, especialistas de datos, validación de sistemas, y un líder de proyecto SGC. La inversión relevante se concentra en el sistema electrónico, formación y mejora de controles en línea. Cada ítem debe justificarse por su contribución a la reducción del RPN y del CONC; la aprobación se decide en el CCE con base en causalidad y en tolerancia al riesgo, siguiendo principios de gobernanza de riesgo reconocidos. ISO

3. Criterios de salida

a) RPN crítico recalculado ≤ 120 y sin recurrencia en 90 días.

b) CONC con reducción anualizada ≥ 350.000 USD, con análisis causal que descarte factores externos.

c) Near-miss ≥ 15/semana y TRF ≤ 48 h por tres meses.

d) Auditoría interna sin no conformidades mayores en los procesos intervenidos; evidencias de revisión por la dirección y de decisiones financiadas con trazabilidad.

VI. Riesgos de implementación y mitigaciones

1. Sobrecarga informativa

Riesgo. Tableros con exceso de indicadores. Mitigación. Selección 80/20: dos leading y dos lagging por proceso; revisión trimestral de relevancia.

2. Teatralidad ejecutiva

Riesgo. Reuniones sin decisiones. Mitigación. KPI de tiempo de respuesta del CCE; metas de liderazgo ligadas a efectividad CAPA y a CONC.

3. Integridad de datos subestimada

Riesgo. Registros no confiables invalidan conclusiones. Mitigación. Validación del SGC electrónico; evaluación de proveedores; controles de auditoría de cambios y de accesos, conforme a guías de integridad. ISPE

4. Cultura de castigo

Riesgo. Caída del near-miss. Mitigación. Liderazgo de servicio, reconocimiento explícito y marco de "just culture" que diferencia error humano, riesgo y negligencia; promoción de indicadores adelantados conforme a recomendaciones de seguridad ocupacional. asq.org

VII. Escalabilidad y transferencia

1. Productos de alto riesgo y ciclo de vida

El enfoque es especialmente apto para productos estériles y/o con estrecho margen terapéutico, donde la integración riesgo-diseño-producción-post-mercado es crítica. ISO 13485 exige mecanismos de feedback y monitoreo a lo largo del ciclo de vida; mi protocolo crea la autopista por donde esa información fluye y se convierte en decisiones verificables. U.S. Food and Drug Administration

2. Transferencia de tecnología

Cuando el proceso de mezclado migre a otra planta, la documentación lean y la matriz de interfaz sirven de estándar de transferencia, y los indicadores adelantados actúan como detectores de deriva temprana. La auditoría basada en riesgo revisa efectividad antes de expansión.

VIII. Cierre

Yo afirmo que el estudio simulado de PharmaCorp demuestra que EQUIPAR no es un conjunto de buenas intenciones, sino un metamodelo de implementación que convierte requisitos en procesos medibles y decisiones trazables. La secuencia causal parte de la cuantificación del riesgo, transforma el flujo de valor con VSM/SIPOC, valida con pilotos, consolida con formación e integridad de datos y verifica con auditoría y revisión por la dirección. El resultado esperado es triple: un SGC que reduce el CONC de forma comprobable, que disminuye el RPN crítico hasta niveles aceptables y que instala una cultura de reporte proactivo que alimenta la prevención. La norma pide comunicación, medición y revisión; yo demuestro cómo esas palabras se convierten en gobernanza de riesgo, en evidencia y en retorno.

10.3. Evaluación del impacto del sistema según KPIs técnicos y culturales

Yo concibo la evaluación del impacto del Sistema EQUIPAR como un ejercicio de causalidad comprobable, no como una simple verificación de cumplimiento. Un Sistema de Gestión de la Calidad (SGC) maduro demuestra, con datos, que la implementación metodológica reduce riesgos fiduciarios y transforma el comportamiento humano en dirección a la resiliencia. Por eso, diseño la evaluación alrededor de KPIs técnicos (resiliencia y eficiencia) y KPIs culturales (comportamiento y liderazgo), unidos por un hilo estadístico que atribuye efectos a intervenciones específicas y no a variaciones aleatorias. Este rigor es coherente con los requisitos de monitoreo, medición, análisis y evaluación de ISO 9001:2015 (Cláusula 9.1) y con la arquitectura de medición de ISO 13485:2016 (Cláusula 8.2), que exigen evidencias del desempeño del sistema y de los procesos, incluyendo el uso de retroalimentación, auditorías, seguimiento de producto y reporte regulatorio. En mi modelo, estos mandatos normativos se convierten en un protocolo de evaluación causal integrado en la Fase 7. davidbarker.consulting+1

I. Marco de evaluación: de los indicadores al argumento de gobernanza

Para que la Alta Dirección reconozca el valor del SGC, la evaluación debe traducir métricas operativas a lenguaje de riesgo y retorno. Distingo, por método, entre indicadores predictivos (leading) e indicadores de resultado (lagging). Los leading señalan el estado del control antes de que el daño ocurra; los lagging confirman el resultado final. Esta separación no es cosmética; condiciona el diseño de la reacción del sistema, porque me permite intervenir a tiempo y demostrar, después, que la intervención fue la causa de la mejora. La distinción leading/lagging no es privativa de calidad; viene de la seguridad industrial, y su utilidad preventiva ha sido documentada en guías técnicas que yo aprovecho conceptualmente para diseñar la parte cultural del tablero del SGC. OSHA+1

Metodológicamente, opero con tres capas de medición:

1. Capa de proceso (táctica): mide la salud de los flujos críticos (tiempos de ciclo, tasa de defectos en línea, adherencia documental, alarmas SPC).

2. Capa de sistema (estratégica): consolida resiliencia (tasa de efectividad CAPA, RPN residual) y valor fiduciario (CONC mitigado, OEE con foco en el componente calidad).

3. Capa cultural (sostenibilidad): cuantifica la voz del personal y del liderazgo (reporte proactivo de casi-fallas, índice de competencia cruzada, cumplimiento del plan de participación del liderazgo).

La consistencia con la gobernanza regulatoria no es negociable. Si el sector es de dispositivos médicos, el subsistema CAPA debe cumplir 21 CFR 820.100 y, además, producir evidencia documentada de que las acciones se planean, ejecutan, verifican, comunican y revisan por la dirección. En mi evaluación, la trazabilidad de cada CAPA incluye su vínculo con la causa raíz, la actualización del FMEA, y la evidencia de no recurrencia en un horizonte acordado con la dirección. eCFR+1

II. Análisis del impacto en KPIs técnicos: resiliencia y eficiencia operativa

1. Tasa de Efectividad del CAPA como medidor de resiliencia sistémica

Defino la Tasa de Efectividad del CAPA como el porcentaje de acciones correctivas/preventivas que, transcurrido un periodo de observación, no presentan recurrencia de la desviación en condiciones normales de operación. No acepto cierres "administrativos"; exijo verificación en campo y evidencia de aprendizaje incorporado al sistema (p. ej., actualización de FMEA, ajuste de controles, cambio de entrenamiento). Esta métrica es el corazón de la resiliencia: si el CAPA es efectivo, el sistema aprende; si no, el sistema se engaña.

Para evitar sesgos, establezco: a) Ventana de observación según criticidad: 3, 6 o 12 meses, de acuerdo con la severidad del riesgo (RPN alto exige ventana más larga).

b) Segmentación por tipo de causa (técnica/proceso/humana/diseño/documental) para detectar patrones estructurales.

c) Validación con auditoría basada en evidencia, siguiendo los principios de ISO 19011, de forma que la verificación sea independiente y trazable. asq.org

Cuando el sector está bajo ISO 13485:2016, integro esta tasa con las obligaciones de seguimiento y medición de 8.2 (feedback, quejas, reporte a autoridades, auditorías, medición de procesos y de producto), de modo que la eficacia del CAPA se vea reflejada en todos los frentes: menos quejas, menor rechazo, estabilidad de proceso y cumplimiento irrefutable. Advisera+1

2. RPN residual y gestión del riesgo

EVALUAR sin riesgo es administrar a ciegas. Por eso, calculo el RPN residual de los riesgos críticos con cada iteración ($S \times O \times D$), asegurando que la Ocurrencia y la Detección cambien por efecto de los nuevos controles o rediseños. La metodología de EQUIPAR exige, además, que toda acción efectiva modifique explícitamente la calificación del FMEA, práctica alineada con el enfoque de gestión del riesgo de ICH Q9 y su aplicación al ciclo de vida según ICH Q10. La consistencia con estos marcos garantiza que la evaluación sea aceptable frente a auditorías y que el lenguaje del riesgo esté alineado con la protección del paciente. ICH Database+1

3. Costo de la No Calidad (CONC) y retorno fiduciario

Convierto los resultados técnicos en valor monetario para la Alta Dirección. Clasifico el CONC en fallas internas (rechazo, retrabajo, reprocesos), fallas externas (quejas, devoluciones, garantías, sanciones), evaluación (inspecciones, auditorías) y prevención (entrenamiento, validaciones). El objetivo de EQUIPAR es desplazar el gasto desde evaluación hacia prevención, y reducir fallas. La evaluación del impacto exige series temporales de CONC por unidad de producto y por proceso crítico, correlacionadas con hitos de implementación (p. ej., entrada en vigor de un nuevo SIPOC o de un entrenamiento causal), lo que me permite atribuir valor a cada intervención.

4. Eficiencia operativa: tiempos de ciclo y OEE con foco en calidad

Además del tiempo de ciclo del flujo Desviación–Cierre CAPA, utilizo OEE como indicador sintetizador de pérdidas: disponibilidad, rendimiento y calidad. El componente calidad del OEE se relaciona directamente con scrap y retrabajo; al mejorar la disciplina operativa y cerrar causas raíz, el OEE sube de forma sostenible. Este indicador, nacido de la escuela TPM, me sirve para explicar a producción que calidad no detiene la planta, la libera de pérdidas crónicas.

III. Análisis del impacto en KPIs culturales: alineación humana y sostenibilidad

1. Índice de Reporte Proactivo de casi-fallas

Este indicador leading es la prueba de la seguridad psicológica y de la ética operacional. Mido frecuencia, oportunidad (tiempo entre evento y reporte) y completitud del reporte. Establezco metas progresivas y reconozco públicamente a equipos y personas que sostienen el indicador, porque la densidad de reportes bien calificados anticipa incidentes y acelera el aprendizaje. Integro aquí la lógica de los leading indicators, de probada utilidad preventiva: cuando la organización mide y actúa sobre señales tempranas, reduce eventos y severidad. OSHA

2. Índice de Competencia Cruzada (ICC) y sostenibilidad del conocimiento

El riesgo de talento único es sistémico. El ICC mide qué porcentaje de puestos críticos tiene respaldo de personal entrenado y competente para cubrir contingencias sin degradación de la calidad. Vinculo el ICC a la matriz de competencias por proceso y al entrenamiento cruzado documentado. Un ICC alto estabiliza el desempeño durante rotaciones, ausencias o picos de demanda y reduce, por mecanismo causal, la Ocurrencia en el FMEA de procesos con alta dependencia de una persona. La medición del ICC está alineada con el enfoque de competencia de ISO 9001 y, en sectores farmacéuticos, con la visión del sistema de calidad farmacéutico de ICH Q10, que exige estado de control y mejora continua soportados por sistemas de formación robustos. European Medicines Agency (EMA)

3. Tasa de Cumplimiento del Plan de Participación de Liderazgo (PPL)

Mido si el liderazgo cumple acciones concretas de patrocinio: presencia en gemba, comunicación causal de objetivos, conducción de foros de reconocimiento, remoción de obstáculos. Esta tasa es un leading cultural crítico; cuando el patrocinio es visible y consistente, los reportes suben, la adherencia mejora y las CAPA se cierran con mayor calidad. La evaluación vincula el PPL con tendencias de indicadores técnicos para demostrar, al comité directivo, que el comportamiento del liderazgo tiene efectos medibles.

IV. Atribución causal: demostrar que la mejora no fue azar

La pregunta clave siempre es la misma: ¿mejoramos por lo que hicimos o por inercia? Para responderla, adopto análisis de series temporales con segmentación (interrupted time series, ITS). Construyo líneas base suficientemente largas, marco el punto de intervención (p. ej., arranque del módulo de ACR avanzado o del nuevo SIPOC) y estimo cambios en nivel y pendiente. La ITS, con regresión segmentada, es una técnica robusta para evaluar efectos longitudinales cuando los ensayos controlados no son viables. Con esto, muestro que las caídas en recurrencia o en CONC no son ruido, sino consecuencia de EQUIPAR. OUP Academic+1

En contextos de alta complejidad (múltiples intervenciones), complemento con modelos que controlan estacionalidad o shocks exógenos. Si la intervención es por etapas (piloto y escalamiento), estimo efectos escalonados y comparo segmentos. Este rigor metodológico eleva la evaluación a evidencia para la Revisión por la Dirección, tal como exige la norma. PubMed

V. Diseño del tablero estratégico: trazabilidad entre KPIs técnicos y culturales

El tablero no es un mural de números; es un mapa de causalidad. Por eso, organizo los indicadores en cadenas causa−efecto:

Reporte proactivo ↑ → Adherencia documental ↑ → Detección temprana ↑ → Ocurrencia efectiva ↓ → Tasa de efectividad CAPA ↑ → RPN residual ↓ → CONC ↓ → OEE ↑.

Cada flecha implica una hipótesis que someto a prueba con correlaciones temporales y pruebas de cambio en pendiente/ nivel post-intervención. Para que el tablero sea accionable:

a) Defino metas SMART por indicador y dueño RACI-E.
b) Fijo reglas de color con umbrales acordados con la Alta Dirección (rojo, ámbar, verde) y ventanas móviles de evaluación.
c) Integro el circuito de escalamiento automático: si la tasa de efectividad CAPA cae por debajo del umbral, se dispara la auditoría causal; si el reporte proactivo cae, se activa un refuerzo del PPL y microcampañas de reconocimiento. Esta lógica de control se alinea con el enfoque de gestión de cambios, CAPA y revisión por la dirección exigido por ISO 13485 y 21 CFR 820.100. eCFR+1

VI. Diseño operacional de los principales indicadores

1. Tasa de efectividad CAPA (TE-CAPA)

Definición: CAPA efectivas / CAPA verificadas en la ventana × 100.

Criterios: cierre verificado en gemba, actualización de FMEA, ausencia de recurrencia en ventana pactada. Frecuencia: mensual; revisión trimestral por el CCE.

2. RPN residual

Definición: S × O × D post-intervención para riesgos priorizados.

Reglas: toda acción convalidada modifica explícitamente O o D; si no, no se acredita efecto.

Frecuencia: tras cada iteración de proceso o cierre de CAPA relevante.

3. CONC total y por unidad

Definición: suma de costos por categorías; normalización por unidad producida y por proceso. Reglas: asignación a causa-proceso; exclusión de variaciones no controlables mediante diario de variaciones.

4. OEE con foco en calidad

Definición estándar (disponibilidad × rendimiento × calidad).
Integración: vinculación del factor calidad con scrap y retrabajo; trazabilidad con defectos críticos de FMEA. Wikipedia

5. Índice de reporte proactivo

Definición: near-misses reportados validados / semana; con tasa por 100 empleados. Reglas: calibración por sensibilidad; verificación de falsos positivos; tiempo de respuesta a cada reporte como subindicador. OSHA

6. ICC

Definición: puestos críticos con respaldo competente / total de puestos críticos × 100. Reglas: competencia validada con evaluación práctica; registro en SGC electrónico validado (conforme a validación de software en ISO 13485). bonnier.net.cn

7. PPL

Definición: acciones de liderazgo ejecutadas / acciones comprometidas × 100 (mensual). Reglas: evidencia documental (actas, gemba, comunicaciones), y evaluación por los Embajadores de Calidad.

VII. Calidad de los datos y gobierno de la información

Si los datos no son íntegros, ningún KPI es creíble. Alineo la captura, procesamiento y resguardo de información con ALCOA+ (atributables, legibles, contemporáneos, originales y exactos, además de completos, consistentes, duraderos y disponibles) y, en sistemas electrónicos, con validación y controles de acceso, auditoría y trazabilidad. En sectores regulados, la validación de software y la gestión de registros electrónicos son parte del alcance del SGC, por exigencia de ISO 13485 y por expectativa regulatoria explícita. Integro auditorías de datos en el programa de auditoría interna, conforme a ISO 19011, para asegurar independencia y profesionalismo en la verificación. Advisera+1

VIII. Medición estadística: del control al aprendizaje

No me conformo con medias y porcentajes. Para atributos (desviaciones por lote), utilizo cartas p o u; para tiempos de ciclo, cartas X–R; cuando busco sensibilidad temprana, adopto CUSUM. Si una intervención es puntual y de gran magnitud, ITS con regresión segmentada es el método de elección; si hay múltiples intervenciones, ajusto por autocorrelación y efectos calendario. Este enfoque, ampliamente aceptado en la evaluación de políticas y prácticas operacionales, confiere robustez a la atribución. OUP Academic+1

IX. Traducción a lenguaje de la Alta Dirección: del dato al mandato

La evaluación debe cerrar el ciclo de gobernanza. Por eso, cada trimestre llevo al comité directivo una narrativa causal con tres piezas:

1. Evidencia: gráficos con línea base y cambio post-intervención; intervalos de confianza; magnitud del efecto.

2. Riesgo mitigado: descenso del RPN y de la probabilidad de eventos de alto impacto (p. ej., recall).

3. Valor: reducción de CONC y mejora del OEE, con su traducción a margen y flujo de caja.

Si el sector es de dispositivos médicos, conecto explícitamente cada logro con la salud del subsistema CAPA y con la preparación para inspecciones, citando el cumplimiento de 21 CFR 820.100 y la trazabilidad de acciones y decisiones. Esa alineación habla el idioma de cumplimiento y de negocio al mismo tiempo. eCFR+1

X. Ejemplo integrado de evaluación en ejecución

Suponga que, tras el piloto de un nuevo SIPOC para el proceso Desviación–Cierre CAPA, la adherencia documental sube de 78% a 95% en seis semanas. El índice de reporte proactivo pasa de 2 a 12 casi-fallas semanales; la tasa de efectividad CAPA, que se ubicaba en 62%, asciende a 88% en tres meses y a 92% en seis. El OEE medio sube de 63% a 71%, con un aumento del componente calidad de 92% a 97%. El CONC por unidad se reduce 34%. Con ITS, estimo un cambio inmediato en nivel de −0,9 desviaciones por semana (p<0,05) y un cambio en pendiente que sostiene la mejora. Esta narrativa, acompañada de la evidencia documental de la actualización de FMEA y del cierre de loop en la revisión por la dirección, constituye la prueba de causalidad que la Alta Dirección necesita para sostener inversión.

XI. Lecciones sobre medición que institucionalizo

1. No todo lo que se mide importa; no todo lo que importa requiere docenas de indicadores. Prefiero pocos KPIs con trazabilidad que muchos sin dueño.

2. La evaluación debe ser transparente: definiciones, fórmulas y fuentes visibles; controles de versión; bitácora de cambios.

3. El sistema debe reaccionar: cada KPI tiene reglas de escalamiento y responsables definidos por RACI-E; si el color cambia, la acción se activa.

4. La formación es parte de la evaluación: cuando un ACR revela brecha de competencia, el programa de capacitación se ajusta; los indicadores lo verificarán en la siguiente iteración.

5. La auditoría es aliada: aplico principios de ISO 19011 para que la evaluación interna sea una función profesional y no ceremonial. asq.org

XII. Convergencia con marcos regulatorios y de industria

Mi enfoque de evaluación no inventa obligaciones; las articula. ISO 9001 pide evidencia de desempeño, análisis y evaluación (9.1), y revisión por la dirección con decisiones; ISO 13485 exige seguimiento y medición de procesos, producto y feedback; 21 CFR 820.100 obliga a un CAPA trazable y efectivo; ICH Q9 y Q10 establecen que las decisiones deben ser basadas en riesgo y sostenibles a lo largo del ciclo de vida. La evaluación según EQUIPAR cose estas piezas: evidencia de procesos que mejoran, riesgos que bajan, cultura que sostiene, y decisiones que cierran el ciclo. European Medicines Agency (EMA)+4davidbarker.consulting+4Advisera+4

XIII. Superioridad metodológica: por qué la evaluación de EQUIPAR es distinta

La diferencia central es la causalidad demostrada. Un SGC clásico reporta indicadores; el mío prueba vínculos y responsabilidad. La evaluación no se limita a "cumplimos el plan" o "cerramos acciones"; se pregunta "¿qué cambió en el riesgo y en el valor?" y "¿quién, desde el liderazgo, sostuvo la palanca cultural?". Además, integró el componente formativo y de cambio, medido con leading culturales, algo que los marcos puramente normativos no detallan. Esta capa comportamental, aliada con métodos estadísticos robustos, produce evidencia que el director financiero y el regulador pueden aceptar.

XIV. Criterio de cierre: cuándo doy por verificada la efectividad del sistema

Doy por lograda la efectividad cuando:

a) La tasa de efectividad CAPA se sostiene ≥90% durante al menos dos ventanas consecutivas de observación.
b) El RPN residual de los riesgos críticos cae por debajo del umbral de aceptabilidad definido en la Fase 2 y se mantiene.
c) El CONC por unidad desciende al valor meta del MOC con variabilidad controlada.
d) El índice de reporte proactivo y el cumplimiento del PPL se sostienen en verde.
e) La auditoría interna, siguiendo ISO 19011, confirma evidencia verificable de todos los puntos. asq.org

Si alguno de estos componentes retrocede, el sistema reacciona: se activa una revisión causal extraordinaria, se reasignan recursos, se reentrena, se ajustan procesos. La evaluación no es un diploma; es un mecanismo de defensa de la organización.

XV. Consideraciones para sectores regulados

En dispositivos médicos, documentar la evaluación con referencias inequívocas al cumplimiento de 8.2 de ISO 13485 y al 820.100 es esencial: cada mejora debe dejar su huella en el expediente CAPA, en el DHF/DMR cuando aplique, y en la revisión por la dirección. En farmacéutica, hago explícita la alineación con ICH Q9 y Q10, conectando el SGC con la protección del paciente y el estado de control del proceso. La evaluación, así presentada, es defendible ante auditorías y soporta decisiones de negocio como inversiones en automatización o expansión de capacidad. European Medicines Agency (EMA)+3Advisera+3eCFR+3

Evaluar el impacto de EQUIPAR significa, para mí, demostrar con evidencia que el sistema aprende, que el riesgo baja, que el valor sube y que la cultura sostiene la mejora. La combinación de KPIs técnicos y culturales, anclados en métodos de análisis robustos y en gobernanza regulatoria, convierte al SGC de un centro de costo a una plataforma de resiliencia y ventaja competitiva. Esta es la vara con la que mido la madurez: no por el grosor del manual, sino por la claridad con que puedo mostrar cómo una decisión específica cambió el futuro de la organización.

10.4. Reflexiones sobre escalabilidad internacional del sistema

La validación final del Sistema EQUIPAR como una contribución de importancia mayor al campo de la Gestión de la Calidad (GC) reside en su inherente escalabilidad internacional. Yo sostengo que, si bien la simulación técnica se centró en el sector farmacéutico local bajo GMP (Punto 10.1), la metodología de EQUIPAR está conceptualmente diseñada para ser universalmente aplicable a cualquier entorno de alta regulación en 2018, incluyendo las exigencias de la FDA, la EMA y las certificaciones ISO 9001:2015 e ISO 13485:2016. La escalabilidad no es un complemento; es la prueba de la robustez, la adaptabilidad y la eficiencia del sistema.

Mi contribución en esta subsección es la formalización del Protocolo de Escalabilidad Causal (PEC), el cual demuestra cómo los principios de EQUIPAR gestionan y armonizan las variaciones regulatorias, culturales y operacionales en diferentes jurisdicciones. Este análisis se enfoca en tres ejes metodológicos interconectados: **I. La Armonización de la Tensión Regulatoria (ISO HLS como Plataforma), II. La Gestión del Riesgo Cultural en la Expansión (Alineación Humana Global), y III. El Diseño de la Implementación Iterativa Global (Roll-out Estratégico).**

I. La Armonización de la Tensión Regulatoria (ISO HLS como Plataforma)

La escalabilidad internacional comienza con la capacidad de la metodología de absorber y armonizar los requisitos regulatorios dispares (FDA, EMA, ANMAT, COFEPRIS) en un único Sistema de Gestión de la Calidad (SGC).

A. La ISO HLS como Marco Unificador: Yo he diseñado EQUIPAR para que se construya sobre la

Estructura de Alto Nivel (HLS) de la ISO 9001:2015. La HLS (Cláusulas 4 a 10) proporciona el **marco conceptual universal** (Contexto, Liderazgo, Planificación, Operación, Desempeño) que es común a todas las normas ISO y a la mayoría de las regulaciones sectoriales (GMP).

1. **Uniformidad del "Qué" (La Base de la Trazabilidad):** El sistema EQUIPAR garantiza que el "Qué" se debe hacer (ej. el requisito de Validación de Procesos o el requisito de Control de Cambios - ISO 13485:2016) se defina una única vez en un Procedimiento Maestro Global. Esto elimina el desperdicio de redundancia documental (*Lean*) en cada país.

2. **Adaptación Metodológica del "Cómo" (La Tensión Regulatoria):** La escalabilidad exige que la Arquitectura Anti-Silo (Fase 3) sea adaptable. Mi metodología permite que los Pasos Críticos del SIPOC (ej. la Liberación Final de Lote) incorporen los requisitos legales específicos de cada jurisdicción. Por ejemplo, el SIPOC global es el mismo, pero el *Checklist* del paso de Liberación de Lote varía para incluir la firma específica requerida por la autoridad local. Esto resuelve la tensión regulatoria sin fragmentar la estructura central del SGC.

B. La Gobernanza Basada en el Riesgo (GBRE) Global: La **Gobernanza Basada en el Riesgo Estratégico (GBRE)** (Fase 1) es el mecanismo que yo utilizo para priorizar las inversiones de escalabilidad.

1. **Priorización de la Jurisdicción:** La decisión sobre *dónde* implementar EQUIPAR a continuación no es geográfica, sino de **Riesgo Fiduciario**. El **Comité de Calidad Estratégica (CCE)** prioriza la implementación en la jurisdicción donde el

Riesgo Regulatorio es de **mayor Severidad** (ej. entrada al mercado de EE. UU. (FDA) versus un mercado menos regulado). La asignación de recursos sigue el **RPN Global**.

2. **Harmonización de FMEA:** El Análisis de Modo y Efecto de Falla (FMEA) (Fase 1) debe incluir los Modos de Falla Regulatorios de cada país. El RPN se calcula considerando el impacto de la no conformidad no solo en el producto, sino en la restricción de mercado global (el riesgo fiduciario).

II. La Gestión del Riesgo Cultural en la Expansión (Alineación Humana Global)

El mayor riesgo en la escalabilidad internacional es el Riesgo Cultural: la falta de adaptación del Liderazgo de Servicio (Fase 5) a las culturas locales y la resistencia al cambio en nuevas geografías.

A. El Protocolo de Transferencia Cultural Causal:
Yo utilizo el Protocolo de Transferencia Cultural para asegurar que el Liderazgo de Servicio se adapte sin perder su esencia de empoderamiento y transparencia.

1. **Formación Causal Adaptada:** La Formación Causal (Punto 7.1) del equipo de liderazgo local se enfoca en la Gestión de la Resistencia Específica de la cultura de ese país. Por ejemplo, en culturas de alta jerarquía, el entrenamiento en Liderazgo de Servicio se centra en cómo modelar el Reporte Proactivo sin Culpa (Punto 7.3) sin socavar la autoridad.

2. **Transferencia de los Embajadores de Calidad:** Los Embajadores de Calidad de la planta piloto (Fase 5) actúan como *coaches* culturales para la nueva jurisdicción. Ellos son los multiplicadores del conocimiento que modelan el Comportamiento

Causal Sostenible (Punto 8.4) y el uso de los SIPOC *Lean*, superando la barrera del escepticismo local.

3. **Benchmark Cultural:** Se utiliza el Índice de Reporte Proactivo (Punto 6.3) como KPI *Leading* de la Alineación Humana en la nueva planta. El éxito del *roll-out* depende de que la nueva planta logre el *benchmark* de Reporte Proactivo de la planta matriz en un periodo de tiempo definido.

B. La Unificación de la Responsabilidad (*RACI-T* Global): La **Matriz de Responsabilidad Transfuncional (RACI-T)** (Punto 5.2) es el ancla de la **Unificación de Personas** a escala global.

1. **Dueños de Proceso Globales y Locales:** La responsabilidad Accountable (A) del SGC permanece en el Dueño de Proceso Global (la casa matriz) para asegurar la uniformidad normativa. Sin embargo, la responsabilidad Responsible (R) de la ejecución del proceso *Lean* se asigna al Dueño de Proceso Local, dándole la autoridad para tomar las decisiones inmediatas que exige la Implementación Iterativa. Esto equilibra la uniformidad regulatoria con la eficiencia operativa local.

III. El Diseño de la Implementación Iterativa Global (*Roll-out* Estratégico)

El Protocolo de Escalabilidad Causal (PEC) exige que la expansión internacional sea una sucesión de Pilotos Controlados (Implementación Iterativa, Fase 4), minimizando la exposición al riesgo regulatorio en la nueva jurisdicción.

A. El *Roll-out* Modulado y Secuencial: La implementación en la nueva planta no es un *Big Bang*; es la **transferencia de módulos de proceso validados**.

1. **Transferencia del Módulo Crítico:** Se prioriza la implementación del Módulo de Proceso Crítico que mitigó el riesgo de mayor RPN en la planta piloto (ej. el nuevo SIPOC de Gestión de Desviaciones). La implementación se hace con un Piloto Controlado (Fase 4) en la nueva planta, demostrando que el diseño es universalmente funcional.

2. **Validación Funcional Local:** La **Prueba de Concepto (POC)** (Punto 6.1) en la nueva jurisdicción se enfoca en verificar que el diseño de proceso *Lean* (Fase 3) cumple con los **requisitos regulatorios locales** y es **utilizable** por la cultura local.

B. La Medición Causal en la Expansión (Prueba de la Resiliencia): Yo exijo que el éxito del *roll-out* en la nueva jurisdicción se mida con los **KPIs de Impacto Causal** (Punto 9.2).

1. **KPIs de Impacto (CONC y Efectividad CAPA):** La nueva planta debe demostrar que el RPN Residual de los riesgos transferidos se reduce al Umbral de Aceptabilidad en el periodo de implementación, y que la Tasa de Efectividad del CAPA se mantiene por encima del 85%. Esto prueba que la superioridad metodológica de EQUIPAR es transferible.

2. **Protocolo de ITS (*Interrupted Time Series*):** La Fase 7 exige que la nueva planta recopile la data de *Leading Indicators* (Reporte Proactivo, Adherencia) a lo largo del tiempo, de manera que la Revisión por la Dirección (Punto 9.2) pueda utilizar el Análisis de Series de Tiempo Interrumpidas (ITS) para validar estadísticamente que la

implementación de EQUIPAR *causó* la mejora en los KPIs de impacto local.

El Protocolo de Escalabilidad Causal (PEC) demuestra que el Sistema EQUIPAR es una metodología universalmente robusta porque su diseño se basa en principios de riesgo, eficiencia y cultura que son aplicables en cualquier contexto regulatorio. Al formalizar la armonización regulatoria (HLS), la gestión del riesgo cultural y la implementación iterativa modular, mi contribución garantiza que el SGC no solo logre la certificación local, sino que se convierta en una ventaja competitiva estructural y global para la organización.

CONCLUSIÓN

Yo he concebido este libro como una arquitectura completa para transformar la gestión de la calidad desde el cumplimiento mínimo hacia una cultura organizacional que aprende, se adapta y crea valor medible. El hilo conductor, desde el prólogo hasta los últimos capítulos, ha sido demostrar que la calidad deja de ser una disciplina periférica cuando el liderazgo asume su naturaleza estratégica, cuando el riesgo gobierna las prioridades y cuando la trazabilidad deja de ser un archivo para convertirse en una historia viva de decisiones, responsabilidades y resultados. La tesis central es inequívoca: la norma describe el qué y el por qué; el cómo —metodológico, cultural y económico— es el territorio que yo estructuro con EQUIPAR para que ese "qué" y ese "por qué" se materialicen de forma verificable y sostenible. En esa convergencia entre evolución normativa y praxis es donde EQUIPAR se vuelve necesario, no accesorio, porque traduce principios universales en acción coordinada, medible y humana.

He articulado sistemáticamente una triada que encuentro rara vez integrada en los sistemas tradicionales: la dimensión técnica (conformidad verificable), la dimensión estratégica (alineación con objetivos y riesgos de negocio) y la dimensión humana (apropiación cultural y liderazgo participativo). Esa triada no es un marco retórico; es el requisito ontológico de cualquier sistema que pretenda perdurar sin sacrificar eficiencia, cumplimiento ni propósito. Donde otros enfoques segmentan —documentación por un lado, auditoría por otro, mejora continua en una tercera isla—, yo unifico y hago que la trazabilidad sea un relato continuo, no un expediente estático.

369

Desde el inicio establecí que la calidad moderna emerge cuando la inspección cede su primacía a una gobernanza de riesgos y a un liderazgo que asume rendición de cuentas por la efectividad del sistema. Ese tránsito, progresivo y exigente, dejó al descubierto una brecha: las normas no son metodologías de cambio y, por tanto, no aseguran por sí mismas ni la cultura ni el valor. El libro ha llenado esa brecha con un metamodelo prescriptivo que ordena las decisiones en siete fases, obligando a que cada objetivo de calidad responda causalmente a un riesgo priorizado y a que cada intervención se valide con datos.

La primera contribución que deseo fijar en esta conclusión es la lógica causal de EQUIPAR. No basta listar siete fases; es imprescindible recordar por qué están en ese orden y cómo se retroalimentan. La Fase 1 exige diagnóstico riguroso del contexto, la cultura y el perfil de riesgo; la Fase 2 convierte ese diagnóstico en objetivos causales trazables; la Fase 3 diseña la arquitectura anti-silo que materializa esos objetivos; la Fase 4 evita el riesgo "big bang" con pilotos iterativos y aprendizaje temprano; la Fase 5 convierte el entrenamiento y el liderazgo en palancas de adopción; la Fase 6 alinea mejora, innovación y sostenibilidad; y la Fase 7 verifica la causalidad y cierra el ciclo con revisión y reconocimiento. Este encadenamiento convierte la norma en funcionamiento real, entendible por la Alta Dirección y operativo para el personal de planta.

Esa secuencia intencional ha sido diseñada precisamente tras identificar patrones de fracaso que se repiten independientemente del tamaño de la organización: fragmentación técnica, liderazgo distante y debilidad estratégica. Un sistema que separa validación, documentación, auditoría y mejora en estructuras desconectadas pierde trazabilidad, multiplica el desperdicio y alimenta la percepción de "calidad" como carga externa. Un liderazgo que firma pero no patrocina genera señales contradictorias y bloquea inversiones clave. Un tablero de indicadores que solo mira no conformidades y tiempos de respuesta produce ceguera económica: se deja de ver el margen, el costo de no calidad, el OEE o la experiencia del cliente. EQUIPAR surge para romper ese triángulo de fallo con una coreografía de decisiones que vuelve a poner juntas la técnica, la estrategia y las personas.

El rigor no es negociable. Sostuve desde el prólogo que no basta afirmar que un sistema funciona; hay que demostrarlo con evidencia empírica. Por eso propuse indicadores que superan el conteo reactivo de desviaciones: resiliencia operativa, eficiencia productiva con foco en la componente de calidad del OEE, efectividad real de CAPA como ausencia de recurrencia y satisfacción interna como termómetro de la percepción del sistema. Además, recomendé métodos analíticos —series de tiempo interrumpidas, regresión de Poisson— para atribuir causalmente las mejoras al despliegue de EQUIPAR. Ese estándar académico es el barandal que separa la opinión de la prueba y que convierte al SGC en un campo verdaderamente verificable.

Desde ahí, la conclusión inevitable es que la certificación deja de ser un fin y pasa a ser un resultado natural del funcionamiento del sistema. Yo he insistido en que un certificado válido sin un sistema vivo equivale a una fotografía nítida de un organismo inmóvil. En cambio, un sistema que funciona, que revela su coherencia en cada interfaz, que aprende de cada casi-falla y que corrige antes de la auditoría, convierte la certificación en un acto confirmatorio. El cumplimiento garantiza la existencia; la cultura de calidad asegura la trascendencia. EQUIPAR se concibió precisamente para tender ese puente.

La experiencia sintetizada en estas páginas recoge lecciones de pymes y grandes corporaciones. En pymes, la eficacia depende de calibrar por riesgo y de construir un sistema mínimo viable con pocos indicadores de alto poder explicativo, sustentado en integridad de datos y CAPA que cierran de verdad. En grandes organizaciones, la clave es la gobernanza: clarificar quién decide con qué datos, cómo se escalan las desviaciones y cómo se sincronizan las revisiones interfuncionales. He visto programas de auditoría extensos que, por carecer de priorización basada en riesgo, se vuelven previsibles e inofensivos; he visto políticas de datos sin responsables de aplicación. El diseño anti-silo de EQUIPAR corrige esas asimetrías asignando dueños de proceso con autoridad transfuncional y reconfigurando auditorías internas con lente de criticidad.

Otro hilo crítico de la obra es la integridad de datos. Traté la integridad no como un apéndice técnico, sino como un eje ético y regulatorio que condiciona la confiabilidad del sistema. Integré explícitamente controles ALCOA+ al diseño de formación, al ecosistema documental y a los flujos electrónicos, por una razón simple: sin datos completos, legibles, contemporáneos, originales y exactos, no existe trazabilidad ni se sostiene un análisis causal. Un SGC electrónico validado con registros íntegros no solo pasa auditorías; recupera el tiempo que la burocracia le había robado a la operación y reduce la ocurrencia de errores humanos en la captura y transmisión de información crítica.

Sostuve también que la cultura es el multiplicador silencioso de todo lo anterior. Sin una cultura de reporte sin culpa, el sistema es ciego; sin liderazgo de servicio, la gente entiende la calidad como vigilancia, no como apoyo; sin reconocimiento sistémico, la conducta deseada se extingue. Por eso cada mecanismo de retroalimentación temprana que propuse tiene destino claro en los foros tácticos y estratégicos, y cada decisión de inversión debe comunicarse causalmente a quien la inspira en el piso de producción. Si un operador reporta un near-miss que evita un retrabajo costoso, el tablero debe mostrar la cadena de causalidad y el liderazgo debe cerrar el bucle con reconocimiento explícito. Ese circuito de ida y vuelta es el tejido que une operación y dirección y que convierte a la retroalimentación en un activo, no en un trámite.

Esta obra dedica un espacio a contrastar la promesa metodológica con un estudio simulado en planta farmacéutica. Consideré imprescindible llevar la discusión desde el plano conceptual hasta la validación de resultados, aunque fuese en un entorno controlado. En la simulación, la reducción de RPN en desviaciones recurrentes, la mejora de la detección temprana y la caída del costo de la no calidad constituyeron la evidencia de que el encadenamiento de fases produce efectos estructurales. No es casual que el ROI proyectado en 18 meses ascendiera a 87% sobre la inversión: cuando se elimina la espera burocrática, se empodera a dueños de proceso y se entrena causalmente, la mejora económica es un subproducto.

No es menor, además, la superioridad metodológica que emerge al comparar este enfoque con la aplicación literal de un estándar o con proyectos aislados de mejora. Un cumplimiento ISO diligente puede documentar CAPA, pero no garantiza su eficacia ni su no recurrencia; un DMAIC bien ejecutado soluciona una desviación, pero no reconfigura la gobernanza de riesgos ni la cultura. EQUIPAR integra ambos mundos y los excede al exigir trazabilidad causal entre riesgo, objetivo, acción y resultado, y al medir con técnicas adecuadas para aislar efectos. Esa, a mi juicio, es la diferencia entre un sistema que vive y una colección de buenas intenciones.

Para cerrar, quiero sintetizar las certezas que me deja la construcción de este modelo y de esta obra.

Primero, que la madurez de un SGC se reconoce en su capacidad de anticipar y amortiguar, no de reaccionar. Cuando la revisión por la dirección se convierte en un foro de gobernanza de riesgos y de reasignación inteligente de recursos, la organización deja de vivir de auditoría en auditoría y empieza a vivir de evidencia en evidencia. Yo he insistido en que esa transformación comienza con el lenguaje: el riesgo fiduciario de una desviación no es un dato accesorio, es el mapa; el costo de la no calidad no es solo un indicador de pos-evento, es un gatillo de inversión; la efectividad del CAPA no es un porcentaje de cierres, es la prueba de que aprendemos.

Segundo, que la arquitectura anti-silo es una reforma organizacional, no un diagrama. La ingeniería de la interfaz —ese punto frágil donde termina un proceso y comienza otro— es donde se ganan y se pierden las auditorías, los márgenes y la confianza del cliente. Por eso exigí SIPOC transfuncionales, dueños de interfaz y documentación modular enfocada en flujos, no en departamentos. La trazabilidad que aprecia el regulador es la misma que reduce desperdicios: una única entrega, un único responsable, un único criterio de aceptación, una única fuente de datos. Esa estandarización simple es, paradójicamente, la clave de la flexibilidad: cuando la base es estable, la organización puede iterar sin riesgo de perderse.

Tercero, que la formación solo crea valor si es causal, continua y verificada. Derivé el contenido del riesgo, no del calendario; combiné aula, e-learning validado y micro-contenidos en el punto de uso; cerré con pruebas de destreza y auditorías post-entrenamiento. Y, sobre todo, "enganché" la formación al sistema de reconocimiento, para que el esfuerzo de aprender y de reportar sea visible y tenga consecuencias positivas. Cuando la organización sabe por qué aprende, cómo aplica y qué resultado produce, la formación deja de ser costo hundido y pasa a ser inversión estratégica.

Cuarto, que la cultura de reporte proactivo es el mejor predictor de sostenibilidad. Una empresa que reporta a tiempo es una empresa que confía; una empresa que confía es una empresa que mejora; una empresa que mejora es una empresa que sobrevive. Por ello establecí métricas culturales claras —tasa de reporte, tiempo de respuesta del liderazgo, satisfacción de embajadores— y les otorgué peso en la revisión estratégica. No se mejora lo que no se mide, y no se sostiene lo que no se reconoce.

Quinto, que la calidad es también una ética de recursos: cada unidad de scrap es un costo, una demora y un residuo; cada firma redundante es tiempo de talento desperdiciado; cada dato duplicado es una oportunidad de error. Al reducir desperdicios Lean, la empresa mejora su huella económica y ambiental, eleva el ánimo de su gente y refuerza su licencia social. Cuando coloqué la sostenibilidad junto a la innovación en la Fase 6 lo hice deliberadamente: el SGC moderno no se limita a preservar la conformidad; contribuye a preservar el contexto en el que opera la organización.

Sexto, que la claridad estratégica se materializa cuando la Alta Dirección reconoce su papel irrenunciable. He repetido que el liderazgo visible es una medida de salud del sistema. La dirección que participa en talleres de riesgo, que prioriza con dot voting, que patrocina pilotos, que comunica decisiones con lenguaje causal y que celebra victorias tempranas, envía a la organización un mensaje inequívoco: la calidad no es un trámite, es nuestra forma de trabajar. Ese comportamiento, replicado con constancia, es la base de una cultura que no necesita inspección para hacer lo correcto.

Séptimo, que el sistema debe rendir cuentas en términos que la economía del negocio entiende. El ROI proyectado no es un ornamento; es el marco de referencia que compite por recursos con otras iniciativas. Cuando un SGC demuestra retorno, el presupuesto deja de ser una concesión y pasa a ser una inversión; cuando demuestra resiliencia, el regulador deja de ser un riesgo y pasa a ser un aliado objetivo. Esa es la madurez que propongo: un sistema que habla el idioma de finanzas sin perder su vocación humana y su rigor técnico.

Si se me pidiera condensar EQUIPAR en una imagen, sería un mapa dinámico con cuatro capas superpuestas: riesgos priorizados como relieve; objetivos causales como rutas; procesos e interfaces como puentes; y personas como viajeros que aprenden y corrigen en el camino. A cada tramo del mapa corresponde un indicador de orientación y un punto de control; a cada desvío, un aprendizaje incorporado y un reconocimiento explícito. En esa cartografía, la certificación es un hito, no la meta, y el horizonte no es un estado sino una dirección: ser consistentemente mejores en anticipar, ejecutar y aprender.

Las páginas que anteceden dan cuenta de que esta propuesta no es un ejercicio de estilo. Es el producto de observar patrones, probar intervenciones, fallar en lo pequeño para acertar en lo grande, y, sobre todo, escuchar. He aprendido que la gente desea hacer las cosas bien cuando comprende el propósito y cuando el sistema le quita obstáculos en lugar de ponerlos. He aprendido que los mejores procesos son los que dicen poco y muestran mucho, y que los mejores líderes son los que reconocen pronto y corrigen sin humillar. He aprendido que el regulador, bien entendido, es un espejo útil y no un verdugo. Y he confirmado que la calidad, cuando se hace cargo de la cultura, es rentable.

Concluyo, por tanto, con un compromiso y una invitación. Mi compromiso es seguir afinando este modelo con la misma exigencia que propongo al lector: medir, comparar, aprender. La invitación es a poner a prueba la coherencia de EQUIPAR en cada organización concreta, sin dogmas y con honestidad intelectual: que cada fase gane su lugar por la evidencia que produce; que cada indicador cuente una historia creíble; que cada decisión se pueda explicar mirando la matriz de riesgo; que cada éxito ascienda como aprendizaje y cada fracaso regrese como mejora de diseño. Si ocurren esas cuatro cosas, el tránsito del cumplimiento a la cultura habrá dejado de ser una consigna para convertirse en una forma de vivir y de trabajar.

EQUIPAR nació, lo dije al inicio, del cruce entre la evolución normativa y la experiencia práctica. Hoy cierro el libro convencida de que su valor reside en haber tejido con rigor ese cruce: estándares internacionales como cimientos, gobernanza del riesgo como estructura, procesos e interfaces como circulación, datos íntegros como sistema nervioso y personas competentes como corazón. Si algo deseo que perdure es esa imagen de un sistema vivo que aprende con intención, que mejora con respeto y que crea valor con evidencia. El cumplimiento garantiza la existencia; la cultura de calidad asegura la trascendencia. Entre una y otra, yo sitúo a EQUIPAR.

En definitiva, esta obra ha querido demostrar que la gestión de la calidad puede y debe ser el motor de transformación organizacional cuando se la dota de método, de métricas y de humanidad. La metodología EQUIPAR entrega ese método; los paneles y las auditorías causales entregan las métricas; el liderazgo de servicio y la cultura de reporte entregan la humanidad. Me basta con que una organización —la suya— lo ponga en marcha con disciplina y con propósito para que el resto de los argumentos se vuelva innecesario. Porque el mejor argumento, siempre, será el resultado visible: menos fallas, más confianza, mayor margen, mejor reputación. Y, sobre todo, una forma de trabajar que dignifica a quien la ejerce.

Glosario

Acción correctiva — Yo defino la acción correctiva como la intervención diseñada para eliminar la causa raíz de una no conformidad detectada, evitando su recurrencia. En EQUIPAR, una acción correctiva solo se considera efectiva si, tras verificarla en el tiempo, no reaparece el modo de falla asociado y si se actualiza el FMEA correspondiente y los documentos impactados.

Acción preventiva — Aunque la ISO 9001:2015 integró el concepto en el pensamiento basado en riesgo, yo sigo usando el término para referirme a las medidas proactivas derivadas de la identificación de riesgos antes de que se materialicen. En EQUIPAR, se operacionaliza mediante objetivos causales vinculados a riesgos de alta Severidad.

ACR (Análisis de Causa Raíz) — Yo uso ACR como el conjunto de herramientas y disciplina para llegar a la causa sistémica de una falla, no al síntoma. En mi metodología, un ACR es incompleto si no identifica factores técnicos, humanos y de interfaz, y si no retroalimenta CAPA, FMEA y formación.

AQL (Acceptable Quality Level) — Nivel de calidad aceptable usado en planes de muestreo para aceptación. Yo lo empleo con cautela: privilegio el control estadístico del proceso y la prevención sobre la inspección por atributos.

ALCOA+ — Acrónimo de Attributable, Legible, Contemporaneous, Original, Accurate, más los atributos adicionales de Complete, Consistent, Enduring y Available. Yo lo adopto como estándar de integridad de datos en todos los registros, electrónicos o en papel, por su impacto directo en trazabilidad y cumplimiento regulatorio.

Análisis de brecha (Gap analysis) — Evaluación estructurada de la distancia entre el estado actual del sistema y los requisitos de norma y negocio. En EQUIPAR, el resultado alimenta la matriz de riesgos y la priorización de objetivos, no un "checklist" sin consecuencias.

Análisis de impacto al negocio (BIA) — Yo utilizo BIA para cuantificar el efecto de riesgos de calidad en márgenes, flujo de caja y reputación. Sirve como traducción de la severidad técnica a un lenguaje fiduciario comprensible para la Alta Dirección.

Análisis de Pareto — Técnica 80/20 para enfocar recursos en las pocas causas que generan la mayoría de efectos. En la práctica, lo combino con ACR y datos de tendencia para evitar sesgos por eventos recientes.

Auditoría basada en riesgo — Planeación y ejecución de auditorías priorizando procesos, proveedores y sistemas con mayor RPN o impacto regulatorio. Yo rechazo auditorías uniformes; el muestreo debe seguir la criticidad.

Auditoría causal — En EQUIPAR, auditoría que verifica no solo la existencia de controles sino su eficacia demostrable para prevenir recurrencia. Busca evidencias de aprendizaje sistemático y de actualización del riesgo.

Auditoría externa — Evaluación por parte de organismo certificador o regulador. Yo la trato como verificación independiente de un sistema que ya debe funcionar por sí mismo, no como evento de preparación frenética.

Auditoría interna — Inspección planificada por la propia organización. En mi enfoque, es un laboratorio de aprendizaje que alimenta CAPA y la revisión por la dirección con hallazgos priorizados por severidad.

Autoinspección — Revisión conducida por el propio equipo operativo. La promuevo con guías simples, enfoque en interfaces y cultura de reporte sin culpa para descubrir fallas latentes.

BIA — Ver Análisis de impacto al negocio.

Bow-Tie — Representación del riesgo que vincula causas, evento y consecuencias con barreras preventivas y mitigadoras. Yo la uso para comunicar a liderazgo por su claridad visual.

CAPA — Sistema de acciones correctivas y preventivas. En mi modelo, CAPA se mide por su tasa de efectividad (no recurrencia) y cierra solo cuando evidencia cambios en proceso, formación y riesgo residual.

Cartas de control — Herramientas de SPC para distinguir variación común de especial. Yo recomiendo X-bar/R, p, np, c, u según el tipo de dato; su valor está en anticipar deriva y activar acción temprana.

Causa raíz — Factor sistémico que, si se elimina, previene la recurrencia de la falla. Yo rechazo causas genéricas como "error humano" sin evidencia del mecanismo y de las condiciones que lo permitieron.

Ciclo PDCA — Planificar, Hacer, Verificar, Actuar. En EQUIPAR, lo opero con sprints y pilotos controlados para acortar el ciclo de aprendizaje y reducir el riesgo de implementación.

Ciclo de vida — Secuencia de etapas desde diseño hasta retiro del producto. Yo exijo que riesgo, validación y trazabilidad lo atraviesen completo, especialmente en 13485.

Cliente interno/externo — Quien recibe el output de un proceso. La distinción me permite diseñar interfaces con criterios de aceptación claros y un solo responsable por entrega.

Coaching — Acompañamiento orientado a desarrollar capacidad y autonomía. En la Fase 5, el liderazgo de servicio emplea coaching para sostener disciplina operativa sin coerción.

CONC (Costo de la No Calidad) — Suma de fallas internas, externas, prevención e inspección. Yo lo uso como KPI fiduciario y motor de inversión en mejoras causales.

Control de cambios — Proceso formal para evaluar, aprobar, implementar y verificar modificaciones. En mi enfoque, está ligado al riesgo y a la validación proporcional a la criticidad.

Control de documentos — Gestión del ciclo de vida de la información documentada. Prefiero arquitectura modular, referencias cruzadas y eQMS validado para reducir redundancia y errores.

Control estadístico de procesos (SPC) — Monitoreo continuo mediante indicadores y cartas de control. En EQUIPAR, SPC es indicador "leading" que alimenta alertas tempranas.

Criterios de aceptación — Requisitos objetivos para aceptar un output. Yo los defino al diseñar el SIPOC, evitando ambigüedades en la interfaz entre procesos.

Cultura de reporte sin culpa — Entorno donde se informa la casi-falla sin temor a sanción. Es un KPI cultural clave; sin él, el sistema es ciego a oportunidades de prevención.

Dato maestro — Información de referencia única en sistemas informáticos. Protejo su integridad con gobierno de datos y segregación de funciones en eQMS/MES/ERP.

Data integrity — Ver ALCOA+. Yo integro controles técnicos, procedimentales y culturales para asegurarla en todo registro crítico.

Deviación — Desvío a un requisito establecido. Clasifico por severidad y causalidad; toda desviación significativa debe conducir a ACR y, si procede, a CAPA.

Design history file (DHF) — Expediente de diseño que demuestra que el producto satisface requisitos. Exijo trazabilidad con riesgo (ISO 14971) y con DMR.

Device master record (DMR) — Conjunto de especificaciones para manufactura. Lo vinculo a controles del proceso y a criterios derivados del FMEA.

Device history record (DHR) — Registros de producción de cada lote/unidad. En eQMS, su integridad es esencial para liberación y rastreabilidad.

DMAIC — Definir, Medir, Analizar, Mejorar y Controlar. Lo empleo dentro de EQUIPAR como táctica de mejora, subordinada a la gobernanza por riesgo.

DOE (Diseño de experimentos) — Metodología para entender efectos de factores sobre respuestas. Lo uso para robustecer procesos críticos y reducir variabilidad.

Dueño de proceso — Responsable con autoridad para resultados y recursos de un proceso. En RACI-E puede ser Responsible y, a veces, Accountable si impacta objetivos estratégicos.

Efectividad de CAPA — Porcentaje de CAPA sin recurrencia tras periodo definido. Para mí, es un KPI de madurez; exige auditoría causal y pruebas objetivas.

Embajador de calidad — Agente de cambio seleccionado por influencia y competencia. Forma parte de la Fase 5, facilitando adopción, coaching y reporte.

Ensayo de capacidad (Cp, Cpk) — Medidas de capacidad del proceso frente a tolerancias. Las uso para evaluar estabilidad y riesgo de defectos.

eQMS — Sistema electrónico de gestión de calidad. En sectores regulados, debe estar validado (CSV) y cumplir 21 CFR Part 11/Anexo 11.

ERP — Sistema de gestión empresarial. En integración, defino interfaces claras con eQMS y MES para evitar duplicidad y pérdida de trazabilidad.

Especificación — Requisito técnico medible. Es la referencia para aceptación/rechazo y debe derivar de diseño y riesgo.

Estudio de tendencia — Análisis de datos en el tiempo para detectar patrones. Alimenta decisiones de auditoría, CAPA y control de cambios.

Fase 1 a Fase 7 — Secuencia metodológica de EQUIPAR: evaluación, objetivos causales, unificación, implementación iterativa, participación y cultura, innovación y sostenibilidad, revisión continua. El orden es causal y no intercambiable.

FDA 21 CFR Part 820 — Requisito de sistema de calidad para dispositivos médicos en EE. UU. Lo armonizo con ISO 13485 mediante trazabilidad documental y de riesgo.

Field Safety Corrective Action (FSCA) — Acción correctiva de campo en UE. Yo preparo plantillas y criterios de activación desde el diseño del proceso de poscomercialización.

Five Whys — Técnica de indagación causal. La combino con Ishikawa/FTA para evitar superficialidad.

FMEA — Análisis de modos y efectos de falla. En EQUIPAR, lo escalo del proceso/producto a la estrategia, e integro la actualización obligatoria tras CAPA.

FMEA de diseño/proceso — En diseño evalúa funciones y requisitos; en proceso evalúa operaciones de manufactura. Ambos deben conectarse con controles y criterios de aceptación.

FTA (Fault Tree Analysis) — Árbol de fallas, enfoque top-down para identificar combinaciones causales. Útil cuando hay múltiples rutas hacia el evento.

GAMP 5 — Guía para validación de sistemas computarizados. La uso como marco para CSV en eQMS, LIMS y MES.

Gemba walk — Visita al lugar donde ocurre el trabajo. Mis "Gemba causales" observan interfaces y comparan práctica con procedimiento.

GBRE — Gobernanza basada en riesgo estratégico. Es mi principio rector: el riesgo guía objetivos, inversión y auditoría.

GDocP (Buenas prácticas de documentación) — Reglas para generar registros confiables. En mi enfoque, son parte de la formación causal y del control de cambios.

Gestión del cambio — Proceso formal para planear y ejecutar cambios. Yo incluyo dimensión humana (ADKAR adaptado), riesgos regulatorios y validación proporcional.

Gestión de proveedores — Calificación, monitoreo y mejora basada en riesgo. Incluyo variables de ética y sostenibilidad, además de calidad y entrega.

HACCP — Análisis de peligros y puntos críticos de control. Lo uso como patrón conceptual cuando diseño controles preventivos en procesos con riesgos de inocuidad.

HLS (High-Level Structure) — Estructura de alto nivel de normas ISO. Facilita sistemas integrados; yo la traduzco en arquitectura documental modular.

Hoshin Kanri — Despliegue de objetivos. Adopto su lógica para alinear MOC con metas de procesos y visuales de piso.

ICC (Índice de competencia cruzada) — Medida del entrenamiento cruzado efectivo. Es un KPI cultural que mitiga riesgo de conocimiento único.

IEC 62304 — Ciclo de vida de software para dispositivos médicos. Lo uso cuando el producto tiene software embebido o standalone.

IEC 62366 — Usabilidad de dispositivos médicos. Integro sus salidas en el DHF y el análisis de riesgo de uso.

Indicadores leading/lagging — Leading predicen; lagging confirman. En EQUIPAR, ambos se conectan con causalidad para convertir datos en decisiones.

Integridad de datos — Ver ALCOA+. La trato como riesgo regulatorio y ético, con controles técnicos, procesos y cultura.

IQ/OQ/PQ — Calificación de instalación, operación y desempeño. Valido equipos y procesos con criterios de aceptación claros y trazabilidad a requisitos.

ISO 9001:2015 — Requisitos del SGC. Yo la uso como columna vertebral, pero la convierto en acción con EQUIPAR.

ISO 13485:2016 — Requisitos de SGC para dispositivos médicos. Exige trazabilidad robusta, riesgo integrado y controles prescriptivos.

ISO 14001 — Sistema de gestión ambiental. Lo integro con calidad usando HLS, unificando riesgos y revisión por la dirección.

ISO 14971 — Gestión de riesgo de dispositivos médicos. Mi FMEA se alinea a su lógica y a la actualización continua poscomercialización.

ITS (Interrupted Time Series) — Método para evaluar impacto de intervenciones. Lo uso para demostrar causalidad de mejoras tras aplicar EQUIPAR.

JIT (Just in time) — Producción según demanda. Lo empleo con cautela en sectores regulados, cuidando stocks de seguridad y trazabilidad.

Kanban — Sistema visual de flujo. En calidad, lo uso para gestionar CAPA, cambios y formación con límites de trabajo en curso.

KPI — Indicador clave de desempeño. En mi enfoque, cada KPI debe tener hipótesis causal y dueño responsable.

Lanzamiento de piloto — Implementación acotada para validar diseño. Reduce riesgo de "big bang" y genera aprendizaje temprano.

Lean — Filosofía de eliminación de desperdicios. La integro con cumplimiento para crear procesos más simples, rápidos y conformes.

Liderazgo de servicio — Estilo que elimina obstáculos y habilita al equipo. Es condición necesaria para cultura de reporte y disciplina operativa.

LIMS — Sistema de información de laboratorio. Su validación e integración con eQMS y ERP es clave para integridad y oportunidad de datos.

Manejo de desviaciones — Proceso formal de registro, evaluación, contención, ACR y cierre. Lo diseño con tiempos de ciclo, criterios de severidad y escalamiento.

Mapa SIPOC — Diagrama de proveedores, entradas, proceso, salidas y clientes. Es mi herramienta para definir interfaces y dueños de entrega.

Mapeo de la cadena de valor (VSM) — Visualización de flujo y desperdicios. Yo genero mapa actual y futuro con objetivos de tiempo de ciclo y calidad.

Manual de calidad — Documento de alto nivel que define alcance, política y estructura. Debe ser sintético y referenciar procesos, no replicarlos.

Matriz de competencias — Relación entre roles, habilidades y niveles requeridos. Alimenta formación causal y entrenamiento cruzado.

Matriz de objetivos de calidad (MOC) — En EQUIPAR, tabla causal que vincula riesgos críticos con objetivos, KPIs y responsables. Es el contrato estratégico del SGC.

Matriz RACI-E — Asignación de Responsible, Accountable, Consulted, Informed con foco estratégico. Yo exijo que la "A" recaiga en alta dirección cuando hay impacto fiduciario.

MES — Sistema de ejecución de manufactura. Enlazo su dato de proceso con SPC y liberación, evitando dobles registros.

MDR (Reglamento UE de dispositivos médicos) — Marco regulatorio europeo. Refuerza vigilancia poscomercialización y UDI; pido preparar procesos desde diseño.

Mejora continua — Cambio incremental o disruptivo sostenido por evidencia. En mi enfoque, no existe sin verificación de eficacia y actualización de riesgo.

Modelo de madurez — Escala para valorar desarrollo del SGC. Lo uso para planificar inversiones y ritmo de cambio.

MSA (Measurement System Analysis) — Estudios para asegurar confiabilidad de medición. Exijo Gage R&R para mediciones críticas.

Near-miss — Casi-falla sin consecuencia. Es oro cultural; su reporte anticipa CAPA y previene incidentes.

No conformidad — Incumplimiento de un requisito. Clasifico, trato, investigo y conecto con riesgo y documentos afectados.

Objetivos SMART — Específicos, medibles, alcanzables, relevantes y temporales. En EQUIPAR, además deben ser causales respecto de riesgos priorizados.

Ocurrencia (FMEA) — Probabilidad de que ocurra un modo de falla. La reduzco mediante rediseño de proceso, formación y controles preventivos.

OEE — Eficiencia global del equipo. Enfatizo el componente de calidad para vincularlo con desempeño del SGC.

Poka-yoke — Dispositivo o método a prueba de errores. Prefiero soluciones físicas o de diseño antes que añadir inspecciones.

PNL — Programación neurolingüística. La aplico en comunicación y coaching para facilitar adopción y reducir resistencia.

PMS/PMCF — Vigilancia poscomercialización y seguimiento clínico poscomercialización. Deben retroalimentar riesgo, CAPA y control de cambios.

PPL (Plan de participación de liderazgo) — Agenda de acciones visibles del patrocinador del SGC. Es el ancla del liderazgo de servicio.

Procedimiento — Documento que describe cómo ejecutar un proceso. En mi diseño, es lean, visual y centrado en puntos críticos de control.

Proceso crítico — Aquel cuya falla compromete seguridad, cumplimiento o negocio. Recibe prioridad en auditoría, SPC y formación.

QbD (Quality by Design) — Calidad incorporada desde el diseño. Conecto atributos críticos, conocimiento de proceso y control en una estrategia end-to-end.

QMS/eQMS — Sistema de gestión de calidad, en papel o electrónico. Yo promuevo eQMS validado por su impacto en integridad, velocidad y trazabilidad.

Rendición de cuentas — Asunción explícita de responsabilidad por resultados. En RACI-E, la "A" se asigna a alta dirección cuando el objetivo es estratégico.

Reporte proactivo — Comunicación voluntaria de riesgos y casi-fallas. Es mi KPI cultural primario.

Revisión por la dirección — Foro de gobernanza del SGC. En EQUIPAR, se centra en riesgo, eficacia de CAPA, CONC y reasignación de recursos.

Riesgo residual — Riesgo remanente tras acciones de mitigación. Debe ser aceptado explícitamente con criterios definidos.

RPN — Número de prioridad de riesgo (S×O×D). Yo lo complemento con justificación y acciones; la prioridad no es solo matemática, también contextual.

ROI — Retorno de inversión. Lo uso para defender recursos del SGC y demostrar aporte al margen.

Scrum de calidad — Reunión breve y frecuente para revisar avances y obstáculos del sprint de implementación. Alinea equipos y acelera decisiones.

Segregación de funciones — Separación de roles para evitar conflictos e incrementar integridad. Crítica en liberación de lotes, aprobación de documentos y TI.

Severidad (FMEA) — Grado de impacto si ocurre la falla. Traducción a negocio vía BIA permite decisiones de inversión con lenguaje fiduciario.

Señales andón — Alertas visuales del estado del proceso. Integradas con SPC, facilitan reacción temprana sin burocracia.

SIPOC — Ver mapa SIPOC.

Six Sigma — Estrategia de reducción de variabilidad. La integro como técnica dentro de EQUIPAR, con foco en causalidad y riesgo.

SLO/SLI/SLA — Objetivos y acuerdos de nivel de servicio. Útiles para calidad en servicios, alineándolos a riesgos y expectativas de partes interesadas.

SOP — Procedimiento operativo estándar. Prefiero SOPs cortos, ilustrados y con propósito causal explícito.

Sostenibilidad — Capacidad de perdurar creando valor económico, social y ambiental. En EQUIPAR se materializa en procesos lean y KPIs ambientales integrados.

SPOF (Single Point of Failure) — Punto único de falla. El entrenamiento cruzado y la documentación robusta reducen este riesgo humano/procesal.

SPC — Ver control estadístico de procesos.

Stage-gate — Modelo de fases de desarrollo con puntos de decisión. Lo uso con criterios de riesgo y evidencia para liberar etapas.

Stakeholder — Parte interesada interna o externa. Identifico sus necesidades en el contexto (ISO 4.2) y las integro a objetivos y riesgos.

Sistema de alerta temprana — Conjunto de indicadores leading y umbrales que activan contención y ACR antes del daño. Es la "D" del FMEA en acción.

Tasa de efectividad CAPA — Ver efectividad de CAPA.

Tiempo de ciclo — Duración completa de un proceso. Es métrica lean prioritaria y espejo de burocracia o cuellos de botella.

Time-to-market — Tiempo hasta lanzamiento. Bajo EQUIPAR, baja mediante unificación de interfaces, control de cambios ágil y validación proporcional al riesgo.

Trazabilidad — Capacidad de reconstruir el historial de un producto, dato o decisión. La considero una propiedad del diseño del sistema, no de un repositorio aislado.

TRE (Tasa de eficiencia de recursos) — Relación entre output conforme y consumo de recursos críticos. Integra sostenibilidad con desempeño operativo.

UDI — Identificador único de dispositivo. Potencia rastreabilidad y gestión de posmercado; lo incluyo desde diseño.

Unificación transfuncional — Integración de procesos, roles y datos a través de silos. Es el corazón de la Fase 3 para convertir calidad en flujo de valor.

Usabilidad — Facilidad y seguridad de uso en contexto real. Vinculo IEC 62366 con análisis de riesgo de uso y validación de instrucciones.

Validación — Evidencia documentada de que un proceso, sistema o método cumple requisitos para su uso previsto. En informática, la trato bajo CSV y GAMP 5.

Validación de proceso — Confirmación de que el proceso produce consistentemente resultados conformes. Incluye protocolo, ejecución, informe y control continuo.

Validación de sistemas computarizados (CSV) — Conjunto de actividades para asegurar que software y hardware cumplen su uso previsto de manera controlada. Implica pruebas, trazabilidad de requisitos y control de cambios.

Value stream — Flujo de valor desde la demanda al cobro. Mi VSM hace visibles tiempos, entradas, salidas y defectos para focalizar mejoras.

VSM — Ver mapeo de la cadena de valor.

Votación ponderada (dot voting) — Técnica de priorización rápida y colaborativa. La uso con liderazgo para seleccionar riesgos y objetivos de alto impacto.

Workflow — Secuencia de tareas y decisiones de un proceso. En eQMS, lo configuro con estados, responsabilidades y plazos para asegurar control y trazabilidad.

X-bar/R — Carta de control para medias y rangos. Es mi estándar para variables continuas en subgrupos racionales.

Zero defects — Ideal de desempeño sin defectos. Yo lo interpreto como guía de diseño preventivo y cultura, no como presión punitiva sobre personas.

Zero waste — Aspiración de eliminar desperdicios materiales y de información. Se apoya en rediseño lean, digitalización validada y control estadístico.

21 CFR Part 11 — Requisitos de firmas y registros electrónicos en EE. UU. En eQMS, exijo cumplimiento integral: control de acceso, trazabilidad de cambios, firmas, copias de seguridad y validación.

Anexo 11 (UE) — Requisitos europeos para sistemas computarizados. Lo armonizo con Part 11 en iniciativas multinorma.

Análisis de tendencias de quejas — Evaluación periódica de patrones en reclamos. Activa CAPA, retroalimenta riesgo y puede disparar acciones de campo.

Atención posmercado — Conjunto de actividades para vigilar desempeño y seguridad tras la salida al mercado. Integra quejas, devoluciones, FSCA y actualiza riesgo.

BSC (Balanced Scorecard) — Cuadro de mando integral. Lo adapto para incluir KPIs técnicos, culturales y de sostenibilidad, asegurando conexión causal.

Ciberseguridad del producto — Gestión de amenazas a software/firmware y datos. En 2018 ya es un riesgo de diseño y posmercado que integro al análisis de riesgo.

Comité de Calidad Estratégica (CCE) — Órgano directivo que gobierna el SGC. En EQUIPAR, aprueba MOC, prioriza riesgos y reasigna recursos según evidencia.

Disciplina operativa — Cumplimiento consistente de estándares y métodos. La sostengo con formación causal, coaching y diseño de usabilidad.

Eficacia del entrenamiento — Verificación de que la formación cambió conducta y desempeño. La mido con pruebas, auditoría post-entrenamiento y KPIs leading.

Escalamiento — Protocolo para elevar un problema o riesgo a mayor nivel decisor. Defino umbrales basados en severidad, recurrencia y tiempo de respuesta.

Indicador compuesto — KPI que integra varias métricas. Los uso con prudencia para no ocultar señales; deben mantener interpretabilidad causal.

Mapa de calor de riesgo — Visualización de severidad vs probabilidad y detectabilidad. Herramienta de comunicación para liderazgo y dueños de proceso.

Matriz de decisión — Herramienta para ponderar opciones frente a criterios. La utilizo para seleccionar soluciones CAPA o inversiones en automatización.

Plan maestro de validación — Documento marco que define alcance, estrategia y criterios de éxito de validaciones. Evita esfuerzos dispersos y duplicidad.

Plan de muestreo — Estrategia de selección de unidades para verificación. Debe justificarse por riesgo, capacidad del proceso y finalidad regulatoria.

Política de calidad — Declaración de intención y dirección. En mi enfoque, se vuelve operativa cuando se enlaza a MOC y KPIs con responsables.

Propiedad del dato — Claridad sobre quién genera, revisa, aprueba y usa cada dato. Reduce ambigüedad y fortalece integridad.

Rastreo de decisiones — Registro de razonamientos y evidencias que sustentan cambios y liberaciones. Es la memoria técnica del sistema.

Repositorio único de verdad — Fuente oficial para cada tipo de dato. En eQMS interoperable, evita divergencias y errores de copia.

Sistema de gestión integrado — Unificación de calidad, ambiente y seguridad bajo HLS. Reduce redundancias y facilita decisiones coherentes por riesgo.

SLA cultural — Compromiso explícito de tiempos de respuesta y reconocimiento por parte del liderazgo frente al reporte de operación. Refuerza confianza.

Taller GBRE — Sesión facilitada para priorizar riesgos y alinear objetivos con liderazgo. Produce acuerdos medibles y responsables "A" en RACI-E.

Transferencia de diseño — Proceso que asegura que lo diseñado se fabrica como se concibió. Requiere artefactos completos, criterios claros y validación de método.

Verificación y validación (V&V) — Verificación confirma que hiciste el diseño correctamente; validación que hiciste el diseño correcto. Lo aplico al producto, proceso y sistemas.

Ventana de control — Rango operativo en el que un proceso es estable y capaz. Se establece con datos y se protege con cartas de control y alarmas.

Zonas de responsabilidad — Delimitación operativa de dueños de proceso e interfaces. En la integración anti-silo, previene vacíos y superposiciones.

REFERENCIAS BIBLIOGRÁFICAS

CAPÍTULO 1

Contexto Técnico-Regulatorio de los Sistemas de Calidad

Normas y documentos normativos

- International Organization for Standardization. (2015). ISO 9001:2015—Quality management systems—Requirements. https://www.iso.org/standard/62085.html

- International Organization for Standardization. (2008). ISO 9001:2008—Quality management systems—Requirements. https://www.iso.org/standard/46486.html

- International Organization for Standardization. (2000). ISO 9001:2000—Quality management systems—Requirements. https://www.iso.org/standard/21823.html

- International Organization for Standardization. (1994). ISO 9001:1994—Quality systems—Model for quality assurance in design, development, production, installation and servicing. https://www.iso.org/standard/16590.html

- International Organization for Standardization. (1987). ISO 9001:1987—Quality systems—Model for quality assurance in design/development, production, installation and servicing. https://www.iso.org/standard/11435.html

- International Organization for Standardization. (2016). ISO 13485:2016—Medical devices—Quality management systems—Requirements for

regulatory purposes.
https://www.iso.org/standard/59752.html

- International Organization for Standardization. (2018). ISO 31000:2018—Risk management—Guidelines. https://www.iso.org/standard/65694.html

- International Organization for Standardization. (2019). ISO 14971:2019—Medical devices—Application of risk management to medical devices. https://www.iso.org/standard/72704.html

- International Organization for Standardization. (2019). ISO/IEC Directives, Part 1: Procedures for the technical work—Annex SL (Appendix 2): High-level structure (HLS), identical core text, common terms and core definitions. https://www.iso.org/sites/directives/current/part1/index.xhtml

- British Standards Institution. (2012). Annex SL—A high level structure for management system standards (Position statement). https://www.bsigroup.com/LocalFiles/en-GB/standards/BSI-Annex%20SL-Position-Statement.pdf

- International Electrotechnical Commission. (2018). IEC 60812:2018—Failure modes and effects analysis (FMEA and FMECA). https://webstore.iec.ch/publication/60743

- Codex Alimentarius Commission. (2020). General principles of food hygiene CXC 1-1969—Annex: Hazard Analysis and Critical Control Point (HACCP) system and guidelines for its application. https://www.fao.org/fao-whocodexalimentarius/codex-texts/codes-of-practice/en/

- U.S. Food and Drug Administration. (2018). 21 CFR Part 820—Quality System Regulation. U.S. Government Publishing Office/eCFR. https://www.ecfr.gov/current/title-21/chapter-I/subchapter-H/part-820

- U.S. Food and Drug Administration. (2018). 21 CFR Part 11—Electronic Records; Electronic Signatures. U.S. Government Publishing Office/eCFR. https://www.ecfr.gov/current/title-21/chapter-I/subchapter-A/part-11

Informes y datos (difusión y evolución de certificaciones ISO)

- International Organization for Standardization. (2017). The ISO Survey of Management System Standard Certifications—2017 results. https://isotc.iso.org/livelink/livelink?func=ll&objId=18808772&objAction=browse&viewType=1

- International Organization for Standardization. (2018). The ISO Survey of Management System Standard Certifications—2018 results. https://isotc.iso.org/livelink/livelink?func=ll&objId=20542702&objAction=browse&viewType=1

Evidencia académica sobre impacto en desempeño/productividad

- Corbett, C. J., Montes-Sancho, M. J., & Kirsch, D. A. (2005). The financial impact of ISO 9000 certification in the United States: An empirical analysis. Management Science, 51(7), 1046–1059. https://doi.org/10.1287/mnsc.1040.0358

- Terlaak, A., & King, A. A. (2006). The effect of certification with the ISO 9000 quality management standard: A signaling approach. Journal of Economic Behavior & Organization, 60(4), 579–602. https://doi.org/10.1016/j.jebo.2004.09.012

- Levine, D. I., & Toffel, M. W. (2010). Quality management and job quality: How the ISO 9001 standard for quality management systems affects employees and employers. Management Science, 56(6), 978–996. https://doi.org/10.1287/mnsc.1100.1146

- Heras-Saizarbitoria, I., & Boiral, O. (2013). ISO 9001 and ISO 14001: Towards a research agenda on management system standards. International Journal of Management Reviews, 15(1), 47–65. https://doi.org/10.1111/j.1468-2370.2012.00334.x

- Tarí, J. J., Molina-Azorín, J. F., & Heras-Saizarbitoria, I. (2012). Benefits of the ISO 9001 and ISO 14001 standards: A literature review. Journal of Industrial Engineering and Management, 5(2), 297–322. https://doi.org/10.3926/jiem.488

- Manders, B. (2015). Implementation and impact of ISO 9001 (Doctoral dissertation). Erasmus University Rotterdam. https://repub.eur.nl/pub/77412/

Recursos profesionales y de práctica (CAPA, ACR, cultura y liderazgo)

- Arter, D. (2017). Separate steps: Distinguish corrective action, preventive action, and improvement. Quality Progress, 50(1), 38–43. https://asq.org/qualityprogress/2017/01/corrective-action/separate-steps.html

- American Society for Quality. (2018). The Certified Quality Engineer Handbook (4th ed.). ASQ Quality Press.

- American Society for Quality. (2017). The Certified Reliability Engineer Handbook (3rd ed.). ASQ Quality Press.

CAPÍTULO 2

Fundamentos Teóricos y Metodológicos del Sistema EQUIPAR

Akao, Y. (1991). Hoshin Kanri: Policy deployment for successful TQM. Productivity Press.

American Society for Quality. (2017). The Certified Reliability Engineer Handbook (3rd ed.). ASQ Quality Press.

American Society for Quality. (2018). The Certified Quality Engineer Handbook (4th ed.). ASQ Quality Press.

Bandler, R., & Grinder, J. (1979). Frogs into Princes: Neuro linguistic programming. Real People Press.

Benbow, D. W., & Kubiak, T. M. (2014). The Certified Six Sigma Black Belt Handbook (3rd ed.). ASQ Quality Press.

Bernal, J. L., Cummins, S., & Gasparrini, A. (2017). Interrupted time series regression for the evaluation of public health interventions: A tutorial. International Journal of Epidemiology, 46(1), 348–355. https://doi.org/10.1093/ije/dyw098

Box, G. E. P., Jenkins, G. M., Reinsel, G. C., & Ljung, G. M. (2015). Time series analysis: Forecasting and control (5th ed.). Wiley.

British Standards Institution. (2012). Annex SL: A high level structure for management system standards (Position statement). BSI.

Cameron, A. C., & Trivedi, P. K. (2013). Regression analysis of count data (2nd ed.). Cambridge University Press. https://doi.org/10.1017/CBO9781139013567

Codex Alimentarius Commission. (2020). General principles of food hygiene CXC 1-1969—Annex: HACCP system and guidelines for its application. FAO/WHO.

Deming, W. E. (1986). Out of the crisis. MIT Press.

European Commission. (2011). EudraLex—Volume 4—EU Guidelines for Good Manufacturing Practice for medicinal products for human and veterinary use—Annex 11: Computerised systems. European Commission.

European Commission. (2015). EudraLex—Volume 4—EU Guidelines for Good Manufacturing Practice—Part I, Chapter 4: Documentation. European Commission.

Food and Drug Administration. (2011). Guidance for industry—Process validation: General principles and practices. U.S. Department of Health and Human Services.

Food and Drug Administration. (2018a). 21 CFR Part 11—Electronic records; electronic signatures. U.S. Government Publishing Office/eCFR.

Food and Drug Administration. (2018b). 21 CFR Part 820—Quality system regulation. U.S. Government Publishing Office/eCFR.

Food and Drug Administration. (2018c). Data integrity and compliance with drug CGMP: Questions and answers (Draft guidance). U.S. Department of Health and Human Services.

George, M. L. (2002). Lean Six Sigma: Combining Six Sigma quality with Lean production speed. McGraw-Hill.

Greenleaf, R. K. (1977). Servant leadership: A journey into the nature of legitimate power and greatness. Paulist Press.

Hilbe, J. M. (2011). Negative binomial regression (2nd ed.). Cambridge University Press. https://doi.org/10.1017/CBO9780511973420

Hiatt, J. (2006). ADKAR: A model for change in business, government and our community. Prosci.

International Council for Harmonisation of Technical Requirements for Pharmaceuticals for Human Use. (2005/2008). ICH Q9: Quality risk management. ICH.

International Council for Harmonisation of Technical Requirements for Pharmaceuticals for Human Use. (2008). ICH Q10: Pharmaceutical quality system. ICH.

International Council for Harmonisation of Technical Requirements for Pharmaceuticals for Human Use. (2009). ICH Q8(R2): Pharmaceutical development. ICH.

International Council for Harmonisation of Technical Requirements for Pharmaceuticals for Human Use. (2012). ICH Q11: Development and manufacture of drug substances. ICH.

International Electrotechnical Commission. (2015). IEC 62366-1:2015—Medical devices—Application of usability engineering to medical devices. IEC.

International Electrotechnical Commission. (2015). IEC 62304:2006+A1:2015—Medical device software—Software life cycle processes. IEC.

International Electrotechnical Commission. (2018). IEC 60812:2018—Failure modes and effects analysis (FMEA and FMECA). IEC.

International Organization for Standardization. (2007). ISO 22716:2007—Cosmetics—Good Manufacturing Practices (GMP)—Guidelines on Good Manufacturing Practices. ISO.

International Organization for Standardization. (2015a). ISO 9001:2015—Quality management systems—Requirements. ISO.

International Organization for Standardization. (2015b). ISO 14001:2015—Environmental management systems—Requirements with guidance for use. ISO.

International Organization for Standardization. (2016a). ISO 13485:2016—Medical devices—Quality management systems—Requirements for regulatory purposes. ISO.

International Organization for Standardization. (2016b). ISO 9000:2015—Quality management systems—Fundamentals and vocabulary. ISO.

International Organization for Standardization. (2018). ISO 19011:2018—Guidelines for auditing management systems. ISO.

International Organization for Standardization. (2019). ISO/IEC Directives, Part 1—Annex SL (Appendix 2): High-level structure (HLS), identical core text, common terms and core definitions. ISO.

International Society for Pharmaceutical Engineering. (2008). GAMP 5: A risk-based approach to compliant GxP computerized systems. ISPE.

Juran, J. M., & Godfrey, A. B. (Eds.). (1999). Juran's quality handbook (5th ed.). McGraw-Hill.

Kaplan, R. S., & Norton, D. P. (1996). The balanced scorecard: Translating strategy into action. Harvard Business School Press.

Kaplan, R. S., & Norton, D. P. (2004). Strategy maps: Converting intangible assets into tangible outcomes. Harvard Business School Press.

Kotter, J. P. (1996). Leading change. Harvard Business School Press.

Liker, J. K. (2004). The Toyota way: 14 management principles from the world's greatest manufacturer. McGraw-Hill.

Manders, B. (2015). Implementation and impact of ISO 9001 (Doctoral dissertation). Erasmus University Rotterdam. https://repub.eur.nl/pub/77412/

MHRA. (2018). GxP data integrity guidance and definitions. Medicines and Healthcare products Regulatory Agency.

Montgomery, D. C. (2019). Introduction to statistical quality control (8th ed.). Wiley.

Muchiri, P., & Pintelon, L. (2008). Performance measurement using overall equipment effectiveness (OEE): Literature review and practical application. International Journal of Production Research, 46(13), 3517–3535. https://doi.org/10.1080/00207540601142645

Nakajima, S. (1988). Introduction to TPM: Total productive maintenance. Productivity Press.

O'Connor, J., & Seymour, J. (1990). Introducing NLP: Psychological skills for understanding and influencing people. HarperCollins.

Pande, P. S., Neuman, R. P., & Cavanagh, R. R. (2000). The Six Sigma way: How GE, Motorola, and other top companies are honing their performance. McGraw-Hill.

Pharmaceutical Inspection Co-operation Scheme (PIC/S). (2018). PI 041-1: Good practices for data management and integrity in regulated GMP/GDP environments. PIC/S.

Rother, M., & Shook, J. (1999). Learning to see: Value stream mapping to add value and eliminate muda. Lean Enterprise Institute.

Schein, E. H. (2010). Organizational culture and leadership (4th ed.). Jossey-Bass.

Shingo, S. (1989). A study of the Toyota production system: From an industrial engineering viewpoint. Productivity Press.

Tarí, J. J., Molina-Azorín, J. F., & Heras-Saizarbitoria, I. (2012). Benefits of ISO 9001 and ISO 14001 standards: A literature review. Journal of Industrial Engineering and Management, 5(2), 297–322. https://doi.org/10.3926/jiem.488

U.S. Food and Drug Administration. (2003). Guidance for industry: Part 11, Electronic records; Electronic signatures—Scope and application. U.S. Department of Health and Human Services.

U.S. Food and Drug Administration. (2018). 21 CFR Parts 210–211—Current Good Manufacturing Practice for finished pharmaceuticals. U.S. Government Publishing Office/eCFR.

Wagner, A. K., Soumerai, S. B., Zhang, F., & Ross-Degnan, D. (2002). Segmented regression analysis of interrupted time series studies in medication use research. Journal of Clinical Epidemiology, 54(2), 103–111. https://doi.org/10.1016/S0895-4356(01)00408-1

WHO. (2016). WHO technical report series, No. 996, Annex 5: Guidance on good data and record management practices. World Health Organization.

Womack, J. P., & Jones, D. T. (2003). Lean thinking: Banish waste and create wealth in your corporation (2nd ed.). Free Press.

CAPÍTULO 3

Fase 1: Evaluación del Entorno y Expectativas

AIAG. (2008). Potential Failure Mode and Effects Analysis (FMEA) (4th ed.). Automotive Industry Action Group.

American Society for Quality. (2017). The Certified Reliability Engineer Handbook (3rd ed.). ASQ Quality Press.

American Society for Quality. (2018). The Certified Quality Engineer Handbook (4th ed.). ASQ Quality Press.

Bernal, J. L., Cummins, S., & Gasparrini, A. (2017). Interrupted time series regression for the evaluation of public health interventions: A tutorial. International Journal of Epidemiology, 46(1), 348–355. https://doi.org/10.1093/ije/dyw098

Box, G. E. P., Jenkins, G. M., Reinsel, G. C., & Ljung, G. M. (2015). Time series analysis: Forecasting and control (5th ed.). Wiley.

British Standards Institution. (2012). Annex SL: A high level structure for management system standards (Position statement). BSI.

Cameron, A. C., & Trivedi, P. K. (2013). Regression analysis of count data (2nd ed.). Cambridge University Press. https://doi.org/10.1017/CBO9781139013567

Codex Alimentarius Commission. (2020). General principles of food hygiene CXC 1-1969—Annex: HACCP system and guidelines for its application. FAO/WHO.

Deming, W. E. (1986). Out of the crisis. MIT Press.

Doggett, A. M. (2005). Root cause analysis: A framework for tool selection. The TQM Magazine, 17(1), 37—49. https://doi.org/10.1108/09544780510573035

European Commission. (2011). EudraLex—Volume 4—EU Guidelines for Good Manufacturing Practice—Annex 11: Computerised systems. European Commission.

European Commission. (2015). EudraLex—Volume 4—EU Guidelines for Good Manufacturing Practice—Part I, Chapter 4: Documentation. European Commission.

Food and Drug Administration. (2011). Guidance for industry—Process validation: General principles and practices. U.S. Department of Health and Human Services.

Food and Drug Administration. (2018a). 21 CFR Part 11— Electronic records; Electronic signatures. U.S. Government Publishing Office/eCFR.

Food and Drug Administration. (2018b). 21 CFR Part 820—Quality system regulation. U.S. Government Publishing Office/eCFR.

Food and Drug Administration. (2018c). Data integrity and compliance with drug CGMP: Questions and answers (Draft guidance). U.S. Department of Health and Human Services.

Harmon, P. (2017). Business process change: A business process management guide for managers and process professionals (4th ed.). Morgan Kaufmann.

Hiatt, J. (2006). ADKAR: A model for change in business, government and our community. Prosci.

Ishikawa, K. (1986). Guide to quality control (2nd rev. ed.). Asian Productivity Organization.

International Council for Harmonisation of Technical Requirements for Pharmaceuticals for Human Use. (2005/2008). ICH Q9: Quality risk management. ICH.

International Council for Harmonisation of Technical Requirements for Pharmaceuticals for Human Use. (2008). ICH Q10: Pharmaceutical quality system. ICH.

International Electrotechnical Commission. (2006). IEC 61025:2006—Fault tree analysis (FTA). IEC.

International Electrotechnical Commission. (2018). IEC 60812:2018—Failure modes and effects analysis (FMEA and FMECA). IEC.

International Organization for Standardization. (2015a). ISO 9001:2015—Quality management systems—Requirements. ISO.

International Organization for Standardization. (2015b). ISO 14001:2015—Environmental management systems—Requirements with guidance for use. ISO.

International Organization for Standardization. (2016a). ISO 13485:2016—Medical devices—Quality management systems—Requirements for regulatory purposes. ISO.

International Organization for Standardization. (2016b). ISO 9000:2015—Quality management systems—Fundamentals and vocabulary. ISO.

International Organization for Standardization. (2018). ISO 31000:2018—Risk management—Guidelines. ISO.

International Organization for Standardization. (2018). ISO 19011:2018—Guidelines for auditing management systems. ISO.

International Organization for Standardization. (2019). ISO 14971:2019—Medical devices—Application of risk management to medical devices. ISO.

International Organization for Standardization/International Electrotechnical Commission. (2019). ISO/IEC Directives, Part 1—Annex SL (Appendix 2): High-level structure (HLS), identical core text, common terms and core definitions. ISO/IEC.

International Society for Pharmaceutical Engineering. (2008). GAMP 5: A risk-based approach to compliant GxP computerized systems. ISPE.

Juran, J. M., & Godfrey, A. B. (Eds.). (1999). Juran's quality handbook (5th ed.). McGraw-Hill.

Kepner, C. H., & Tregoe, B. B. (1981). The new rational manager: An updated edition for a new world. Princeton Research Press.

Liker, J. K. (2004). The Toyota way: 14 management principles from the world's greatest manufacturer. McGraw-Hill.

McDermott, R. E., Mikulak, R. J., & Beauregard, M. R. (2009). The basics of FMEA (2nd ed.). CRC Press.

MHRA. (2018). GxP data integrity guidance and definitions. Medicines and Healthcare products Regulatory Agency.

Montgomery, D. C. (2019). Introduction to statistical quality control (8th ed.). Wiley.

Nakajima, S. (1988). Introduction to TPM: Total productive maintenance. Productivity Press.

NIST. (2012). Guide for conducting risk assessments (SP 800-30 Rev. 1). National Institute of Standards and Technology.

Norrman, A., & Jansson, U. (2004). Ericsson's proactive supply chain risk management approach after a serious sub-supplier accident. International Journal of Physical Distribution & Logistics Management, 34(5), 434–456. https://doi.org/10.1108/09600030410545463

Ohno, T. (1988). The Toyota production system: Beyond large-scale production. Productivity Press.

Pande, P. S., Neuman, R. P., & Cavanagh, R. R. (2000). The Six Sigma way: How GE, Motorola, and other top companies are honing their performance. McGraw-Hill.

Pharmaceutical Inspection Co-operation Scheme (PIC/S). (2018). PI 041-1: Good practices for data management and integrity in regulated GMP/GDP environments. PIC/S.

Reason, J. (1997). Managing the risks of organizational accidents. Ashgate.

Rooney, J. J., & Van Den Heuvel, L. N. (2004). Root cause analysis for beginners. Quality Progress, 37(7), 45–56.

Rother, M., & Shook, J. (1999). Learning to see: Value stream mapping to add value and eliminate muda. Lean Enterprise Institute.

Shingo, S. (1989). A study of the Toyota production system: From an industrial engineering viewpoint. Productivity Press.

Stamatis, D. H. (2003). Failure mode and effect analysis: FMEA from theory to execution (2nd ed.). ASQ Quality Press.

Tague, N. R. (2005). The quality toolbox (2nd ed.). ASQ Quality Press.

U.S. Food and Drug Administration. (2003). Guidance for industry: Part 11, Electronic records; Electronic signatures—Scope and application. U.S. Department of Health and Human Services.

U.S. Food and Drug Administration. (2018). 21 CFR Parts 210–211—Current Good Manufacturing Practice for finished pharmaceuticals. U.S. Government Publishing Office/eCFR.

WHO. (2016). WHO technical report series, No. 996, Annex 5: Guidance on good data and record management practices. World Health Organization.

Womack, J. P., & Jones, D. T. (2003). Lean thinking: Banish waste and create wealth in your corporation (2nd ed.). Free Press.

CAPÍTULO 4

Fase 2: Qué Queremos Lograr – Diseño de la Visión Estratégica de Calidad

Akao, Y. (1991). Hoshin Kanri: Policy deployment for successful TQM. Productivity Press.

American Society for Quality. (2018). The Certified Quality Engineer Handbook (4th ed.). ASQ Quality Press.

Bandler, R., & Grinder, J. (1979). Frogs into princes: Neuro linguistic programming. Real People Press.

Beck, K., Beedle, M., van Bennekum, A., Cockburn, A., Cunningham, W., Fowler, M., ... Thomas, D. (2001). Manifesto for Agile Software Development. https://agilemanifesto.org/

Benbow, D. W., & Kubiak, T. M. (2014). The Certified Six Sigma Black Belt Handbook (3rd ed.). ASQ Quality Press.

British Standards Institution. (2012). Annex SL: A high level structure for management system standards (Position statement). BSI.

Cameron, K. S., & Quinn, R. E. (2011). Diagnosing and changing organizational culture: Based on the competing values framework (3rd ed.). Jossey-Bass.

Cavanagh, R., & Shackleton, R. (2010). RACI matrix—Responsibility assignment charting. In H. Kerzner (Ed.), Project management case studies (3rd ed., pp. 657–662). Wiley.

Deming, W. E. (1986). Out of the crisis. MIT Press.

Davenport, T. H., & Harris, J. G. (2007). Competing on analytics: The new science of winning. Harvard Business School Press.

De Bono, E. (1999). Six thinking hats (Revised ed.). Little, Brown and Company.

Dekker, S. (2012). Just culture: Balancing safety and accountability (2nd ed.). Ashgate.

Doerr, J. (2018). Measure what matters: How Google, Bono, and the Gates Foundation rock the world with OKRs. Portfolio/Penguin.

Duarte, N. (2012). HBR guide to persuasive presentations. Harvard Business Review Press.

Edmondson, A. C. (1999). Psychological safety and learning behavior in work teams. Administrative Science Quarterly, 44(2), 350–383. https://doi.org/10.2307/2666999

Few, S. (2013). Information dashboard design: Displaying data for at-a-glance monitoring (2nd ed.). Analytics Press.

George, M. L. (2002). Lean Six Sigma: Combining Six Sigma quality with Lean production speed. McGraw-Hill.

Gray, D., Brown, S., & Macanufo, J. (2010). Gamestorming: A playbook for innovators, rulebreakers, and changemakers. O'Reilly.

Greenleaf, R. K. (1977). Servant leadership: A journey into the nature of legitimate power and greatness. Paulist Press.

Groysberg, B., & Slind, M. (2012). Talk, Inc.: How trusted leaders use conversation to power their organizations. Harvard Business Review Press.

Hiatt, J. (2006). ADKAR: A model for change in business, government and our community. Prosci.

International Organization for Standardization. (2015a). ISO 9001:2015—Quality management systems—Requirements. ISO. https://www.iso.org/standard/62085.html

International Organization for Standardization. (2015b). ISO 9000:2015—Quality management systems—Fundamentals and vocabulary. ISO.

International Organization for Standardization. (2018a). ISO 19011:2018—Guidelines for auditing management systems. ISO.

International Organization for Standardization. (2019). ISO/IEC Directives, Part 1—Annex SL (Appendix 2): High-level structure (HLS), identical core text, common terms and core definitions. ISO/IEC.

Jackson, T. L., & Harrington, H. J. (2003). Hoshin Kanri for the lean enterprise: Developing competitive capabilities and managing profit. CRC Press.

Juran, J. M., & Godfrey, A. B. (Eds.). (1999). Juran's quality handbook (5th ed.). McGraw-Hill.

Kaplan, R. S., & Norton, D. P. (1996). The balanced scorecard: Translating strategy into action. Harvard Business School Press.

Kaplan, R. S., & Norton, D. P. (2004). Strategy maps: Converting intangible assets into tangible outcomes. Harvard Business School Press.

Kaner, S. (2014). Facilitator's guide to participatory decision-making (3rd ed.). Jossey-Bass.

Kerzner, H. (2013). Project management: A systems approach to planning, scheduling, and controlling (11th ed.). Wiley.

Kotter, J. P. (1996). Leading change. Harvard Business School Press.

Liker, J. K. (2004). The Toyota way: 14 management principles from the world's greatest manufacturer. McGraw-Hill.

Liker, J. K., & Meier, D. (2005). The Toyota way fieldbook: A practical guide for implementing Toyota's 4Ps. McGraw-Hill.

Linstone, H. A., & Turoff, M. (Eds.). (1975). The Delphi method: Techniques and applications. Addison-Wesley.

Mann, D. (2014). Creating a lean culture: Tools to sustain lean conversions (3rd ed.). CRC Press.

Montgomery, D. C. (2019). Introduction to statistical quality control (8th ed.). Wiley.

O'Connor, J., & Seymour, J. (1990). Introducing NLP: Psychological skills for understanding and influencing people. HarperCollins.

Parmenter, D. (2015). Key performance indicators: Developing, implementing, and using winning KPIs (3rd ed.). Wiley.

Pfeffer, J., & Sutton, R. I. (2006). Hard facts, dangerous half-truths, and total nonsense: Profiting from evidence-based management. Harvard Business School Press.

Project Management Institute. (2017). A guide to the Project Management Body of Knowledge (PMBOK® Guide) (6th ed.). PMI.

Reason, J. (1997). Managing the risks of organizational accidents. Ashgate.

Rother, M., & Shook, J. (1999). Learning to see: Value stream mapping to add value and eliminate muda. Lean Enterprise Institute.

Schein, E. H. (2010). Organizational culture and leadership (4th ed.). Jossey-Bass.

Schwaber, K., & Sutherland, J. (2017). The Scrum Guide: The definitive guide to Scrum: The rules of the game. Scrum.org. https://scrumguides.org/

Shingo, S. (1989). A study of the Toyota production system: From an industrial engineering viewpoint. Productivity Press.

Sinek, S. (2009). Start with why: How great leaders inspire everyone to take action. Portfolio.

Tufte, E. R. (2001). The visual display of quantitative information (2nd ed.). Graphics Press.

Womack, J. P., & Jones, D. T. (2003). Lean thinking: Banish waste and create wealth in your corporation (2nd ed.). Free Press.

Weick, K. E., & Sutcliffe, K. M. (2007). Managing the unexpected: Resilient performance in an age of uncertainty (2nd ed.). Jossey-Bass.

CAPÍTULO 5

Fase 3: Unificación de Procesos y Personas

AIAG. (2005). Statistical process control (SPC) (2nd ed.). Automotive Industry Action Group.

AIAG. (2008). Potential Failure Mode and Effects Analysis (FMEA) (4th ed.). Automotive Industry Action Group.

Akao, Y. (1991). Hoshin Kanri: Policy deployment for successful TQM. Productivity Press.

American Society for Quality. (2018). The certified quality engineer handbook (4th ed.). ASQ Quality Press.

Arter, D. (2017). Separate steps: Distinguish corrective action, preventive action, and improvement. Quality Progress, 50(1), 38–43.

Benbow, D. W., & Kubiak, T. M. (2014). The certified Six Sigma Black Belt handbook (3rd ed.). ASQ Quality Press.

Box, G. E. P., Jenkins, G. M., Reinsel, G. C., & Ljung, G. M. (2015). Time series analysis: Forecasting and control (5th ed.). Wiley.

British Standards Institution. (2012). Annex SL: A high level structure for management system standards (Position statement). BSI.

Codex Alimentarius Commission. (2020). General principles of food hygiene CXC 1-1969—Annex: HACCP system and guidelines for its application. FAO/WHO.

Deming, W. E. (1986). Out of the crisis. MIT Press.

Doerr, J. (2018). Measure what matters: How Google, Bono, and the Gates Foundation rock the world with OKRs. Portfolio/Penguin.

European Commission. (2011). EudraLex—Volume 4—EU Guidelines for Good Manufacturing Practice—Annex 11: Computerised systems. European Commission.

European Commission. (2015). EudraLex—Volume 4—EU Guidelines for Good Manufacturing Practice—Part I, Chapter 4: Documentation. European Commission.

Food and Drug Administration. (2003). Guidance for industry: Part 11, Electronic records; electronic signatures—Scope and application. U.S. Department of Health and Human Services.

Food and Drug Administration. (2011). Guidance for industry—Process validation: General principles and practices. U.S. Department of Health and Human Services.

Food and Drug Administration. (2018a). 21 CFR Part 11—Electronic records; electronic signatures. U.S. Government Publishing Office/eCFR.

Food and Drug Administration. (2018b). 21 CFR Part 820—Quality system regulation. U.S. Government Publishing Office/eCFR.

Food and Drug Administration. (2018c). 21 CFR Parts 210–211—Current Good Manufacturing Practice for finished pharmaceuticals. U.S. Government Publishing Office/eCFR.

Gawande, A. (2009). The checklist manifesto: How to get things right. Metropolitan Books.

George, M. L. (2002). Lean Six Sigma: Combining Six Sigma quality with Lean production speed. McGraw-Hill.

Graupp, P., & Wrona, M. (2006). The TWI workbook: Essential skills for supervisors. Productivity Press.

Hammer, M., & Champy, J. (1993). Reengineering the corporation: A manifesto for business revolution. HarperBusiness.

Harmon, P. (2017). Business process change: A business process management guide for managers and process professionals (4th ed.). Morgan Kaufmann.

Hopp, W. J., & Spearman, M. L. (2008). Factory physics (3rd ed.). Waveland Press.

ICH—International Council for Harmonisation. (2005/2008). ICH Q9: Quality risk management. ICH.

ICH—International Council for Harmonisation. (2008). ICH Q10: Pharmaceutical quality system. ICH.

Imai, M. (2012). Gemba Kaizen: A commonsense approach to a continuous improvement strategy (2nd ed.). McGraw-Hill.

International Electrotechnical Commission. (2015). IEC 62304:2006+A1:2015—Medical device software—Software life cycle processes. IEC.

International Electrotechnical Commission. (2015). IEC 62366-1:2015—Medical devices—Application of usability engineering to medical devices. IEC.

International Electrotechnical Commission. (2018). IEC 60812:2018—Failure modes and effects analysis (FMEA and FMECA). IEC.

International Organization for Standardization. (2007). ISO 22716:2007—Cosmetics—Good Manufacturing Practices (GMP)—Guidelines on Good Manufacturing Practices. ISO.

International Organization for Standardization. (2015a). ISO 9000:2015—Quality management systems—Fundamentals and vocabulary. ISO.

International Organization for Standardization. (2015b). ISO 9001:2015—Quality management systems—Requirements. ISO.

International Organization for Standardization. (2015c). ISO 14001:2015—Environmental management systems—Requirements with guidance for use. ISO.

International Organization for Standardization. (2016a). ISO 13485:2016—Medical devices—Quality management systems—Requirements for regulatory purposes. ISO.

International Organization for Standardization. (2018a). ISO 19011:2018—Guidelines for auditing management systems. ISO.

International Organization for Standardization. (2018b). ISO 31000:2018—Risk management—Guidelines. ISO.

International Organization for Standardization. (2019). ISO/IEC Directives, Part 1—Annex SL (Appendix 2): High-level structure (HLS), identical core text, common terms and core definitions. ISO/IEC.

International Society for Pharmaceutical Engineering. (2008). GAMP 5: A risk-based approach to compliant GxP computerized systems. ISPE.

Ishikawa, K. (1986). Guide to quality control (2nd rev. ed.). Asian Productivity Organization.

Jackson, T. L., & Harrington, H. J. (2003). Hoshin Kanri for the lean enterprise: Developing competitive capabilities and managing profit. CRC Press.

Juran, J. M., & Godfrey, A. B. (Eds.). (1999). Juran's quality handbook (5th ed.). McGraw-Hill.

Kaplan, R. S., & Norton, D. P. (2004). Strategy maps: Converting intangible assets into tangible outcomes. Harvard Business School Press.

Kerzner, H. (2013). Project management: A systems approach to planning, scheduling, and controlling (11th ed.). Wiley.

Liker, J. K. (2004). The Toyota way: 14 management principles from the world's greatest manufacturer. McGraw-Hill.

Liker, J. K., & Meier, D. (2005). The Toyota way fieldbook: A practical guide for implementing Toyota's 4Ps. McGraw-Hill.

Mann, D. (2014). Creating a Lean culture: Tools to sustain Lean conversions (3rd ed.). CRC Press.

McDermott, R. E., Mikulak, R. J., & Beauregard, M. R. (2009). The basics of FMEA (2nd ed.). CRC Press.

MHRA. (2018). GxP data integrity guidance and definitions. Medicines and Healthcare products Regulatory Agency.

Montgomery, D. C. (2019). Introduction to statistical quality control (8th ed.). Wiley.

Muchiri, P., & Pintelon, L. (2008). Performance measurement using overall equipment effectiveness (OEE): Literature review and practical application. International Journal of Production Research, 46(13), 3517–3535. https://doi.org/10.1080/00207540601142645

Nakajima, S. (1988). Introduction to TPM: Total productive maintenance. Productivity Press.

Pande, P. S., Neuman, R. P., & Cavanagh, R. R. (2000). The Six Sigma way: How GE, Motorola, and other top companies are honing their performance. McGraw-Hill.

Parmenter, D. (2015). Key performance indicators: Developing, implementing, and using winning KPIs (3rd ed.). Wiley.

Pharmaceutical Inspection Co-operation Scheme (PIC/S). (2018). PI 041-1: Good practices for data management and integrity in regulated GMP/GDP environments. PIC/S.

Project Management Institute. (2017). A guide to the Project Management Body of Knowledge (PMBOK® Guide) (6th ed.). PMI.

Pyzdek, T., & Keller, P. A. (2018). The Six Sigma handbook (5th ed.). McGraw-Hill.

Reason, J. (1997). Managing the risks of organizational accidents. Ashgate.

Rogers, L., & Sox, C. (2019). The process owner's handbook: An insider's guide to managing process performance. ASQ Quality Press. [Opcional, si en tu texto usas el término "dueño de proceso" como rol formal.]

Rother, M., & Shook, J. (1999). Learning to see: Value stream mapping to add value and eliminate muda. Lean Enterprise Institute.

Rummler, G. A., & Brache, A. P. (2012). Improving performance: How to manage the white space on the organization chart (3rd ed.). Jossey-Bass.

Schwaber, K., & Sutherland, J. (2017). The Scrum Guide: The definitive guide to Scrum—The rules of the game. Scrum.org. https://scrumguides.org/

Shingo, S. (1989). A study of the Toyota production system: From an industrial engineering viewpoint. Productivity Press.

Tague, N. R. (2005). The quality toolbox (2nd ed.). ASQ Quality Press.

U.S. Food and Drug Administration. (2018a). 21 CFR Part 11—Electronic records; electronic signatures. U.S. Government Publishing Office/eCFR.

U.S. Food and Drug Administration. (2018b). 21 CFR Part 820—Quality System Regulation (incl. §820.30 Design controls; §820.181 Device master record; §820.184 Device history record). U.S. Government Publishing Office/eCFR.

U.S. Food and Drug Administration. (2018c). 21 CFR Parts 210–211—Current Good Manufacturing Practice for finished pharmaceuticals. U.S. Government Publishing Office/eCFR.

WHO. (2016). WHO technical report series, No. 996, Annex 5: Guidance on good data and record management practices. World Health Organization.

Wheeler, D. J. (2000). Understanding statistical process control (3rd ed.). SPC Press.

Womack, J. P., & Jones, D. T. (2003). Lean thinking: Banish waste and create wealth in your corporation (2nd ed.). Free Press.

CAPÍTULO 6

Fase 4: Implementación Iterativa e Inteligente

Agile Alliance. (2001). *Manifesto for Agile Software Development.* https://agilemanifesto.org/

AIAG. (2005). *Statistical Process Control (SPC)* (2nd ed.). Automotive Industry Action Group.

AIAG. (2008). *Potential Failure Mode and Effects Analysis (FMEA)* (4th ed.). Automotive Industry Action Group.

Akao, Y. (1991). *Hoshin Kanri: Policy deployment for successful TQM*. Productivity Press.

American Society for Quality. (2018). *The Certified Quality Engineer Handbook* (4th ed.). ASQ Quality Press.

Beck, K., Beedle, M., van Bennekum, A., Cockburn, A., Cunningham, W., Fowler, M., & Thomas, D. (2001). *Manifesto for Agile Software Development*. Agile Alliance.

Benbow, D. W., & Kubiak, T. M. (2014). *The Certified Six Sigma Black Belt Handbook* (3rd ed.). ASQ Quality Press.

Bernal, J. L., Cummins, S., & Gasparrini, A. (2017). Interrupted time series regression for the evaluation of public health interventions: A tutorial. *International Journal of Epidemiology, 46*(1), 348–355. https://doi.org/10.1093/ije/dyw098

Box, G. E. P., Jenkins, G. M., Reinsel, G. C., & Ljung, G. M. (2015). *Time series analysis: Forecasting and control* (5th ed.). Wiley.

British Standards Institution. (2012). *Annex SL: A high level structure for management system standards (Position statement)*. BSI.

Cameron, K. S., & Quinn, R. E. (2011). *Diagnosing and changing organizational culture: Based on the competing values framework* (3rd ed.). Jossey-Bass.

Crosby, P. B. (1996). *Quality is still free: Making quality certain in uncertain times*. McGraw-Hill.

Deming, W. E. (1986). *Out of the crisis*. MIT Press.

Duarte, N. (2012). *HBR guide to persuasive presentations*. Harvard Business Review Press.

Drucker, P. F. (2007). *Management challenges for the 21st century*. HarperBusiness.

Edmondson, A. C. (1999). Psychological safety and learning behavior in work teams. *Administrative Science Quarterly*, 44(2), 350–383. https://doi.org/10.2307/2666999

Few, S. (2013). *Information dashboard design: Displaying data for at-a-glance monitoring* (2nd ed.). Analytics Press.

George, M. L. (2002). *Lean Six Sigma: Combining Six Sigma quality with Lean production speed*. McGraw-Hill.

Goleman, D. (2013). *Focus: The hidden driver of excellence*. HarperCollins.

Harmon, P. (2017). *Business process change: A business process management guide for managers and process professionals* (4th ed.). Morgan Kaufmann.

Hiatt, J. (2006). *ADKAR: A model for change in business, government and our community*. Prosci.

Imai, M. (2012). *Gemba Kaizen: A commonsense approach to a continuous improvement strategy* (2nd ed.). McGraw-Hill.

International Electrotechnical Commission. (2018). *IEC 60812:2018—Failure modes and effects analysis (FMEA and FMECA)*. IEC.

International Organization for Standardization. (2015a). *ISO 9001:2015—Quality management systems—Requirements*. ISO.

International Organization for Standardization. (2015b). *ISO 9000:2015—Quality management systems—Fundamentals and vocabulary*. ISO.

International Organization for Standardization. (2015c). *ISO 14001:2015—Environmental management systems—Requirements with guidance for use*. ISO.

International Organization for Standardization. (2016). *ISO 13485:2016—Medical devices—Quality management systems—Requirements for regulatory purposes*. ISO.

International Organization for Standardization. (2018a). *ISO 19011:2018—Guidelines for auditing management systems*. ISO.

International Organization for Standardization. (2018b). *ISO 31000:2018—Risk management—Guidelines*. ISO.

International Organization for Standardization. (2019). *ISO/IEC Directives, Part 1—Annex SL (Appendix 2): High-level structure (HLS)*. ISO/IEC.

International Society for Pharmaceutical Engineering. (2008). *GAMP 5: A risk-based approach to compliant GxP computerized systems*. ISPE.

Ishikawa, K. (1986). *Guide to quality control* (2nd rev. ed.). Asian Productivity Organization.

Juran, J. M., & Godfrey, A. B. (Eds.). (1999). *Juran's quality handbook* (5th ed.). McGraw-Hill.

Kaplan, R. S., & Norton, D. P. (2004). *Strategy maps: Converting intangible assets into tangible outcomes*. Harvard Business School Press.

Kerzner, H. (2013). *Project management: A systems approach to planning, scheduling, and controlling* (11th ed.). Wiley.

Liker, J. K. (2004). *The Toyota way: 14 management principles from the world's greatest manufacturer*. McGraw-Hill.

Liker, J. K., & Meier, D. (2005). *The Toyota way fieldbook: A practical guide for implementing Toyota's 4Ps*. McGraw-Hill.

Mann, D. (2014). *Creating a Lean culture: Tools to sustain Lean conversions* (3rd ed.). CRC Press.

McDermott, R. E., Mikulak, R. J., & Beauregard, M. R. (2009). *The basics of FMEA* (2nd ed.). CRC Press.

Montgomery, D. C. (2019). *Introduction to statistical quality control* (8th ed.). Wiley.

Nakajima, S. (1988). *Introduction to TPM: Total productive maintenance*. Productivity Press.

Nonaka, I., & Takeuchi, H. (1995). *The knowledge-creating company: How Japanese companies create the dynamics of innovation*. Oxford University Press.

Parmenter, D. (2015). *Key performance indicators: Developing, implementing, and using winning KPIs* (3rd ed.). Wiley.

Pfeffer, J., & Sutton, R. I. (2006). *Hard facts, dangerous half-truths, and total nonsense: Profiting from evidence-based management*. Harvard Business School Press.

Project Management Institute. (2017). *A guide to the Project Management Body of Knowledge (PMBOK® Guide)* (6th ed.). PMI.

Pyzdek, T., & Keller, P. A. (2018). *The Six Sigma handbook* (5th ed.). McGraw-Hill.

Reason, J. (1997). *Managing the risks of organizational accidents*. Ashgate.

Ries, E. (2011). *The Lean Startup: How today's entrepreneurs use continuous innovation to create radically successful businesses*. Crown Business.

Rother, M., & Shook, J. (1999). *Learning to see: Value stream mapping to add value and eliminate muda*. Lean Enterprise Institute.

Schein, E. H. (2010). *Organizational culture and leadership* (4th ed.). Jossey-Bass.

Schwaber, K., & Sutherland, J. (2017). *The Scrum Guide: The definitive guide to Scrum—The rules of the game.* Scrum.org. https://scrumguides.org/

Shingo, S. (1989). *A study of the Toyota production system: From an industrial engineering viewpoint.* Productivity Press.

Tague, N. R. (2005). *The quality toolbox* (2nd ed.). ASQ Quality Press.

Tufte, E. R. (2001). *The visual display of quantitative information* (2nd ed.). Graphics Press.

U.S. Food and Drug Administration. (2011). *Guidance for industry—Process validation: General principles and practices.* U.S. Department of Health and Human Services.

U.S. Food and Drug Administration. (2018a). *21 CFR Part 11—Electronic records; Electronic signatures.* U.S. Government Publishing Office/eCFR.

U.S. Food and Drug Administration. (2018b). *21 CFR Part 820—Quality system regulation.* U.S. Government Publishing Office/eCFR.

WHO. (2016). *WHO technical report series, No. 996, Annex 5: Guidance on good data and record management practices.* World Health Organization.

Womack, J. P., & Jones, D. T. (2003). *Lean thinking: Banish waste and create wealth in your corporation* (2nd ed.). Free Press.

CAPÍTULO 7

Fase 5: Participación, Formación y Cultura de la Calidad

Adams, J. S. (1963). Toward an understanding of inequity. *Journal of Abnormal and Social Psychology*, 67(5), 422–436. https://doi.org/10.1037/h0040968

Akao, Y. (1991). *Hoshin Kanri: Policy deployment for successful TQM*. Productivity Press.

American Society for Quality. (2018). *The Certified Quality Engineer Handbook* (4th ed.). ASQ Quality Press.

Argyris, C., & Schön, D. (1996). *Organizational learning II: Theory, method, and practice*. Addison-Wesley.

Bandura, A. (1986). *Social foundations of thought and action: A social cognitive theory*. Prentice-Hall.

Bandler, R., & Grinder, J. (1979). *Frogs into princes: Neuro linguistic programming*. Real People Press.

Benbow, D. W., & Kubiak, T. M. (2014). *The Certified Six Sigma Black Belt Handbook* (3rd ed.). ASQ Quality Press.

Box, G. E. P., & Draper, N. R. (1987). *Empirical model-building and response surfaces*. Wiley.

Cameron, K. S., & Quinn, R. E. (2011). *Diagnosing and changing organizational culture: Based on the competing values framework* (3rd ed.). Jossey-Bass.

Clark, D. (2008). *Blended learning: How to integrate online and traditional learning*. Kogan Page.

Crosby, P. B. (1996). *Quality is still free: Making quality certain in uncertain times*. McGraw-Hill.

Deming, W. E. (1986). *Out of the crisis*. MIT Press.

Drago-Severson, E. (2012). *Helping educators grow: Strategies and practices for leadership development.* Harvard Education Press.

Duarte, N. (2012). *HBR guide to persuasive presentations.* Harvard Business Review Press.

Edmondson, A. C. (1999). Psychological safety and learning behavior in work teams. *Administrative Science Quarterly, 44*(2), 350–383. https://doi.org/10.2307/2666999

Freifeld, L. (2013). *The 2013 Training Industry Report. Training Magazine, 50*(6), 18–29.

Gagné, R. M. (1985). *The conditions of learning and theory of instruction* (4th ed.). Holt, Rinehart & Winston.

Gawande, A. (2009). *The checklist manifesto: How to get things right.* Metropolitan Books.

George, M. L. (2002). *Lean Six Sigma: Combining Six Sigma quality with Lean production speed.* McGraw-Hill.

Goleman, D. (2013). *Focus: The hidden driver of excellence.* HarperCollins.

Graupp, P., & Wrona, M. (2006). *The TWI workbook: Essential skills for supervisors.* Productivity Press.

Greenleaf, R. K. (1977). *Servant leadership: A journey into the nature of legitimate power and greatness.* Paulist Press.

Hiatt, J. (2006). *ADKAR: A model for change in business, government and our community.* Prosci.

Imai, M. (2012). *Gemba Kaizen: A commonsense approach to a continuous improvement strategy* (2nd ed.). McGraw-Hill.

International Organization for Standardization. (2015a). *ISO 9001:2015—Quality management systems—Requirements*. ISO.

International Organization for Standardization. (2015b). *ISO 9000:2015—Quality management systems—Fundamentals and vocabulary*. ISO.

International Organization for Standardization. (2016). *ISO 13485:2016—Medical devices—Quality management systems—Requirements for regulatory purposes*. ISO.

International Organization for Standardization. (2018). *ISO 19011:2018—Guidelines for auditing management systems*. ISO.

International Organization for Standardization. (2018b). *ISO 31000:2018—Risk management—Guidelines*. ISO.

Ishikawa, K. (1986). *Guide to quality control* (2nd rev. ed.). Asian Productivity Organization.

Jackson, T. L., & Harrington, H. J. (2003). *Hoshin Kanri for the lean enterprise: Developing competitive capabilities and managing profit*. CRC Press.

Juran, J. M., & Godfrey, A. B. (Eds.). (1999). *Juran's quality handbook* (5th ed.). McGraw-Hill.

Katzenbach, J. R., & Smith, D. K. (1993). *The wisdom of teams: Creating the high-performance organization*. Harvard Business School Press.

Kerzner, H. (2013). *Project management: A systems approach to planning, scheduling, and controlling* (11th ed.). Wiley.

Kolb, D. A. (1984). *Experiential learning: Experience as the source of learning and development*. Prentice-Hall.

Kotter, J. P. (1996). *Leading change.* Harvard Business School Press.

Liker, J. K. (2004). *The Toyota way: 14 management principles from the world's greatest manufacturer.* McGraw-Hill.

Liker, J. K., & Meier, D. (2005). *The Toyota way fieldbook: A practical guide for implementing Toyota's 4Ps.* McGraw-Hill.

Mann, D. (2014). *Creating a Lean culture: Tools to sustain Lean conversions* (3rd ed.). CRC Press.

Maslow, A. H. (1943). A theory of human motivation. *Psychological Review, 50*(4), 370–396. https://doi.org/10.1037/h0054346

McGregor, D. (1960). *The human side of enterprise.* McGraw-Hill.

Mezirow, J. (1997). Transformative learning: Theory to practice. *New Directions for Adult and Continuing Education, 1997*(74), 5–12. https://doi.org/10.1002/ace.7401

Montgomery, D. C. (2019). *Introduction to statistical quality control* (8th ed.). Wiley.

Nonaka, I., & Takeuchi, H. (1995). *The knowledge-creating company: How Japanese companies create the dynamics of innovation.* Oxford University Press.

Parmenter, D. (2015). *Key performance indicators: Developing, implementing, and using winning KPIs* (3rd ed.). Wiley.

Pfeffer, J., & Sutton, R. I. (2006). *Hard facts, dangerous half-truths, and total nonsense: Profiting from evidence-based management.* Harvard Business School Press.

Project Management Institute. (2017). *A guide to the Project Management Body of Knowledge (PMBOK® Guide)* (6th ed.). PMI.

Pyzdek, T., & Keller, P. A. (2018). *The Six Sigma handbook* (5th ed.). McGraw-Hill.

Rogers, E. M. (2003). *Diffusion of innovations* (5th ed.). Free Press.

Rother, M., & Shook, J. (1999). *Learning to see: Value stream mapping to add value and eliminate muda.* Lean Enterprise Institute.

Schein, E. H. (2010). *Organizational culture and leadership* (4th ed.). Jossey-Bass.

Schwaber, K., & Sutherland, J. (2017). *The Scrum Guide: The definitive guide to Scrum—The rules of the game.* Scrum.org. https://scrumguides.org/

Senge, P. M. (1990). *The fifth discipline: The art and practice of the learning organization.* Doubleday.

Shingo, S. (1989). *A study of the Toyota production system: From an industrial engineering viewpoint.* Productivity Press.

Skinner, B. F. (1953). *Science and human behavior.* Macmillan.

Tague, N. R. (2005). *The quality toolbox* (2nd ed.). ASQ Quality Press.

Thaler, R. H., & Sunstein, C. R. (2008). *Nudge: Improving decisions about health, wealth, and happiness.* Yale University Press.

Vroom, V. H. (1964). *Work and motivation.* Wiley.

Weick, K. E., & Sutcliffe, K. M. (2007). *Managing the unexpected: Resilient performance in an age of uncertainty* (2nd ed.). Jossey-Bass.

Wenger, E. (1998). *Communities of practice: Learning, meaning, and identity.* Cambridge University Press.

Womack, J. P., & Jones, D. T. (2003). *Lean thinking: Banish waste and create wealth in your corporation* (2nd ed.). Free Press.

CAPÍTULO 8

Fase 6: Alineación con Innovación y Sostenibilidad

Akao, Y. (1991). *Hoshin Kanri: Policy deployment for successful TQM.* Productivity Press.

American Society for Quality. (2018). *The Certified Quality Engineer Handbook* (4th ed.). ASQ Quality Press.

Andersen, B., & Pettersen, P. G. (1996). *The benchmarking handbook: Step-by-step instructions.* Chapman & Hall.

Argyris, C., & Schön, D. (1996). *Organizational learning II: Theory, method, and practice.* Addison-Wesley.

Baldrige Performance Excellence Program. (2019). *2019–2020 Baldrige excellence framework (business/nonprofit): A systems approach to improving your organization's performance.* National Institute of Standards and Technology.

Benbow, D. W., & Kubiak, T. M. (2014). *The Certified Six Sigma Black Belt Handbook* (3rd ed.). ASQ Quality Press.

Bernstein, P. L. (1996). *Against the gods: The remarkable story of risk.* Wiley.

Bessant, J., & Caffyn, S. (1997). High involvement innovation through continuous improvement. *International Journal of Technology Management*, 14(1), 7–28. https://doi.org/10.1504/IJTM.1997.001642

Bhattacharya, A. K., & Chatterjee, A. (2017). Assessing sustainability of manufacturing organizations using integrated AHP–TOPSIS approach. *Journal of Cleaner Production*, 142(1), 3729–3741. https://doi.org/10.1016/j.jclepro.2016.10.094

Box, G. E. P., Jenkins, G. M., Reinsel, G. C., & Ljung, G. M. (2015). *Time series analysis: Forecasting and control* (5th ed.). Wiley.

Cameron, K. S., & Quinn, R. E. (2011). *Diagnosing and changing organizational culture: Based on the competing values framework* (3rd ed.). Jossey-Bass.

Carroll, A. B. (1999). Corporate social responsibility: Evolution of a definitional construct. *Business & Society*, 38(3), 268–295. https://doi.org/10.1177/000765039903800303

Clark, W. C., & Harley, A. G. (2019). Sustainability science: Toward a synthesis. *Annual Review of Environment and Resources*, 44, 419–449. https://doi.org/10.1146/annurev-environ-012019-060757

Crosby, P. B. (1996). *Quality is still free: Making quality certain in uncertain times*. McGraw-Hill.

Dale, B. G., Van der Wiele, T., & Van Iwaarden, J. (2013). *Managing quality* (6th ed.). Wiley.

Deming, W. E. (1986). *Out of the crisis*. MIT Press.

Drucker, P. F. (2007). *Management challenges for the 21st century*. HarperBusiness.

European Commission. (2011). *EudraLex—Volume 4—EU Guidelines for Good Manufacturing Practice—Annex 11: Computerised systems*. European Commission.

Fiksel, J. (2015). *Sustainable resilience: Managing risk and sustainability in a changing world*. Business Expert Press.

Garvin, D. A. (1988). *Managing quality: The strategic and competitive edge*. Free Press.

George, M. L. (2002). *Lean Six Sigma: Combining Six Sigma quality with Lean production speed*. McGraw-Hill.

Goleman, D. (2013). *Focus: The hidden driver of excellence*. HarperCollins.

Hammer, M., & Stanton, S. (1999). How process enterprises really work. *Harvard Business Review*, 77(6), 108–118.

Harrington, H. J., Esseling, E. K., & Nimwegen, H. V. (1997). *Business process improvement workbook: Documentation, analysis, design, and management of business process improvement*. McGraw-Hill.

Heras-Saizarbitoria, I., & Boiral, O. (2013). ISO 9001 and ISO 14001: Towards a research agenda on management system standards. *International Journal of Management Reviews*, 15(1), 47–65. https://doi.org/10.1111/j.1468-2370.2012.00334.x

Hiatt, J. (2006). *ADKAR: A model for change in business, government and our community*. Prosci.

Imai, M. (2012). *Gemba Kaizen: A commonsense approach to a continuous improvement strategy* (2nd ed.). McGraw-Hill.

International Organization for Standardization. (2015a). *ISO 9001:2015—Quality management systems—Requirements*. ISO.

International Organization for Standardization. (2015b). *ISO 9000:2015—Quality management systems—Fundamentals and vocabulary*. ISO.

International Organization for Standardization. (2015c). *ISO 14001:2015—Environmental management systems—Requirements with guidance for use*. ISO.

International Organization for Standardization. (2015d). *ISO 45001:2018—Occupational health and safety management systems—Requirements with guidance for use*. ISO.

International Organization for Standardization. (2016). *ISO 13485:2016—Medical devices—Quality management systems—Requirements for regulatory purposes*. ISO.

International Organization for Standardization. (2018a). *ISO 19011:2018—Guidelines for auditing management systems*. ISO.

International Organization for Standardization. (2018b). *ISO 31000:2018—Risk management—Guidelines*. ISO.

International Organization for Standardization. (2018c). *ISO 26000:2018—Guidance on social responsibility*. ISO.

Juran, J. M., & Godfrey, A. B. (Eds.). (1999). *Juran's quality handbook* (5th ed.). McGraw-Hill.

Kaplan, R. S., & Norton, D. P. (2004). *Strategy maps: Converting intangible assets into tangible outcomes*. Harvard Business School Press.

Kerzner, H. (2013). *Project management: A systems approach to planning, scheduling, and controlling* (11th ed.). Wiley.

Liker, J. K. (2004). *The Toyota way: 14 management principles from the world's greatest manufacturer.* McGraw-Hill.

Liker, J. K., & Meier, D. (2005). *The Toyota way fieldbook: A practical guide for implementing Toyota's 4Ps.* McGraw-Hill.

Mann, D. (2014). *Creating a Lean culture: Tools to sustain Lean conversions* (3rd ed.). CRC Press.

McAdam, R., & McLean, J. (2001). Quality and innovation: Organizational values and the role of the ISO 9000 series. *International Journal of Quality & Reliability Management, 18*(3), 278–292. https://doi.org/10.1108/02656710110383736

Montgomery, D. C. (2019). *Introduction to statistical quality control* (8th ed.). Wiley.

Nakajima, S. (1988). *Introduction to TPM: Total productive maintenance.* Productivity Press.

Nonaka, I., & Takeuchi, H. (1995). *The knowledge-creating company: How Japanese companies create the dynamics of innovation.* Oxford University Press.

Oakland, J. S. (2014). *Total quality management and operational excellence: Text with cases* (4th ed.). Routledge.

Parmenter, D. (2015). *Key performance indicators: Developing, implementing, and using winning KPIs* (3rd ed.). Wiley.

Pfeffer, J., & Sutton, R. I. (2006). *Hard facts, dangerous half-truths, and total nonsense: Profiting from evidence-based management.* Harvard Business School Press.

Pyzdek, T., & Keller, P. A. (2018). *The Six Sigma handbook* (5th ed.). McGraw-Hill.

Reason, J. (1997). *Managing the risks of organizational accidents*. Ashgate.

Rummler, G. A., & Brache, A. P. (2012). *Improving performance: How to manage the white space on the organization chart* (3rd ed.). Jossey-Bass.

Schein, E. H. (2010). *Organizational culture and leadership* (4th ed.). Jossey-Bass.

Schwaber, K., & Sutherland, J. (2017). *The Scrum Guide: The definitive guide to Scrum—The rules of the game*. Scrum.org. https://scrumguides.org/

Senge, P. M. (1990). *The fifth discipline: The art and practice of the learning organization*. Doubleday.

Shingo, S. (1989). *A study of the Toyota production system: From an industrial engineering viewpoint*. Productivity Press.

Tague, N. R. (2005). *The quality toolbox* (2nd ed.). ASQ Quality Press.

Teece, D. J., Pisano, G., & Shuen, A. (1997). Dynamic capabilities and strategic management. *Strategic Management Journal*, 18(7), 509–533. https://doi.org/10.1002/(SICI)1097-0266(199708)18:7<509::AID-SMJ882>3.0.CO;2-Z

UN Global Compact. (2015). *Guide to corporate sustainability: Shaping a sustainable future*. United Nations.

United Nations Industrial Development Organization. (2018). *Sustaining quality infrastructure: Building trust for trade*. UNIDO.

U.S. Food and Drug Administration. (2018a). *21 CFR Part 820—Quality system regulation*. U.S. Government Publishing Office/eCFR.

U.S. Food and Drug Administration. (2018b). *21 CFR Part 210–211—Current Good Manufacturing Practice for finished pharmaceuticals.* U.S. Government Publishing Office/eCFR.

Wheeler, D. J. (2000). *Understanding statistical process control* (3rd ed.). SPC Press.

Womack, J. P., & Jones, D. T. (2003). *Lean thinking: Banish waste and create wealth in your corporation* (2nd ed.). Free Press.

World Economic Forum. (2018). *The global competitiveness report 2018.* WEF.

World Health Organization. (2016). *WHO technical report series, No. 996, Annex 5: Guidance on good data and record management practices.* WHO.

Zairi, M. (2013). *Benchmarking for best practice: Continuous learning through sustainable innovation.* Routledge.

CAPÍTULO 9

Fase 7: Revisión Continua y Reconocimiento Sistémico

Akao, Y. (1991). *Hoshin Kanri: Policy deployment for successful TQM.* Productivity Press.

American Society for Quality. (2018). *The Certified Quality Engineer Handbook* (4th ed.). ASQ Quality Press.

Argyris, C., & Schön, D. (1996). *Organizational learning II: Theory, method, and practice.* Addison-Wesley.

Bandura, A. (1986). *Social foundations of thought and action: A social cognitive theory.* Prentice-Hall.

Benbow, D. W., & Kubiak, T. M. (2014). *The Certified Six Sigma Black Belt Handbook* (3rd ed.). ASQ Quality Press.

Bernal, J. L., Cummins, S., & Gasparrini, A. (2017). Interrupted time series regression for the evaluation of public health interventions: A tutorial. *International Journal of Epidemiology*, 46(1), 348–355. https://doi.org/10.1093/ije/dyw098

Bessant, J., & Caffyn, S. (1997). High involvement innovation through continuous improvement. *International Journal of Technology Management*, 14(1), 7–28. https://doi.org/10.1504/IJTM.1997.001642

Box, G. E. P., & Draper, N. R. (1987). *Empirical model-building and response surfaces*. Wiley.

Cameron, K. S., & Quinn, R. E. (2011). *Diagnosing and changing organizational culture: Based on the competing values framework* (3rd ed.). Jossey-Bass.

Clark, W. C., & Harley, A. G. (2019). Sustainability science: Toward a synthesis. *Annual Review of Environment and Resources*, 44, 419–449. https://doi.org/10.1146/annurev-environ-012019-060757

Crosby, P. B. (1996). *Quality is still free: Making quality certain in uncertain times*. McGraw-Hill.

Dale, B. G., Van der Wiele, T., & Van Iwaarden, J. (2013). *Managing quality* (6th ed.). Wiley.

Deming, W. E. (1986). *Out of the crisis*. MIT Press.

Dervitsiotis, K. N. (2003). Beyond stakeholder satisfaction: Aiming for a new frontier of sustainable stakeholder trust. *Total Quality Management & Business Excellence*, 14(5), 515–528. https://doi.org/10.1080/1478336032000053577

Drucker, P. F. (2007). *Management challenges for the 21st century*. HarperBusiness.

Edmondson, A. C. (1999). Psychological safety and learning behavior in work teams. *Administrative Science Quarterly, 44*(2), 350–383. https://doi.org/10.2307/2666999

European Commission. (2011). *EudraLex—Volume 4—EU Guidelines for Good Manufacturing Practice—Annex 11: Computerised systems.* European Commission.

Fiksel, J. (2015). *Sustainable resilience: Managing risk and sustainability in a changing world.* Business Expert Press.

Garvin, D. A. (1988). *Managing quality: The strategic and competitive edge.* Free Press.

George, M. L. (2002). *Lean Six Sigma: Combining Six Sigma quality with Lean production speed.* McGraw-Hill.

Goleman, D. (2013). *Focus: The hidden driver of excellence.* HarperCollins.

Harrington, H. J. (2012). *The lean six sigma black belt handbook: Tools and methods for process acceleration.* CRC Press.

Hiatt, J. (2006). *ADKAR: A model for change in business, government and our community.* Prosci.

Hollnagel, E. (2017). *Safety-II in practice: Developing the resilience potentials.* Routledge.

Imai, M. (2012). *Gemba Kaizen: A commonsense approach to a continuous improvement strategy* (2nd ed.). McGraw-Hill.

International Organization for Standardization. (2015a). *ISO 9001:2015—Quality management systems—Requirements.* ISO.

International Organization for Standardization. (2015b). *ISO 9000:2015—Quality management systems—Fundamentals and vocabulary*. ISO.

International Organization for Standardization. (2015c). *ISO 9004:2018—Quality management—Quality of an organization—Guidance to achieve sustained success*. ISO.

International Organization for Standardization. (2018a). *ISO 19011:2018—Guidelines for auditing management systems*. ISO.

International Organization for Standardization. (2018b). *ISO 31000:2018—Risk management—Guidelines*. ISO.

International Organization for Standardization. (2018c). *ISO 45001:2018—Occupational health and safety management systems—Requirements with guidance for use*. ISO.

International Society for Pharmaceutical Engineering. (2008). *GAMP 5: A risk-based approach to compliant GxP computerized systems*. ISPE.

Ishikawa, K. (1986). *Guide to quality control* (2nd rev. ed.). Asian Productivity Organization.

Juran, J. M., & Godfrey, A. B. (Eds.). (1999). *Juran's quality handbook* (5th ed.). McGraw-Hill.

Kaplan, R. S., & Norton, D. P. (2004). *Strategy maps: Converting intangible assets into tangible outcomes*. Harvard Business School Press.

Kerzner, H. (2013). *Project management: A systems approach to planning, scheduling, and controlling* (11th ed.). Wiley.

Liker, J. K. (2004). *The Toyota way: 14 management principles from the world's greatest manufacturer.* McGraw-Hill.

Liker, J. K., & Meier, D. (2005). *The Toyota way fieldbook: A practical guide for implementing Toyota's 4Ps.* McGraw-Hill.

Mann, D. (2014). *Creating a Lean culture: Tools to sustain Lean conversions* (3rd ed.). CRC Press.

Montgomery, D. C. (2019). *Introduction to statistical quality control* (8th ed.). Wiley.

Nakajima, S. (1988). *Introduction to TPM: Total productive maintenance.* Productivity Press.

Nonaka, I., & Takeuchi, H. (1995). *The knowledge-creating company: How Japanese companies create the dynamics of innovation.* Oxford University Press.

Oakland, J. S. (2014). *Total quality management and operational excellence: Text with cases* (4th ed.). Routledge.

Parmenter, D. (2015). *Key performance indicators: Developing, implementing, and using winning KPIs* (3rd ed.). Wiley.

Pfeffer, J., & Sutton, R. I. (2006). *Hard facts, dangerous half-truths, and total nonsense: Profiting from evidence-based management.* Harvard Business School Press.

Pyzdek, T., & Keller, P. A. (2018). *The Six Sigma handbook* (5th ed.). McGraw-Hill.

Reason, J. (1997). *Managing the risks of organizational accidents.* Ashgate.

Rother, M., & Shook, J. (1999). *Learning to see: Value stream mapping to add value and eliminate muda.* Lean Enterprise Institute.

Schein, E. H. (2010). *Organizational culture and leadership* (4th ed.). Jossey-Bass.

Senge, P. M. (1990). *The fifth discipline: The art and practice of the learning organization.* Doubleday.

Shingo, S. (1989). *A study of the Toyota production system: From an industrial engineering viewpoint.* Productivity Press.

Tague, N. R. (2005). *The quality toolbox* (2nd ed.). ASQ Quality Press.

Teece, D. J. (2007). Explicating dynamic capabilities: The nature and microfoundations of (sustainable) enterprise performance. *Strategic Management Journal, 28*(13), 1319–1350. https://doi.org/10.1002/smj.640

U.S. Food and Drug Administration. (2018). *21 CFR Part 820—Quality system regulation.* U.S. Government Publishing Office/eCFR.

Weick, K. E., & Sutcliffe, K. M. (2007). *Managing the unexpected: Resilient performance in an age of uncertainty* (2nd ed.). Jossey-Bass.

WHO. (2016). *WHO technical report series, No. 996, Annex 5: Guidance on good data and record management practices.* World Health Organization.

Wheeler, D. J. (2000). *Understanding statistical process control* (3rd ed.). SPC Press.

Womack, J. P., & Jones, D. T. (2003). *Lean thinking: Banish waste and create wealth in your corporation* (2nd ed.). Free Press.

Zairi, M. (2013). *Benchmarking for best practice: Continuous learning through sustainable innovation.* Routledge.

CAPÍTULO 10

Estudio de Aplicación del Sistema EQUIPAR: Simulación Técnica

Adams, J. S. (1963). Toward an understanding of inequity. *Journal of Abnormal and Social Psychology*, 67(5), 422–436. https://doi.org/10.1037/h0040968

Akao, Y. (1991). *Hoshin Kanri: Policy deployment for successful TQM*. Productivity Press.

American Society for Quality. (2018). *The Certified Quality Engineer Handbook* (4th ed.). ASQ Quality Press.

Andersen, B., & Pettersen, P. G. (1996). *The benchmarking handbook: Step-by-step instructions*. Chapman & Hall.

Argyris, C., & Schön, D. (1996). *Organizational learning II: Theory, method, and practice*. Addison-Wesley.

Baldrige Performance Excellence Program. (2019). *2019–2020 Baldrige excellence framework (business/nonprofit): A systems approach to improving your organization's performance*. National Institute of Standards and Technology.

Bandura, A. (1986). *Social foundations of thought and action: A social cognitive theory*. Prentice-Hall.

Benbow, D. W., & Kubiak, T. M. (2014). *The Certified Six Sigma Black Belt Handbook* (3rd ed.). ASQ Quality Press.

Bernal, J. L., Cummins, S., & Gasparrini, A. (2017). Interrupted time series regression for the evaluation of public health interventions: A tutorial. *International*

Journal of Epidemiology, 46(1), 348–355. https://doi.org/10.1093/ije/dyw098

Bessant, J., & Caffyn, S. (1997). High involvement innovation through continuous improvement. *International Journal of Technology Management*, 14(1), 7–28. https://doi.org/10.1504/IJTM.1997.001642

Bhattacharya, A. K., & Chatterjee, A. (2017). Assessing sustainability of manufacturing organizations using integrated AHP–TOPSIS approach. *Journal of Cleaner Production*, 142(1), 3729–3741. https://doi.org/10.1016/j.jclepro.2016.10.094

Box, G. E. P., Jenkins, G. M., Reinsel, G. C., & Ljung, G. M. (2015). *Time series analysis: Forecasting and control* (5th ed.). Wiley.

Cameron, K. S., & Quinn, R. E. (2011). *Diagnosing and changing organizational culture: Based on the competing values framework* (3rd ed.). Jossey-Bass.

Carroll, A. B. (1999). Corporate social responsibility: Evolution of a definitional construct. *Business & Society*, 38(3), 268–295. https://doi.org/10.1177/000765039903800303

Clark, W. C., & Harley, A. G. (2019). Sustainability science: Toward a synthesis. *Annual Review of Environment and Resources*, 44, 419–449. https://doi.org/10.1146/annurev-environ-012019-060757

Crosby, P. B. (1996). *Quality is still free: Making quality certain in uncertain times*. McGraw-Hill.

Dale, B. G., Van der Wiele, T., & Van Iwaarden, J. (2013). *Managing quality* (6th ed.). Wiley.

Deming, W. E. (1986). *Out of the crisis*. MIT Press.

Dervitsiotis, K. N. (2003). Beyond stakeholder satisfaction: Aiming for a new frontier of sustainable stakeholder trust. *Total Quality Management & Business Excellence*, 14(5), 515–528. https://doi.org/10.1080/1478336032000053577

Drucker, P. F. (2007). *Management challenges for the 21st century*. HarperBusiness.

Edmondson, A. C. (1999). Psychological safety and learning behavior in work teams. *Administrative Science Quarterly*, 44(2), 350–383. https://doi.org/10.2307/2666999

European Commission. (2011). *EudraLex—Volume 4—EU Guidelines for Good Manufacturing Practice—Annex 11: Computerised systems*. European Commission.

Fiksel, J. (2015). *Sustainable resilience: Managing risk and sustainability in a changing world*. Business Expert Press.

Garvin, D. A. (1988). *Managing quality: The strategic and competitive edge*. Free Press.

George, M. L. (2002). *Lean Six Sigma: Combining Six Sigma quality with Lean production speed*. McGraw-Hill.

Goleman, D. (2013). *Focus: The hidden driver of excellence*. HarperCollins.

Hair, J. F., Black, W. C., Babin, B. J., & Anderson, R. E. (2018). *Multivariate data analysis* (8th ed.). Cengage Learning.

Harrington, H. J., Esseling, E. K., & Nimwegen, H. V. (1997). *Business process improvement workbook: Documentation, analysis, design, and management of business process improvement*. McGraw-Hill.

Hollnagel, E. (2017). *Safety-II in practice: Developing the resilience potentials*. Routledge.

Imai, M. (2012). *Gemba Kaizen: A commonsense approach to a continuous improvement strategy* (2nd ed.). McGraw-Hill.

International Organization for Standardization. (2015a). *ISO 9001:2015—Quality management systems—Requirements*. ISO.

International Organization for Standardization. (2015b). *ISO 9000:2015—Quality management systems—Fundamentals and vocabulary*. ISO.

International Organization for Standardization. (2015c). *ISO 9004:2018—Quality management—Quality of an organization—Guidance to achieve sustained success*. ISO.

International Organization for Standardization. (2016). *ISO 13485:2016—Medical devices—Quality management systems—Requirements for regulatory purposes*. ISO.

International Organization for Standardization. (2018a). *ISO 19011:2018—Guidelines for auditing management systems*. ISO.

International Organization for Standardization. (2018b). *ISO 31000:2018—Risk management—Guidelines*. ISO.

International Society for Pharmaceutical Engineering. (2008). *GAMP 5: A risk-based approach to compliant GxP computerized systems*. ISPE.

Ishikawa, K. (1986). *Guide to quality control* (2nd rev. ed.). Asian Productivity Organization.

Juran, J. M., & Godfrey, A. B. (Eds.). (1999). *Juran's quality handbook* (5th ed.). McGraw-Hill.

Kaplan, R. S., & Norton, D. P. (2004). *Strategy maps: Converting intangible assets into tangible outcomes*. Harvard Business School Press.

Kerzner, H. (2013). *Project management: A systems approach to planning, scheduling, and controlling* (11th ed.). Wiley.

Liker, J. K. (2004). *The Toyota way: 14 management principles from the world's greatest manufacturer.* McGraw-Hill.

Liker, J. K., & Meier, D. (2005). *The Toyota way fieldbook: A practical guide for implementing Toyota's 4Ps.* McGraw-Hill.

Mann, D. (2014). *Creating a Lean culture: Tools to sustain Lean conversions* (3rd ed.). CRC Press.

Montgomery, D. C. (2019). *Introduction to statistical quality control* (8th ed.). Wiley.

Nakajima, S. (1988). *Introduction to TPM: Total productive maintenance.* Productivity Press.

Nonaka, I., & Takeuchi, H. (1995). *The knowledge-creating company: How Japanese companies create the dynamics of innovation.* Oxford University Press.

Oakland, J. S. (2014). *Total quality management and operational excellence: Text with cases* (4th ed.). Routledge.

Parmenter, D. (2015). *Key performance indicators: Developing, implementing, and using winning KPIs* (3rd ed.). Wiley.

Pfeffer, J., & Sutton, R. I. (2006). *Hard facts, dangerous half-truths, and total nonsense: Profiting from evidence-based management.* Harvard Business School Press.

Pyzdek, T., & Keller, P. A. (2018). *The Six Sigma handbook* (5th ed.). McGraw-Hill.

Reason, J. (1997). *Managing the risks of organizational accidents.* Ashgate.

Rummler, G. A., & Brache, A. P. (2012). *Improving performance: How to manage the white space on the organization chart* (3rd ed.). Jossey-Bass.

Schein, E. H. (2010). *Organizational culture and leadership* (4th ed.). Jossey-Bass.

Senge, P. M. (1990). *The fifth discipline: The art and practice of the learning organization.* Doubleday.

Shingo, S. (1989). *A study of the Toyota production system: From an industrial engineering viewpoint.* Productivity Press.

Tague, N. R. (2005). *The quality toolbox* (2nd ed.). ASQ Quality Press.

Teece, D. J. (2007). Explicating dynamic capabilities: The nature and microfoundations of (sustainable) enterprise performance. *Strategic Management Journal*, 28(13), 1319–1350. https://doi.org/10.1002/smj.640

U.S. Food and Drug Administration. (2018). *21 CFR Part 820—Quality system regulation.* U.S. Government Publishing Office/eCFR.

Weick, K. E., & Sutcliffe, K. M. (2007). *Managing the unexpected: Resilient performance in an age of uncertainty* (2nd ed.). Jossey-Bass.

WHO. (2016). *WHO technical report series, No. 996, Annex 5: Guidance on good data and record management practices.* World Health Organization.

Wheeler, D. J. (2000). *Understanding statistical process control* (3rd ed.). SPC Press.

Womack, J. P., & Jones, D. T. (2003). *Lean thinking: Banish waste and create wealth in your corporation* (2nd ed.). Free Press.

Zairi, M. (2013). *Benchmarking for best practice: Continuous learning through sustainable innovation.* Routledge.